수질관리

김 경 섭

도서출판 동화기술

머리말

은하계에 존재하는 지구는 마치 우주공간을 떠다니는 우주선 같아서 탄생된 이래 산업 및 인간 활동으로 인하여 야기되는 오염물질이 밖으로 빠져나감 없이 그대로 지구에 머무르고 있으며 이러한 환경에 비친화적인 물질들은 지구자체의 정화능력인 자정작용에 의해서 분해·소멸된다. 그러나 산업의 고도성장 및 인구집중 등으로 인하여 지구 즉, 환경자체의 정화능력을 초과할 때 여러 환경문제 즉, 생물멸종, 지구온난화 및 사막화 등이 유발된다.

물의 오염문제는 생태계파괴, 용수의 부적합 및 미적·위락적 가치를 저하시켜 산업현장에서 생산비증가와 쾌적한 환경을 누릴 인간의 권리를 침해하고 있다. 오염원이 점진적 증가로 인하여 수계의 수질 오염도를 파악하고 예측하는 일은 날로 증대하는 적합한 물 이용을 위한 수질관리의 기본이라 할 수 있다. 이를 위하여 정량적으로 수질 오염도를 파악하기 위한 수학적 모델이 제안되었으며 다양한 분야에서 광범위하게 이용되고 있다. 또한 이 모델은 환경공학적 의사결정을 수립하기 위한 수질통제도구로 사용되고 있다.

환경공학관련학과에서 전공필수로 되어있는 수질관리 과목은 과목의 중요성에 비추어 볼 때 마땅한 교재가 미비한 실정이었다. 이 교재는 저자가 University of Colorado at Boulder에서 수학할 당시 지도교수였던 Dr. Steven C. Chapra로부터 강의를 받은 수질관리과목을 기본으로 지표수문제를 다루기 위한 학부용 교재로 개발되었으며 대학 3, 4학년에서 유용하게 이용할 수 있을 것으로 사료된다. 또한, 수질관리와 관련 있는 실무현장에 문제해결을 위한 기본지침서로도 이용가능 할 것으로 보인다. 이 교재의 목적을 충분히 달성하기 위해서는 상미분방정식의 해 등 공업수학의 기본지식이 절실히 요구된다.

이 교재에서 다루지 못한 독성물질 및 최적 수질관리 분야는 다음 기회로 미루기로 하며 본서가 미력하나마 지표수 수질관리에 적절히 이용되어 피조물에게 주어진 하나뿐인 지구의 관리자로서의 책임에 일조를 하기를 기원하는 바이다.

본 교재는 1996년도에 한경대학교출판부에서 발행한 수질관리 교재의 각 장을 이해를 돕기 위하여 수정·보완하였으며 또한 수질관리 방안을 10장에 추가하여 교재의 완성도를 높이고자 하였다.

2015년 여름

著者

차 례

Chapter 1 서론

Chapter 2 완전혼합시스템

Chapter 3 호수 및 저수지

Chapter 4 불완전혼합시스템

Chapter 5 하천(강)

Chapter 6 하구

Chapter 7 온도

Chapter 8 용존산소

Chapter 9 부영양화

Chapter 10 수질관리

1
CHAPTER

서 론

(Introduction)

> So God created human beings, making them to be like himself. He created them male and female, blessed them, and said, "Have many children, so that your descendants will live all over the earth and bring it under their control. I am putting you in charge of the fish, the birds, and all the wild animals.…"- and it was done. God looked at everything he had made, and he was very pleased.
>
> Genesis 1:27~31

고도의 경제성장, 산업발전 그리고 인구의 집중 등으로 인하여 발생하는 환경오염문제는 생태계파괴, 용수의 부적합 및 미적·위락적 가치의 저하를 야기하여 공업용수의 경우 생산성 하락 및 폐수처리비용의 증가라는 악영향을 미치고 있으며 쾌적한 환경을 누릴 인간의 권리를 침해하고 있다. 따라서 지표수오염으로 인한 수질현황 파악 및 대책강구는 환경파괴의 사전방지 또는 최소화와, 환경자원의 합리적 활용을 도모하기 위한 첩경으로 사료된다.

상수원수, 농업용수, 수산용수 및 공업용수 등으로 사용되는 물은 과다한 오염물질이 수체로 유입할 경우 이용에 방해가 될 정도로 악화된다. 물 오염을 일으키는 물질을 대별하면 다음과 같다.

- **산소요구물질(Oxygen-Demanding Wastes)**

수체내 오염물질 유입은 미생물에 의한 분해기작으로 산소변화를 초래하며 이와 관련된 수질항목으로 BOD, COD 및 용존산소 등을 들 수 있다. 특히 용존산소는 생태계 기능 유지 및 보전에 결정적일 역할을 하고 있다.

- **병원균(Pathogens)**

병원성 미생물(박테리아, 바이러스, 원생동물 등)은 물을 오염시켜 수인성 및 수접촉성 전염병을 일으킨다. WHO는 지구상 질병의 80%는 불결한 위생이나 물에서 기인한다고 발표하여 병원균관리의 중요성을 강조하였다.

- **영양염류(Nutrients)**

질소, 인과 같은 다량 영양염류의 수체내 유입은 육수의 경우 부영양화를 유발하여 수처리 비용의 증가, 용존산소의 결핍 및 심할 경우 주운을 방해하기도 하며 해수의 경우 적조현상을 일으킨다. 우리나라의 경우 영양물질의 과다유입은 주로 비료의 과다살포, 축산폐기물의 부적절한 관리 등에 주로 기인하다.

• **염(Salts)**

물은 토양이나 바위를 통과하면서 염(양이온 : Na, Ca, Mg, K 등, 음이온 : Cl, 황산염, 중탄산염 등)이라고 불리는 용존고형물질(Dissolved Solids)을 함유한다. 용존고형물질은 물의 효용성에 중대한 영향을 미치며 대체로 음용수는 TDS 500 mg/L 이하, 관개용수는 TDS 2,100 mg/L 이하를 요구한다. 일반적으로 대규모 하천에서는 회귀수의 영향으로 하류로 갈수록 염이 증가한다.

• **열오염(Thermal Pollution)**

수온의 증감은 수중 생태계 변화를 초래하여 수중 동식물에 직·간접으로 영향을 미친다. 발전소 온배수는 수중생태계에 지대한 영향을 미치며 또한 수온의 변화는 오염물질의 반응속도에 관여한다. 일반적으로 반응물질은 10℃ 온도상승에 속도가 약 2배로 빨라지는 것으로 알려져 있다.

• **중금속(Heavy metals)**

중금속은 지구상에 80여종이 존재하며 호흡이나 음식물을 통해 몸속으로 유입된다. 크롬, 철과 같은 중금속은 우리 몸에 필수적인 영양소이지만 대부분의 중금속은 일정량 이상으로 체내에 축적되면 신경계통, 신장 등에 이상이 생기며 돌연변이, 악성종양 등을 유발한다.

• **농약(Pesticides)**

농약은 곤충, 잡초, 쥐, 곰팡이 등을 제거할 목적으로 사용하는 화학약품으로 유기염소계(DDT 등), 유기인계(파라티온, 말라티온 등) 및 카르바메트계로 대별할 수 있다. 생태계에 심각한 영향을 미치는 유기염소계 농약은 유기인계 및 카르바메트계로 대치되고 있으며 사람이 농약에 과도하게 노출되면 근육경련, 메스꺼움, 구토, 시력감퇴 등이 발생한다.

• **휘발성 유기물질(Volatile Organic Compounds)**

휘발성 유기물질은 주로 산업체에서 용매로 사용되는 물질로 지하수에서 주로 발견된다. 대표적 물질은 TCE(Trichloroethylene), vinyl chloride 등이며 다수의 휘발성 유기물질은 암을 유발하거나 돌연변이를 일으킨다.

1.1 수질관리

1.1.1 수질관리과정

정량적인 수질관리를 위하여 수학적 모델이 제시되며 이를 통하여 장래수질의 변화를 파악하고 적절한 대책을 수립하기위한 중·단기 계획이 마련된다. 효과적인 수질관리를 위해서는 오염물질의 흐름을 먼저 이해하는 것이 중요하다. 수질과 관련 있는 오염물의 흐름을 구분하여 나타내면 다음과 같다.

- 유입: 인간의 활동 및 자연을 통하여 수계에 유입
- 수중에서의 변화: 수계에서 반응 및 물리적 이동으로 인한 변화
- 유출: 목표로 하는 수질기준을 만족하는 허용배출량의 판정

수질관리과정을 일목요연하게 나타내면 그림 1.1과 같다. 오염발생원으로부터 비롯되는 부하량 W는 수질관리모델을 통하여 수계의 물리적조건과 오염물의 화학적 및 생물학적조건이 고려된 후에 농도로 변환되며 이는 수이용에 필요한 수질기준과 비교·검토하게 된다. 목표로 하는 수질(c_{goal})을 초과할 경우 다양한 수질관리방안을 강구하여, 유입되는 부하량을 허용배출량 이하로 감소하거나 수체의 자정능력을 향상할 필요가 있다. 수질관리방안 선택에는 비용 – 이익분석(cost-benefit analysis)을 통하여 최적방법을 모색하게 된다. 최적방법 선정을 위한 환경시스템 해석은 선형계획법(Linear Programming), 동적계획법(Dynamic Programming), 의사결정 분석(Decision Making Analysis) 등 경영정보시스템(Management Information System) 기법이 이용가능하다.

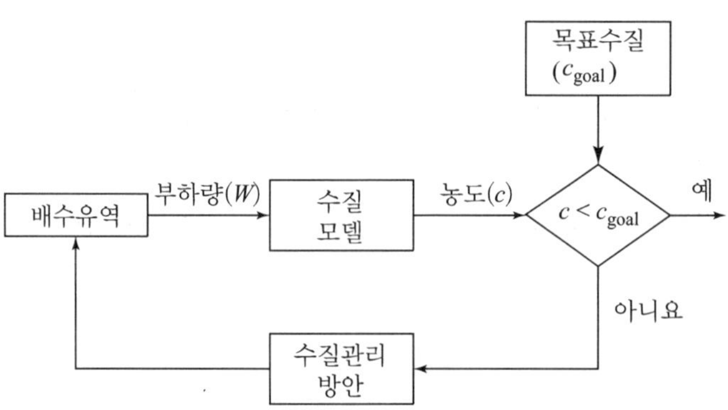

그림 1.1 수질관리과정

수질기준

우리나라의 수질 및 수생태계 환경기준은 하천, 호소, 지하수 및 해양 등으로 나누어 정하고 있다. 하천·호소의 환경기준은 공통적으로 적용되는 건강보호항목(20개 항목)과 하천·호소에 달리 적용되는 생활환경항목(하천 : 8개 항목, 호소 : 9개 항목)으로 구분하여 설정되어 있으며(표 1.1, 표 1.2, 표 1.3), 생활환경항목은 수질상태에 따라 7등급으로 구분하여 오염물질의 이화학적인 농도 뿐 아니라 수생태계 내에 존재하는 생물이 받는 영향을 고려하고 있다. 특히, 기후변화 등으로 발생하는 조류 등 부영양화 문제를 관리하기 위해 화학적산소요구량(COD) 및 총인(TP)을 하천환경기준에 추가하였으며(2010년), 난분해성 유기물질 관리 강화를 위해 총유기탄소(TOC) 항목을 하천 및 호소 환경기준에 추가하였다(2012년).

우리나라 해양환경기준은 생활환경기준, 생태기반 해수수질 기준, 해양생태계 보호 기준 및 사람의 건강보호 기준 등 4분야로 세분되어 있다. 생활환경기준은 3 항목(pH, 총대장균군, 용매추출유분)에 대해, 생태기반 해수수질 기준은 5개 항목(chl-a, DIN(Dissolved Inorganic Nitrogen : 용존무기질소), DIP(Dissolved Inorganic Phosphorus : 용존무기인), DO, 투명도)으로 구한 수질평가지수(Water Quality Index : WQI)의 크기에 따라 5등급으로 설정하고 있다(표 1.4). 해양생태계 보호 기준은 6개 항목(Cu, Pb, Zn, As, Cd, Cr^{+6})에 대하여 단기 및 장기로 분류하여 설정하고 있으며, 사람의 건강보호 기준은 중금속 및 유기물질 등 19항목에 대하여 설정하고 있다.

표 1.1 수질 및 수생태계 환경기준(건강보호기준 : 하천 · 호소 공통)

카드뮴 (Cd)	비소 (As)	시안 (CN)	수은 (Hg)	유기인	납 (Pb)	6가크롬 (Cr^{+6})
0.005 이하	0.05 이하	불검출 (검출한계 0.01)	불검출 (검출한계 0.001)	불검출 (검출한계 0.0005)	0.05 이하	0.05 이하
PCB	**PCE**	**1,4-다이옥세인**	**사염화탄소**	**1,2-디클로로메탄**	**디클로로메탄**	**벤젠**
불검출 (검출한계 0.0005)	0.04 이하	0.05 이하	0.004 이하	0.03 이하	0.02 이하	0.01 이하
헥사클로로벤젠	**클로로포름**	**포름알데히드**	**디에틸헥실프탈레이트**	**안티몬**	**ABS**	
0.00004 이하	0.08 이하	0.5 이하	0.008 이하	0.02 이하	0.5 이하	

주) 디에틸헥실프탈레이트(DEHP), 안티몬 : 2009년부터 적용, 1,4-다이옥세인 : 2014년부터 적용, 포름알데히드, 헥사클로로벤젠 : 2015년부터 적용

표 1.2 수질 및 수생태계 환경기준(생활환경기준 : 하천)

등급		상태 (캐릭터)	기준								
			pH	BOD (mg/L)	COD (mg/L)	TOC (mg/L)	TP (mg/L)	SS (mg/L)	DO (mg/L)	대장균군(군수/100mL) 총대장균군	대장균군(군수/100mL) 분원성 대장균군
매우 좋음 (Very Good)	Ia		6.5~8.5	1 이하	2 이하	2 이하	0.02 이하	25 이하	7.5 이상	50 이하	10 이하
좋음 (Good)	Ib		6.5~8.5	2 이하	4 이하	3 이하	0.04 이하	25 이하	5 이상	500 이하	100 이하
약간 좋음 (Fairly Good)	II		6.5~8.5	3 이하	5 이하	4 이하	0.1 이하	25 이하	5 이상	1,000 이하	200 이하
보통 (Fair)	III		6.5~8.5	5 이하	7 이하	5 이하	0.2 이하	25 이하	5 이상	5,000 이하	1,000 이하
약간 나쁨 (Fairly Poor)	IV	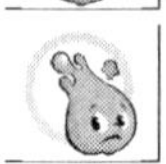	6.0~8.5	8 이하	9 이하	6 이하	0.3 이하	100 이하	2 이상	-	-
나쁨 (Poor)	V	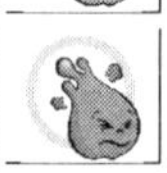	6.0~8.5	10 이하	11 이하	8 이하	0.5 이하	쓰레기등이 떠있지 아니할 것	2 이상	-	-
매우 나쁨 (Very Poor)	VI	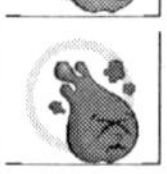	-	10 초과	11 초과	8 초과	0.5 초과	-	2 미만	-	-

주) COD 기준은 2015년 12월 31일까지 적용

표 1.3 수질 및 수생태계 환경기준(생활환경기준 : 호소)

등급		상태 (캐릭터)	기준									
			pH	COD (mg/L)	TOC (mg/L)	SS (mg/L)	DO (mg/L)	T-P (mg/L)	T-N (mg/L)	Chl-a (mg/m^3)	대장균군(군수/100mL) 총 대장균군	대장균군(군수/100mL) 분원성 대장균군
매우 좋음 (Very Good)	Ia		6.5 ~8.5	2 이하	2 이하	1 이하	7.5 이상	0.01 이하	0.2 이하	5 이하	50 이하	10 이하
좋음 (Good)	Ib	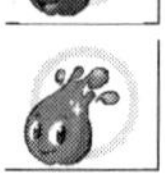	6.5 ~8.5	3 이하	3 이하	5 이하	5 이상	0.02 이하	0.3 이하	9 이하	500 이하	100 이하
약간 좋음 (Fairly Good)	II	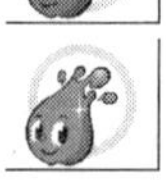	6.5 ~8.5	4 이하	4 이하	5 이하	5 이상	0.03 이하	0.4 이하	14 이하	1,000 이하	200 이하
보통 (Fair)	III	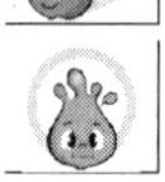	6.5 ~8.5	5 이하	5 이하	15 이하	5 이상	0.05 이하	0.6 이하	20 이하	5,000 이하	1,000 이하
약간 나쁨 (Fairly Poor)	IV	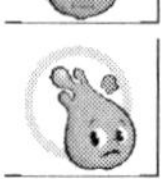	6.0 ~8.5	8 이하	6 이하	15 이하	2 이상	0.1 이하	1.0 이하	35 이하	-	-
나쁨 (Poor)	V	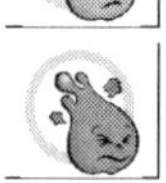	6.0 ~8.5	10 이하	8 이하	쓰레기등이 떠있지 아니할 것	2 이상	0..15 이하	1.5 이하	70 이하	-	-
매우 나쁨 (Very Poor)	VI	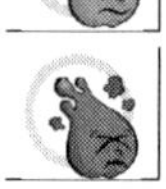	-	10 초과	8 초과	-	2 미만	0.15 초과	1.5 초과	70 초과	-	-

주) COD 기준은 2015년 12월 31일까지 적용

표 1.4 해양환경기준(생태기반 해수수질 기준)

등 급	수질평가지수(Water Quality Index)
I (매우좋음)	23 이하
II (좋음)	24 – 33
III (보통)	34 – 46
IV (나쁨)	47 – 59
V (아주나쁨)	60 이상

주) 수질평가지수(WQI : Water Quality Index) =
10 × [저층산소포화도(DO)] + 6 × [(식물플랑크톤 농도(Chl-a) + 투명도(SD))/2]
+ 4 × [(용존무기질소 농도(DIN) + 용존무기인 농도(DIP))/2]

1.1.2 수질모델 이용

가. 모델 적용 과정

수질모델의 적용 과정을 단계적으로 구분하여 나타내면 그림 1.2와 같다. 먼저 문제점을 파악하고 수학적 이론 및 수치해법에 근거한 이론적 체계를 수립하여 모델을 개발하거나 목적에 부합한 기 개발된 모델을 선정한다.

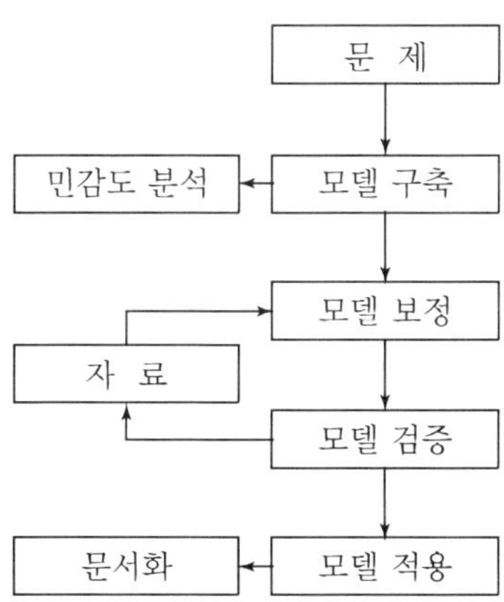

그림 1.2 수질모델 적용과정

선정 및 개발된 모델의 적합성 및 합리성 여부를 판단하기 위하여 현장자료 및 실험실 자료를 이용하여 모델을 보정(calibration)한다. 보정 단계 수행의 효율성 확보를 위하여 매개변수 및 강제함수의 민감도 분석(sensitivity analysis)을 실시한다. 보정의 단계가 끝나면 보정단계에서 사용된 이외의 자료 즉, 다른 시간대의 자료를 사용하여 모델의 일반성을 검토하는 검증(verification)을 실시한다. 만약 일반성이 결여되면 다시 보정의 단계로 거슬러 올라가 보정 및 검증의 단계를 반복 수행한다.

보정과 검증을 완료한 모델은 수계내의 수질변화양상을 잘 모의할 수 있어 장래수질 파악에 유용한 도구로 사용할 수 있으며, 중 · 단기 수립 시 정책결정자에게 명확한 판단의 기준을 제공할 수 있다.

나. 모델 보정 및 검증

모델을 통하여 수질관리대책을 수립할 경우 모델의 현장 적합성 제고를 위하여 매개변수의 최적화작업이 필요하다. 매개변수 추정을 통한 모델의 재현성 향상은 다양한 기법을 동원하여 추진되고 있다. 그중의 하나가 시행착오법이며 이는 편이성은 좋으나 객관성이 결여되고, 모델의 보정 및 검증에 상당한 시간이 요한다는 단점을 안고 있다. 이를 극복하기 위하여 최적화기법 및 유전자 알고리즘법 등이 활용되고 있으며 이의 적용성 향상을 위하여 전문가 시스템 등이 사용되고 있다.

다. 사후 모델 관리

사업시행 후 모델관리를 위하여 수질 예측의 신뢰성을 점검할 필요가 있다. 즉, 모델을 통한 예측값의 정확성을 사후 실측값과 비교하여 검증한다. 예측치가 실측치와 상이할 경우 적용 모델의 한계 및 특성을 파악하며 모델의 적용성 향상을 위한 문서화를 하여 추후 유사한 다른 사업에 참고가 될 수 있도록 한다.

1.2 기본량

수질관리에 많이 사용되는 기본량(fundamental quantities)을 살펴보면 다음과 같다.

1.2.1 농도

유입된 질량에 의해 표시되는 농도는 시스템의 크기에 따라 결정된다. 이를 수식으로 나타내면 다음과 같다.

$$c = \frac{m}{V} \tag{1.1}$$

여기서, m은 질량 [M], V는 시스템의 부피 [L^3], c는 농도 [ML^{-3}]이며 물리량을 나타내는 독립된 기본량으로 질량 [M], 길이 [L] 및 시간 [T]을 차원으로 사용하고 있다. 열량의 유입으로 인한 수계의 온도의 변화 즉, 열과 온도의 관계는 질량과 농도의 관계와 같다고 할 수 있다.

수질관리에서 농도를 나타내기 위해 많이 사용되는 접두어는 표 1.5와 같으며 단위부피당의 질량으로 농도를 나타내는 것 이외에 질량비로도 표시하기도 한다. 물의 밀도가 1 g/cm^{3}일 때 1 g/m^3(= mg/L)의 농도는 식 (1.2)와 같이 1 ppm(parts per million : 백만분의 일)과 같음을 알 수 있다.

$$1\frac{\mathrm{g}}{\mathrm{m}^3}\cdot\frac{\mathrm{cm}^3}{1\mathrm{g}}\cdot\frac{\mathrm{m}^3}{10^6\mathrm{cm}^3} = 1\,\mathrm{ppm} \tag{1.2}$$

표 1.5 물리량에 사용되는 접두어

접두어	기호	값	접두어	기호	값
yotta	Y	10^{24}	deci	d	10^{-1}
zetta	Z	10^{21}	centi	c	10^{-2}
exa	E	10^{18}	milli	m	10^{-3}
peta	P	10^{15}	micro	μ	10^{-6}
tera	T	10^{12}	nano	n	10^{-9}
giga	G	10^{9}	pico	p	10^{-12}
mega	M	10^{6}	femto	f	10^{-15}
kilo	k	10^{3}	atto	a	10^{-18}
hecto	h	10^{2}	zepto	z	10^{-21}
deca	da	10^{1}	yocto	y	10^{-24}

Exercise 1.1 농도계산

증류수에 20 mg의 염(salt)이 녹아 1 m^{3}이 될 경우 농도(ppb)를 구하라.

Solution

먼저 혼합체의 부피당 물실의 양으로 농도를 나타내고 이를 ppb로 바꾼다.

$$c = \frac{20\,\mathrm{mg}}{1\,\mathrm{m}^3}\cdot\frac{\mathrm{g}}{10^3\,\mathrm{mg}} = 0.02\,\mathrm{g/m^3}$$

$$c = 0.02\frac{\mathrm{g}}{\mathrm{m}^3}\cdot\frac{\mathrm{ppm}}{\mathrm{g/m^3}}\cdot\frac{10^3\,\mathrm{ppb}}{\mathrm{ppm}} = 20\,\mathrm{ppb}$$

오염물질의 농도가 작은 경우에는 질량비로 표시해도 되지만 액상폐기물과 같이 고밀도의 물질은 1 g/m^3 = 1 ppm의 관계가 성립되지 않는다. 표 1.6은 수질항목의 단위를 나타내고 있다.

표 1.6 수질항목 단위

수질항목	단 위
부유물질, 염도	g/L (kg/m^3) ↔ ppt[1]
DO, BOD, 질소	mg/L(g/m^3) ↔ ppm
인, Chl-a, 독성물질	μg/L(mg/m^3) ↔ ppb
독성물질	ng/L ($\mu g/m^3$) ↔ ppt[2]

주) ppt[1] : parts per thousand, ppt[2] : parts per trillion

1.2.2 량(rates)

시간에 대한 물리량의 변화를 통상 량(rates)이라고 하며 수질관리에 사용되는 중요한 량에 대하여 살펴보면 다음과 같다.

가. 유량(flow rate)

일정한 직경을 갖는 관에서의 흐름을 가정할 경우 정상상태에서 유량은 다음과 같이 연속 방정식으로 구할 수 있다.

$$Q = UA \tag{1.3}$$

여기서, U는 평균유속 [LT^{-1}], A는 관의 단면적 [L^2]이다. 유량 Q는 차원이 [L^3T^{-1}]로 나타나며 단위시간에 대한 부피의 변화임을 알 수 있다.

나. 부하량(mass loading rate)

단위시간에 대한 질량의 변화가 부하량[MT^{-1}]이며 다음으로 주어진다.

$$W = \frac{m}{t} \tag{1.4}$$

또한 부하량은 유량과 농도의 곱으로 다음과 같이 표시할 수 있다.

$$W = Qc \tag{1.5}$$

다. 질량흐름양(mass flux rate)

질량흐름양(J)은 단위시간 및 단위면적당 질량의 변화로 정의되며 다음으로 표시된다.

$$J = \frac{m}{tA} = \frac{W}{A} \tag{1.6}$$

이 식에 식 (1.5)를 대입하면 다음식이 얻어진다.

$$J = \frac{Q}{A}c = Uc \tag{1.7}$$

Exercise 1.2 부하량과 질량흐름양

수표면적(A_s) = 5×10^4 m^2, 평균수심(H) = 2 m인 호수의 초기오염물질농도가 0.8 ppm이었다. 이틀 후에 농도는 1.7 ppm으로 증가하였다.

a) 이 기간 동안의 부하량은 얼마인가?

b) 부하량이 수표면을 통해서만 유입된다면 질량흐름양은 얼마인가?

Solution

a) 초기농도를 갖기 위한 질량은 다음으로 계산되며

$$m = Vc = A_s Hc = 5\times10^4\,\mathrm{m}^2 \cdot 2\,\mathrm{m} \cdot 0.8\frac{\mathrm{g}}{\mathrm{m}^3} = 8\times10^4\,\mathrm{g}$$

농도가 1.7 ppm일 때 유입질량은 위와 같은 방법으로 구해진다($m = 17\times10^4$ g).
따라서 증가된 질량이 9×10^4 g이므로 다음과 같이 부하량이 계산된다.

$$W = \frac{9\times10^4\,\mathrm{g}}{2\,\mathrm{d}} = 4.5\times10^4\,\mathrm{g/d}$$

b) 질량흐름양은 다음으로 계산된다.

$$J = \frac{4.5\times10^4\,\mathrm{g/d}}{5\times10^4\,\mathrm{m}^2} = 0.9\frac{\mathrm{g}}{\mathrm{m}^2\cdot\mathrm{d}}$$

1.3 수학적 모델

외부의 오염원유입에 의하여 야기되는 수계의 수질변화는 계량화가 가능한 수학적 모델(mathematical model)을 이용하여 파악할 수 있다. 이 모델은 오염부하량의 크기에 따라 결정되는데 이는 오염물질의 화학 및 생물학적특성에 의하여, 또한 수계의 물리적인 특성에 의하여 지배를 받는다. 이를 수식으로 간단히 나타내면 다음과 같다.

$$c = f\left(W\ ;\ \text{물리, 화학, 생물학}\right) \tag{1.8}$$

식 (1.8)을 더욱 간단히 나타낼 수 있는 것이 다음의 선형표현으로

$$c = \frac{1}{a}W \tag{1.9}$$

a를 자정계수(assimilation factor) $[L^3T^{-1}]$ 또는 환경용량(environmental capacity)이라 한다. 식 (1.5)에서 자정계수는 유량 즉, 물리적인 조건으로만 나타남을 알 수 있으며 일반적으로 수계의 물리, 화학 및 생물학적인 특성에 의하여 지배된다. 식 (1.9)가 성립하는 시스템에서 농도는 부하량에 비례하고 자정계수에 반비례하는 것으로 나타나나 실제 수계에서 부하량 증가 및 감소는 유량과 함께 발생하는 경우가 많으므로 선형보다는 비선형 관계를 나타내는 것이 일반적이다.

1.3.1 모델해석

개발된 모델은 사용되는 조건에 따라 다음과 같이 3가지로 대별할 수 있다.

가. 모의형(simulation mode)

식 (1.9)와 같이 농도의 변화를 파악하고자 할 때 사용되는 형으로 환경영향평가(EIA : Environmental Impact Assessment)시 이 형을 이용하게 된다.

나. 설계형 I (design mode I : assimilative capacity)

식 (1.9)는 다시 다음과 같이 나타낼 수 있다.

$$W = ac \tag{1.10}$$

목표수질을 확보하기위한 부하량 산정에 식 (1.10)을 이용하게 되며 폐수처리공장설계시 유용하게 이 형을 사용할 수 있다.

다. 설계형 II (design mode II : environmental modification)

식 (1.9)는 다음과 같이 표시할 수 있으며

$$a = \frac{W}{c} \tag{1.11}$$

적용된 수처리 공법으로 목표수질에 도달하지 못할 경우 자정계수의 변화 즉, 유량의 증가 및 준설 등으로 목표수질을 맞추어 주어야 한다. 이를 위하여 설계형 II가 이용될 수 있다.

Exercise 1.3 자정계수

어떤 호수에서 인유입부하량이 10,000 kg/yr일 때 인의 농도가 25 μg/L이었다. 이후에 인 부하량을 7,000 kg/yr로 줄일 경우 다음에 답하라.

a) 호수의 자정계수
b) 감소된 인부하량으로 인한 호수의 인농도
c) 목표수질이 10 μg/L일 때 삭감해야 할 부하량

Solution

a) 자정계수는 다음으로 계산된다.

$$a = \frac{W}{c} = \frac{10{,}000\,\mathrm{kg/yr}}{25\,\mu\mathrm{g/L}} = 400\frac{\mathrm{kg/yr}}{\mu\mathrm{g/L}}$$

b) 농도계산에 식 (1.9)를 사용한다.

$$c = \frac{W}{a} = \frac{7{,}000\,\mathrm{kg/yr}}{400\dfrac{\mathrm{kg/yr}}{\mu\mathrm{g/L}}} = 17.5\,\mu\mathrm{g/L}$$

c) 식 (1.10)을 사용하면 다음과 같고

$$W = ac = 400\frac{\mathrm{kg/yr}}{\mu\mathrm{g/L}} \cdot 10\,\mu\mathrm{g/L} = 4{,}000\,\mathrm{kg/yr}$$

3,000 kg/yr의 삭감이 필요함을 알 수 있다.

수질오염총량관리제도

우리나라는 수계 수질관리를 위하여 설계형 I에 근거한 오염총량관리제도를 운영하고 있다. 이 제도는 상수원인 팔당호 관리를 위해 『팔당호 등 한강수계 상수원 수질관리 특별종합대책(1998.11.20 수립)』을 수립하면서 도입하였다. 오염총량관리제도란 수계구간별 목표수질을 설정하고, 그 목표수질을 달성·유지하기 위한 허용부하량을 산정하여, 해당 총량관리단위유역내에서 배출되는 오염물질의 총량을 목표수질을 달성 할 수 있는 허용부하량 이내로 규제 또는 관리하는 제도를 말한다(그림 B1.1).

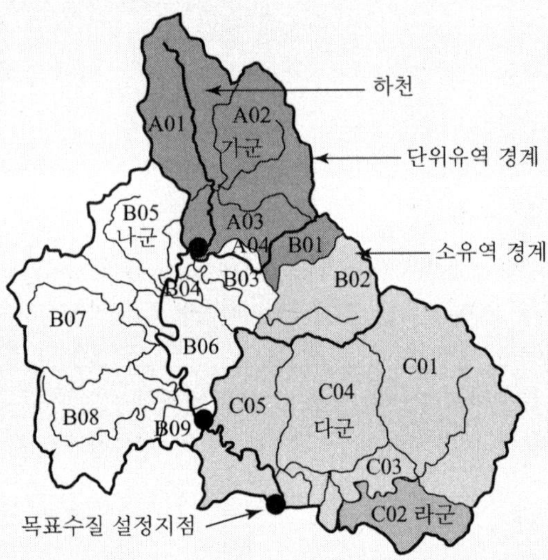

그림 B1.1 오염총량관리 유역구분 및 개념도

허용 오염부하량을 고려하지 않는 배출허용기준 중심의 농도 규제는 인구 및 산업시설의 밀집으로 발생하는 오염부하의 양적 증가를 통제할 수 없어 수질개선에 한계가 있으며 오염원이 밀집한 경우에는 무력하고, 희소한 경우에는 지나치게 엄격하다. 총량규제와 농도규제의 차이점은 표 B1.1과 같다.

표 B1.1 총량규제와 농도규제 비교

구 분	총량규제	농도규제
규제방식	•폐수중 오염물질의 총량을 규제	•폐수중 오염물질의 농도를 규제
환경기준과의 관계	•직접적 환경기준을 달성할 수 있는 허용 부하량 이내로 배출오염물질의 총량을 할당·규제	•간접적 폐수배출시설에만 환경기준에 따라 3단계의 차등기준 적용
장 점	•규제의 효과가 높음 배출되는 오염물질의 총량이 환경용량 이하	•기준설정 용이 지역별로 기준농도만 정하면 되므로 기준

	로 항시 유지되므로 환경기준 준수가 보장 •오염자간 형평성 유지 오염물질 배출량에 따라 부담 구분	설정이 용이 •집행용이, 저비용 순간 채수로 기준준수 여부를 확인할 수 있어 단속 용이
단 점	•허용오염총량의 설정 어려움 수계별 오염원현황 자료 등을 토대로 하여 허용총량을 결정하고 할당하여야 하나, 입력 정보 등의 정확성에 대한 논란의 소지가 내재 •집행의 어려움 및 고비용 일정한 시간간격으로 채수하여 오염부하량(농도, 배출량)의 할당, 준수여부를 확인하여야 하므로 단속에 애로	•규제효과 미흡 오염원 밀집지대 또는 다수의 폐수 배출업소가 있을 경우 농도기준을 준수하더라도 오염물질의 배출총량 규제가 어려워 환경기준 준수가 곤란 •오염자간 형평성 논란 배출량에 관계없이 동일 농도 기준이 적용되므로 소량의 배출량을 배출하는 사업장에 불리

현재 우리나라가 시행하고 있는 오염총량관리제도는 현세대와 차세대의 요구를 모두 충족하는 최고의 정책으로 평가되나 기준유량 적용, 목표수질 설정, 배출부하량 파악, 유달율 적용, 안전율 적용, 환경용량 산정, 부하량 할당 등에 완성된 제도의 충분조건을 만족하지 못하는 기술적인 한계를 갖고 있다.

1.3.2 물질수지

물질수지를 구성하는 질량보전의 법칙은 환경계 내에서 어떠한 물질도 생겨나거나 소멸되지 않는다는 뜻을 포함하는 것으로(단, 핵반응에서는 물질이 에너지로 전환될 수 있다.) 오염물질을 정량적으로 추적하는 중요한 도구로서 사용된다.

물질수지분석의 첫 번째 단계는 분석하고자 하는 공간적 영역을 설정하는 것이다. 이는 소규모의 반응기가 될 수도 있고 호수, 하천 또는 지구와 같이 대규모 시스템이 될 수도 있다. 그림 1.3은 물질수지를 설명하기 위한 시스템 경계와 상호 작용을 나타낸 것으로 가상의 경계를 설정하면 이 경계를 통과하는 물질의 흐름과 경계내의 물질의 축적 및 변화정도를 정의할 수 있게 된다.

두 번째 단계는 물질수지방정식을 수립하는 것으로 그림 1.3과 같은 시스템에서 어떤 물질에 대한 물질수지는 시스템에 물질을 증가하는 량(단위시간당의 질량변화 : 부하량)과 시스템에서 변화하거나 감소하는 량이 같아야 하는 조건에서 다음과 같은 식이 표현 가능하다.

$$\text{유입(inlow)} = \text{축적(accumulation)} + \text{유출(outflow)} + \text{반응(reaction)} \quad (1.12)$$

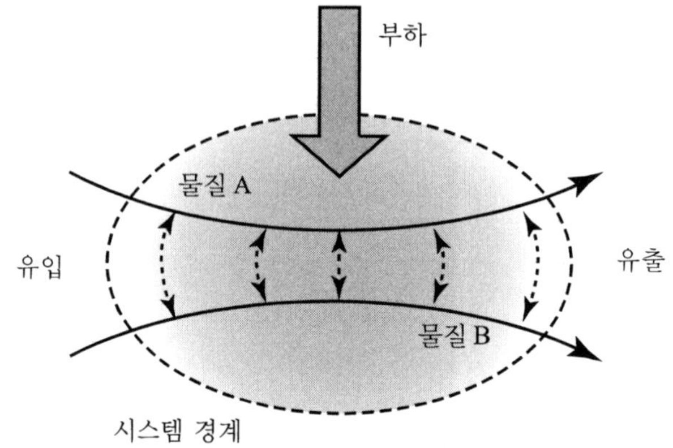

그림 1.3 물질수지 가시화

다수의 유입량이 존재하는 시스템에서의 총유입(total inflows)은 부하(loading)로 표시할 수 있으며 식 (1.12)로 주어지는 물질수지방정식에서 수질관리를 위하여 필요한 항목은 수계내에서의 오염도의 변화 즉, 축적이므로 식 (1.12)를 다시 다음과 같이 나타낼 수 있다.

$$\text{축적(accumulation)} = \text{부하(loading)} - \text{유출(outflow)} - \text{반응(reaction)} \quad (1.13)$$

오염물질의 특성에 따라 다른 항이 고려될 수 있는데, 인의 경우 고형물질에 흡착이 잘되어 침강 또는 침전의 기작으로 수계에서 제거되므로 침강에 의한 소멸이, 그리고 대기와의 교환으로 수계로부터 이동하는 암모니아성 질소(NH_3-N) 등은 증발이 고려되어야 한다.

세 번째 단계는 최적의 수질관리를 위한 결과의 분석 및 해석으로 다음 장부터 이에 대한 내용이 소개되고 있다. 물질수지식은 시스템 내에 축적되는 양이 변화가 없으면 정상상태(steady state)에 도달했다고 하며 시스템의 간단한 해석을 위하여 종종 이용된다.

이 책은 전부 10장으로 구성되어 있는데 2장부터 6장은 완전혼합시스템 및 불완전혼합시스템에 대하여 언급하였고 수질관리대상으로 호수, 하천 및 하구를 다루었으며, 수질항목으로 온도, 용존산소 및 부영양화 등을 7, 8 및 9장에서 소개하고 있다. 10장에서는 수질관리 방안에 대하여 기술하였으며 4대강 사업의 하나인 보 설치에 따른 수질관리도 다루었다.

제1장 연습문제

1.1 3.5 L 해수의 염도가 8.5 ppt(parts per thousand)이다. 이 속에 있는 염의 질량(grams)은 얼마인가?

1.2 체중이 3.5 kg인 갓난아이가 1년 동안 섭취하는 음식물의 양이 100 kg, 배설 및 생존을 위하여 소모한 양이 93 kg일 때 1년 후의 아기의 몸무게는 얼마인가? 단, 배설 및 생존을 위하여 사용한 양 이외의 음식물은 모두 몸무게의 증가로 전환된다고 한다.

1.3 다음 그림과 같이 하천에 폐수가 유입된다. 하천의 폐수유입지점에서 유입즉시 완전혼합이 일어난다고 가정하고 다음에 답하라.

a) 합류 후 유량 (m^3/s)

b) 합류 후 농도 (ppm)

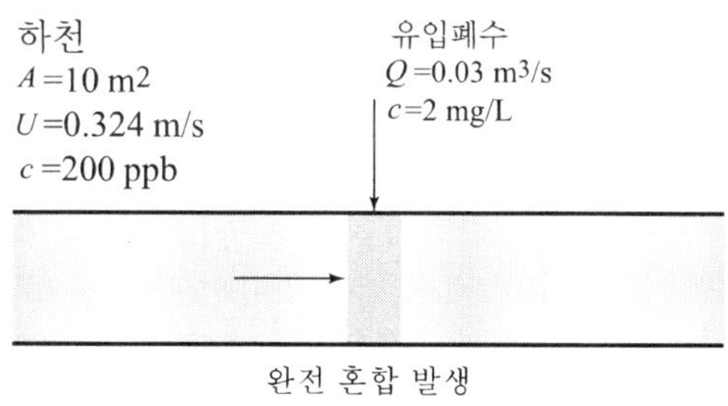

1.4 20 mL의 포도당용액을 300 mL 용기에 넣고 증류수로 용기를 가득 채웠다. 포도당용액의 농도는 100 mg/L이다.

a) 가득채운 용기의 포도당 질량(mg)은?

b) 가득채운 용기의 포도당 농도(mg/L)는?

2
CHAPTER

완전혼합시스템
(Completely Mixed System)

> To dream the impossible dream
> To fight the unbeatable foe
> To bear with unbearable sorrow
> And to run where the brave dare not to go
>
> To right the unrightable wrong
> And to love pure and chaste from afar
> To try when your arms are too weary
> To reach the unreachable star
> ....
> And I'll always dream
> The impossible dream
> Yes, and I'll reach
> The unreachable star
>
> The impossible dream

2.1 반응

2.1.1 반응의 분류

화학반응을 분류하는 방법에는 여러 가지가 있으며 반응공학에서 가장 유용한 방법 중의 하나가 관여하는 상(phase, 즉, 액상, 기상, 고상)의 수에 따라 균일계(homogeneous reaction)와 비균일계(heterogeneous reaction)로 나누는 것이다. 단일 상에서만 반응이 일어나는 경우가 균일반응이고, 적어도 2상 이상이 있어야 반응이 일어나는 것이 비균일 반응이다. 그리고 반응의 형태에 따라 단일반응(식 2.1) 및 복합반응(식 2.2, 식 2.3)으로 구분하며 복합반응은 다시 연속반응(식 2.2) 및 평행반응(식 2.3)으로 그리고 평행반응은 경쟁반응 및 병행반응으로 분류할 수 있다.

$$A \rightarrow B \tag{2.1}$$

$$A \rightarrow R \rightarrow S \tag{2.2}$$

$$A \begin{array}{l} \nearrow R \\ \searrow S \end{array} \qquad \begin{array}{l} A \rightarrow R \\ B \rightarrow S \end{array} \tag{2.3}$$

또한 반응의 방향에 따라 가역반응과 비가역반응으로 대별할 수 있다. 가역반응은 반응물과 생성물의 농도에 따라 식 (2.4)와 같이 양방향으로 진행된다.

$$aA + bB \rightleftarrows cC + dD \tag{2.4}$$

여기서, 소문자는 양론계수(stoichiometric coefficient)이며 대문자는 반응물질을 나타낸다. 가역반응은 수질관리에서 중요하지만 비가역반응이 더욱 강조된다. 비가역반응은 식 (2.5)와 같이 표시되며

$$aA + bB \rightarrow cC + dD \tag{2.5}$$

이는 반응물질이 고갈될 때까지 반응을 하는데 예를 들어 유기물이 미생물에 의해 생분해될 경우 미생물은 용존산소를 이용하여 유기물을 이산화탄소와 물로 분해한다. 만약 유기물이 더 이상 존재하지 않으면 반응은 일어나지 않는다. 식 (2.6)은 가역반응의 하나로 포도당 및 페놀의 산화를 나타내고 있다.

$$C_6H_{12}O_6 + 6\,O_2 \rightarrow 6\,CO_2 + 6\,H_2O$$

$$C_6H_5OH + 7\,O_2 \rightarrow 6\,CO_2 + 3\,H_2O \tag{2.6}$$

2.1.2 반응의 속도

반응속도는 온도, 압력 및 조성(組成)으로 나타나는 계의 상태에 따라 영향을 받는데 압력은 상의 주어진 온도와 조성으로부터 결정할 수 있으므로 온도와 조성으로만 반응속도를 나타낼 수 있다. 이는 정량적으로 반응물질의 농도에 비례하는 질량운동의 법칙(law of mass action)에 의해 표시할 수 있으며 식 (2.5)에 대해 이 법칙을 적용하면 성분 A의 반응속도는 다음과 같이 쓸 수 있다.

$$\frac{dc_A}{dt} = -kf(c_A, c_B) \tag{2.7}$$

이 식에서 반응속도는 온도의 함수로 나타나는 상수 k와 반응물질 농도와의 곱으로 표현되게 된다. 여기서, 부호는 소모되는 반응물이면 부(負)가 되며 생성되는 반응물이면 정(正)이 된다. 함수의 형태로 나타나는 $f(c_A, c_B)$은 거의 실험적으로 구해지는데 일반적인 형태는 다음과 같다.

$$\frac{dc_A}{dt} = -kc_A^a c_B^b \tag{2.8}$$

농도의 지수형태로 표시되는 수를 반응차수(reaction order)라고 말하며 이 반응은 A에 대해 a차, B에 대해 b차이고 전체 반응차수는 a 더하기 b인 n차이다. 여기에서 a와 b는 양론계수와 반드시 관련 있는 것은 아니며 차수는 실험적으로 구한 속도식을 설명하는 것이

므로 그 값은 반드시 정수가 아닐 수도 있다. 그러나 수질관리에 있어서 중요한 화학반응식 차수는 정수 형태로 주어진다. 단일반응에 초점을 맞추어 위 식을 다시 쓰면 다음과 같이 나타낼 수 있다.

$$\frac{dc}{dt} = -kc^n \tag{2.9}$$

여기서, c는 단일반응물질의 농도이며 n은 반응차수이다.

반응속도상수

반응을 속도상수로 표시할 때는 속도상수가 나타내는 성분이 어느 것인가를 명기할 필요가 있다. 예로서 다음의 반응을 살펴보자.

$$A + 2B \rightarrow 3C$$

속도를 A에 대하여 측정한 것이라면 속도식은

$$-\frac{dc_A}{dt} = -r_A = kc_A c_B^2$$

이고, B에 대한 것이면 속도식은

$$-\frac{dc_B}{dt} = -r_B = k' c_A c_B^2$$

이며, 생성물 C에 대한 것이면 다음과 같이 표시된다.

$$\frac{dc_C}{dt} = r_C = k'' c_A c_B^2$$

그런데 양론식에서

$$-r_A = -\frac{1}{2} r_B = \frac{1}{3} r_C$$

이므로 윗 식을 정리하면 다음의 식이 얻어지게 되어 각종 성분이 다른 분자수를 갖고 있을 때 반응속도상수가 다르므로 모호함을 피하기 위하여 반드시 고려하는 성분을 명기하여야 한다.

$$k = \frac{1}{2}k' = \frac{1}{3}k''$$

총 속도(r)는 다음과 같이 나타낼 수 있다.

$$r = -r_A = -\frac{1}{2} r_B = \frac{1}{3} r_C$$

2.1.3 0차, 1차 및 2차 반응

식 (2.9)로 파악되는 화학반응식에서 반응차수는 다양하게 나타나나 자연수계에서 반응차수(n)는 0, 1 그리고 2가 주를 이룬다. 미지 오염물질의 화학반응식 반응차수 및 반응속도상수는 미 · 적분학을 이용하여 수학적으로 구할 수 있으며 이를 사용하여 시간에 따른 분석이 가능하다.

가. 0차 반응

차수가 0인 반응식은 다음과 같으며

$$\frac{dc}{dt} = -k \tag{2.10}$$

여기서, k의 차원은 $[ML^{-3}T^{-1}]$이다. 만약 조건이 $t=0$에서 $c=c_0$이면 변수분리에 의해 다음과 같은 해가 존재한다.

$$c = c_0 - kt \tag{2.11}$$

이 식을 도시한 것이 그림 2.1(a)이며 그림에서 나타나듯이 농도는 시간에 대하여 일정하게 감소함을 알 수 있다. 만약 어떤 물질이 시간에 대한 농도변화가 그림에서와 같이 선형의 형태를 보인다면 이 반응은 0차 반응으로 간주할 수 있다. 0차 반응속도상수가 0.3 mg/L·d 라면 매일 이 물질이 0.3 mg/L 만큼 감소함을 의미한다.

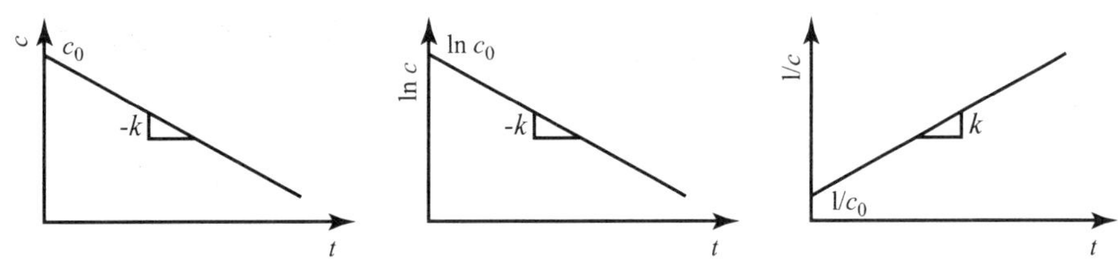

(a) 0차 반응 (b) 1차 반응 (c) 2차 반응

그림 2.1 시간에 대한 농도변화

나. 1차 반응

차수가 1인 반응식은 다음으로 주어지며

$$\frac{dc}{dt} = -kc \tag{2.12}$$

여기서, k의 차원은 $[T^{-1}]$이다. 만약 농도가 $t=0$에서 $c = c_0$이면 변수분리에 의해 다음과 같은 해가 존재한다.

$$\ln c - \ln c_0 = -kt \tag{2.13}$$

따라서 어떤 반응물질이 시간에 대한 농도의 자연대수 또는 상용대수가 일정하게 변한다면 이 반응은 1차 반응이라 말할 수 있다(그림 2.1(b)). 양변에 지수함수를 택하면 다음으로 표현된다.

$$c = c_0 e^{-kt} \tag{2.14}$$

이 식으로부터 우리는 반응물질은 시간이 지남에 따라 점점 0에 접근함을 알 수 있다. 여기서, 주의해야 할 것은 식 2.14에서 소멸계수 k는 밑(base)을 e로 한 경우의 값이며 만약 밑을 10으로 한다면 윗 식은 다음으로 표시되며

$$c = c_0 10^{-k't} \tag{2.15}$$

k와 k'의 관계는 다음과 같다.

$$k = 2.303k' \tag{2.16}$$

미분방정식의 해 (1계 제차 선형 상미분방정식)

식 (2.12)와 같은 미분방정식을 1계 제차 선형 상미분방정식이라 하며 이 식의 해는 언급한바와 같이 변수분리에 의하여 구할 수 있다. 주어진 식을 변수분리하면 다음과 같고

$$\frac{1}{c}dc = -k\,dt$$

양변에 적분을 취하여 해를 구하면 아래와 같다.

$$\int \frac{1}{c}dc = -\int k\,dt$$

$$\ln c = -kt + C$$

여기서, C는 상수(constant)이다. 이 식에 초기조건인 $t=0$에서 $c=c_0$을 대입하면 $C = \ln c_0$가 되어 식 (2.13)의 해를 얻는다.

1차 반응속도상수의 의미

1차 반응속도상수는 0차 반응속도상수만큼 쉽게 의미를 갖지 않는다. 1차 반응속도상수의 의미파악을 위하여 지수함수를 매클로린 급수(Maclaurin series)로 나타내면 다음과 같고

$$e^{-x} = 1 - x + \frac{x^2}{2!} - \frac{x^3}{3!} + \cdots$$

3번째 항부터 절단하면 다음과 같이 쓸 수 있다.

$$e^{-x} \cong 1 - x$$

다음 그림으로부터 x가 작은 값 영역에서는 e^{-x}와 $1-x$가 어느 정도 일치함을 보이지만 x가 큰 값 부분에서는 많은 오차를 보이고 있다. x가 0.5보다 작은 부분에서는 약 20%의 오차안에 두 값이 존재하므로 0.5보다 작은 1차 반응속도상수값은 단위시간당 소멸되는 양으로 해석할 수 있다. 만약 1차 반응속도상수값이 0.1 /d이면 하루에 약 10%가 감소함을 의미한다. 1차 반응속도상수값이 3 /d이면 이 값이 0.5보다 크므로 위와 같이 의미를 파악할 수 없으며 이를 0.5보다 작게 환산하여 의미를 파악하여야 한다. 즉,

$$k = \frac{3}{\mathrm{d}} \times \frac{1\,\mathrm{d}}{24\,\mathrm{hr}} = 0.125\ /\mathrm{hr}$$

가 되어 한 시간에 약 12.5%가 소멸됨을 알 수 있다.

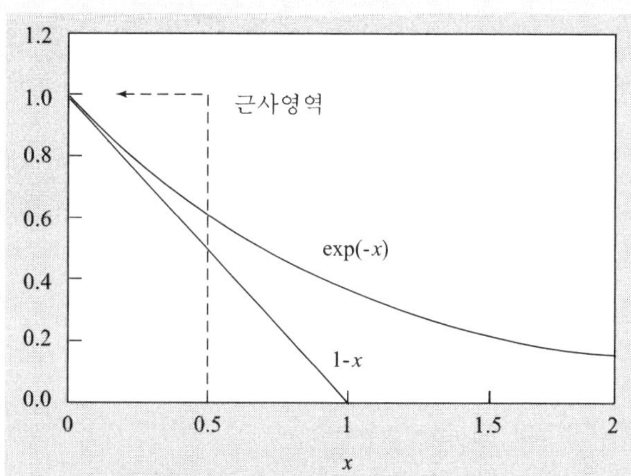

그림 B2.1 1차 반응속도상수 해석

다. 2차 반응

차수가 2인 반응식은 다음으로 표시되고

$$\frac{dc}{dt} = -kc^2 \tag{2.17}$$

여기서, k의 차원은 $[M^{-1}L^{3}T^{-1}]$이다. 만약 농도가 $t=0$에서 $c=c_0$이면 변수분리에 의해 다음과 같은 해가 존재한다.

$$\frac{1}{c} = \frac{1}{c_0} + kt \tag{2.18}$$

따라서 어떤 반응물질이 시간에 대한 농도의 역수가 일정하게 변한다면 이 반응은 2차 반응이라 말할 수 있다(그림 2.1(c)). 윗 식을 정리하면 다음과 같으며

$$c = c_0 \frac{1}{1 + kc_0 t} \tag{2.19}$$

이 식도 식 (2.14)와 같이 반응물질은 시간이 지남에 따라 점점 0에 접근함을 알 수 있다.

2.1.4 반응차수 및 반응속도상수 분석

주어진 시스템의 적절한 수질관리를 위하여 오염물질의 반응차수 및 반응속도상수를 파악하는 것은 중요하며 적분법(integral method), 미분법(differential method) 등이 적용가능하다. 적분법은 정수의 반응차수를 파악하는데 유효하며 정수로 나타나지 않는 오염물질의 차수를 결정하려면 미분법(differential method)을 사용하여야 한다. 그러나 미분법은 주관성을 완전히 배제할 수 없는 한계가 있어 객관성 확보를 위하여 실측치와 계산치 차이의 제곱 합을 최소화하는 최소자승법을 적용하기도 한다(예제 8.2 참조).

가. 적분법

시간에 대한 농도변화가 0, 1 및 2차로 추정될 경우 식 (2.11), (2.13) 및 (2.18)로 주어지는 상미분방정식을 적분하여 구한 해에 적용하여 그림 2.1과 같이 직선으로 적합되는 정도를 파악하여 반응차수 및 반응속도상수를 결정한다. 물질 반응차수가 정수로 나타날 경우 매우 유효한 방법이다.

반응차수에 따라 물질수지에 적용되는 반응항이 달라지며 이의 결과로 반응속도상수의 물리량 즉, 차원이 달라진다. 표 2.1은 반응차수에 따른 반응속도상수의 차원을 정리하여 나타낸 것으로 반응속도상수의 차원을 알면 오염물질의 반응차수를 쉽게 파악할 수 있다. 일반적으로 BOD의 반응속도상수 즉, 탈산소계수는 3~0.01 / d의 값을 나타냄으로 1차 반응을 따름을 알 수 있다.

Exercise 2.1 **적분법**

어떤 물질의 농도가 시간에 따라 다음과 같이 주어질 경우 반응차수 및 반응속도상수를 구하라. 그리고 c_0값을 추정하라.

t (d)	0	1	3	6	10	15	20
c (mg/L)	12.0	10.7	9.0	6.7	4.6	2.3	1.8

Solution

반응차수를 결정하기 위하여 그림 E2.1을 도시했으며 이로부터 (b) 그림이 가장 잘 직선에 가깝게 접근함을 알 수 있다. 이 그림의 최적 적합 직선식은 $\ln c = 2.480 - 0.099t$ (r^2 = 0.989)로 나타나, 이 물질은 1차 반응을 따르고 $k = 0.1(\cong 0.099)/\text{d}$, 그리고 $c_0 = e^{2.480} = 11.9$ mg/L로 파악된다.

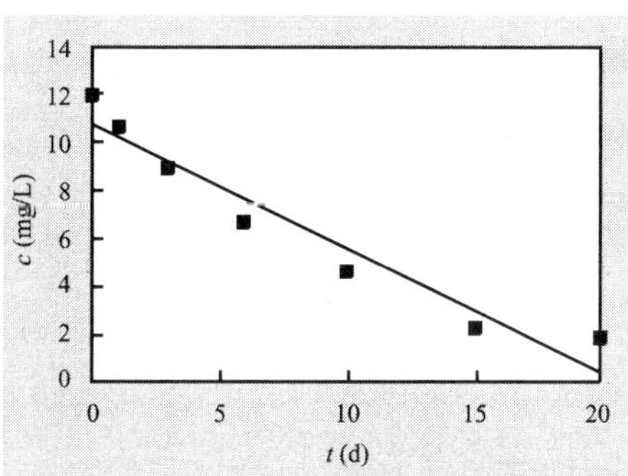

(a)

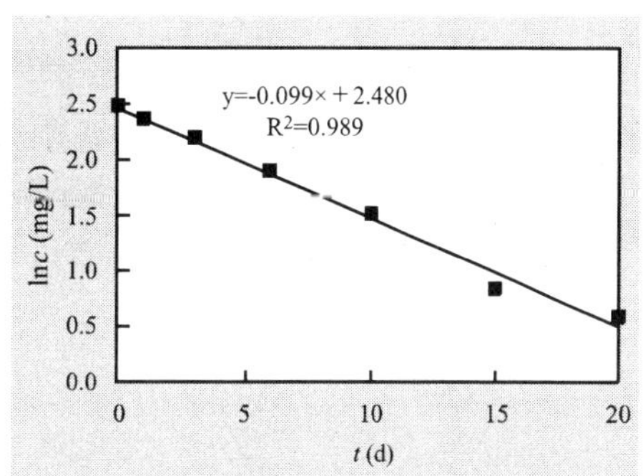

(b)

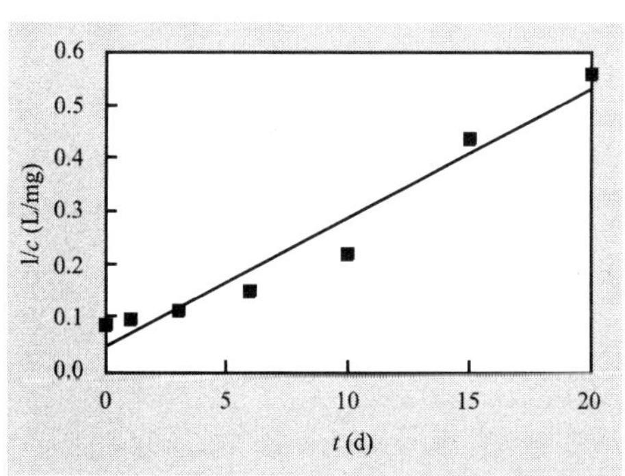

(c)

그림 E2.1 반응차수결정을 위한 그림

표 2.1 반응차수에 따른 반응속도상수 차원

n	반응식	k 차원
0	kV	$\mathrm{M\ L^{-3}\ T^{-1}}$
1	kVc	$\mathrm{T^{-1}}$
2	kVc^2	$\mathrm{M^{-1}\ L^3\ T^{-1}}$

나. 미분법

반응차수 및 반응속도상수결정을 위한 미분법은 정수로 나타나는 각 차수에 대하여 검토를 해야 하는 적분법과 비교하여 한번으로 차수를 파악할 수 있는 장점이 있으나 도함수를 결정하는데 객관성을 확보하기 어려운 단점이 있다. 식 (2.9)의 양변에 상용로그를 취하면 다음과 같은 식이 주어지며

$$\log\left(-\frac{dc}{dt}\right) = \log k + n\log c \tag{2.20}$$

$\log c$와 $\log(-dc/dt)$를 선형대수지에 그리면 최적적합 직선으로부터 기울기에서 반응차수를, 절편에서 반응속도상수를 결정할 수 있다. 식 (2.20)에 나타나 있는 도함수 결정에는 도식적으로 구하거나 차분공식 또는 다항식 회귀분석을 사용한다. 도식적으로 도함수를 구할 경우에는 예제 2.2와 같이 적합곡선 추정에 등면적법을 적용하며 다항식 회귀분석에는 회귀분석식을 구하여 시간에 대한 농도와 기울기를 파악하여 식 (2.20)을 적용한다. n차 다항식은 식 (2.21)과 같으며 a_0, $a_1 \cdots a_n$은 상수이다.

$$c = a_0 + a_1 t + a_2 t^2 + \cdots + a_n t^n \tag{2.21}$$

Exercise 2.2 **미분법**

도식적 미분법 및 다항식 회귀분석을 사용하여 예제 2.1로 주어지는 물질의 반응차수 및 반응속도상수를 구하라. c_0값을 추정하라.

Solution

예제 2.1의 주어진 자료에 도식적 미분법을 적용하면 표 E2.2_1을 얻을 수 있다. 여기에서 $-dc/dt$는 t에 대하여 $-\Delta c/\Delta t$를 그래프로 나타낸 후에 적합곡선을 그리고 이 그래프상에 놓인 고정된 시간에서의 값을 읽으면 주어진 표 마지막열의 값 즉, dc/dt을 얻게 된다(그림 E2.2_1(a)). 적합곡선은 이 선의 윗부분을 구성하는 막대그래프의 면적과 아래 부분을 구성하는 막대그래프의 면적이 되도록이면 같게 취하여야 한다(등면적법). 그림 E2.2_1은 선형대수지에 그린 $\log c$와 $\log(-dc/dt)$를 보여주고 있다. 그림 E2.2_1(b)로부터 $n = 1.042$,

$k = 10^{-1.032} = 0.093$이며 예제 2.1과 같이 유사하게 나타남을 알 수 있다.

표 E2.2_1 도식적 미분법에서의 도함수 결정

t (day)	c (mg/L)	$-\Delta c/\Delta t$ (mg/L·d)	$-dc/dt$ (mg/L·d)
0	12.0		1.26
		1.3	
1	10.7		1.12
		0.85	
3	9.0		0.91
		0.77	
6	6.7		0.66
		0.53	
10	4.6		0.43
		0.46	
15	2.3		0.25
		0.10	
20	1.8		0.16

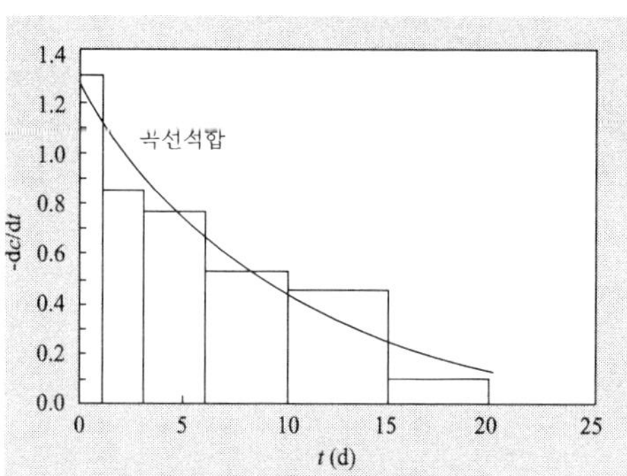

(a) 고정된 시간에서 dc/dt를 파악하기 위한 그림

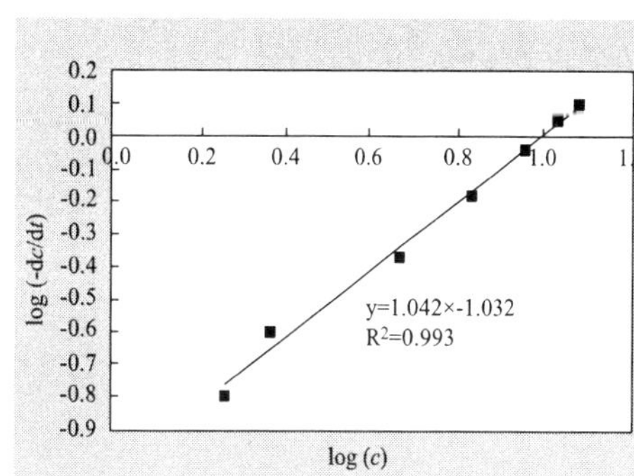

(b) 선형 적합식

그림 E2.2 1 도식적 미분법에서 반응차수 및 반응속도상수 결정

다항식 회귀분석을 통한 미분법은 식 (2.21)의 n차 다항식 회귀식을 사용하여 농도 및 도함수를 구하여 반응차수 및 반응속도상수를 파악하는 방법으로 도함수를 구하기 위하여 식 (2.21)을 미분한 식 $dc/dt = a_1 + 2a_2t + 3a_3t^2 + \cdots + na_nt^{n-1}$을 사용한다. 주어진 자료를 이용하여 3차 다항식으로 적합한 결과가 그림 E2.2_2 (a)에 나타나 있으며 결정계수가 1에 가까워 적합정도가 매우 양호함을 알 수 있다. 표 E2.2_2 네 번째 열은 주어진 시간과 시간사이 중간에 위치하는 시간에서의 적합식에서 구한 농도 값을 나타내고 있으며 다섯 번째 열은 그 시간에서 구한 도함수 값을 보여주고 있다. 그림 E2.2_2 (b)는 선형대수지에 $\log c$와 $\log(-dc/dt)$를 도시한 것으로 이로부터 $n = 1.036$, $k = 10^{-1.053} = 0.089$이며 c_0는 11.8 mg/L로 파악된다.

표 E2.2_2 다항식 회귀분석 미분법에서의 도함수 결정

t (d)	c (mg/L)	t (d)	c (mg/L)	$-dc/dt$ (mg/L·d)
0	12.0			
		0.5	11.341	0.976
1	10.7			
		2.0	9.935	0.899
3	9.0			
		4.5	7.849	0.771
6	6.7			
		8.0	5.459	0.596
10	4.6			
		12.5	3.272	0.377
15	2.3			
		17.5	1.974	0.144
20	1.8			

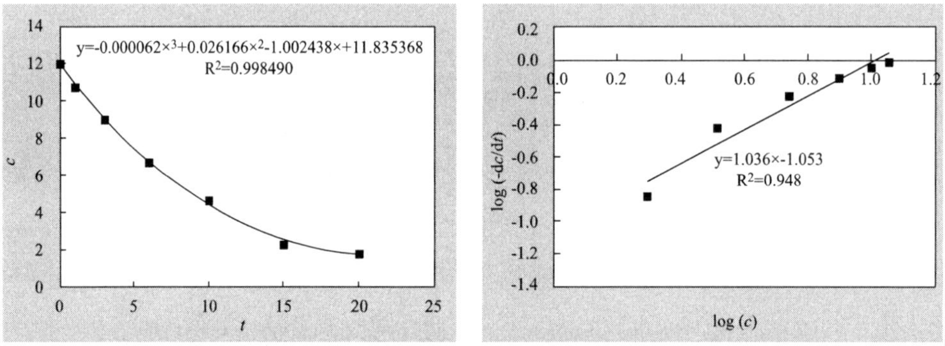

(a) 3차 다항식 회귀분석 (b) 선형 접합식

그림 E2.2_2 다항식 회귀분석 미분법에서 반응차수 및 반응속도상수 결정

적분법 및 미분법 이외에 반응차수 및 반응속도상수 결정을 위한 다양한 방법이 적용 가능하다. 식 (2.9)를 적분하여 해를 구하면 $c = c_0/[1+(n-1)k\,c_0^{n-1}t]^{1/(n-1)}$와 같으며 $n=2$인 경우 이 식은 식 (2.19)가 되고 실제 오염물 변화를 나타내는 반응차수 및 반응속도상수 값을 파악하면 임의의 시간에서 농도를 쉽게 구할 수 있다.

2.1.5 반응속도상수의 온도 영향

자연수계 내에서 일어나는 모든 반응은 온도가 증가함에 따라 증가하며 경험적으로 온도가 10℃ 증가하면 반응속도는 약 2배가량 증가하는 것으로 알려져 있다. 식 (2.7)과 같이 온도 의존항과 조성 의존항의 곱으로 나타나는 반응에 대하여 온도 의존항 즉, 반응속도상수는 실제적으로 스웨덴 화학자 아레니우스가 제시한 식(Arrhenius equation)으로 잘 표시된다.

$$k(T_a) = A\,e^{-\frac{E}{RT_a}} \tag{2.22}$$

여기서, A는 빈도인자(frequency factor), E는 활성화 에너지(activation energy) [J/mole], R은 기체상수(gas constant) [8.314 J/mole·°K] 및 T_a는 절대온도 [°K]이다. 윗식은 두 개의 다른 온도에서 발생하는 반응속도상수의 변화정도를 파악하는데 이용할 수 있는데 이는 반응속도상수의 비로 나타낼 수 있다.

$$\frac{k(T_{a2})}{k(T_{a1})} = e^{\frac{E(T_{a2}-T_{a1})}{RT_{a2}T_{a1}}} \tag{2.23}$$

자연수계 내에서 온도의 변화폭은 작기 때문에 (273∼313 °K) T_{a1}과 T_{a2}의 곱은 거의 상수에 가깝고 다음과 같이 $e^{\frac{E}{RT_{a2}T_{a1}}}$ 를 간략하게 θ로 대치할 수 있으며, 온도의 차이($T_{a1}-T_{a2}$)는 절대온도를 사용할 경우와 섭씨온도를 사용할 경우가 같기에 식 (2.23)은 섭씨온도로 치환하여 나타낼 수 있다. 수질관리모델에서 주로 반응속도상수는 20℃에서의 값으로 나타내므로 식 (2.23)은 다음과 같이 표시할 수 있다.

$$k(T) = k(20)\,\theta^{(T-20)} \tag{2.24}$$

다음 표 2.2는 광범위하게 쓰이는 반응에 대한 θ값을 나타낸 것이며 그림 2.2는 자연수계 내에서 주로 존재하는 온도의 범위 내에서 $k(T)/k(20)$의 값을 보여주고 있다.

표 2.2 반응의 종류에 따른 전형적인 θ값

θ	반 응
1.024	재포기
1.047	탈산소계수(BOD 분해)
1.060	퇴적층 산소요구
1.083	암모니아 아질산화

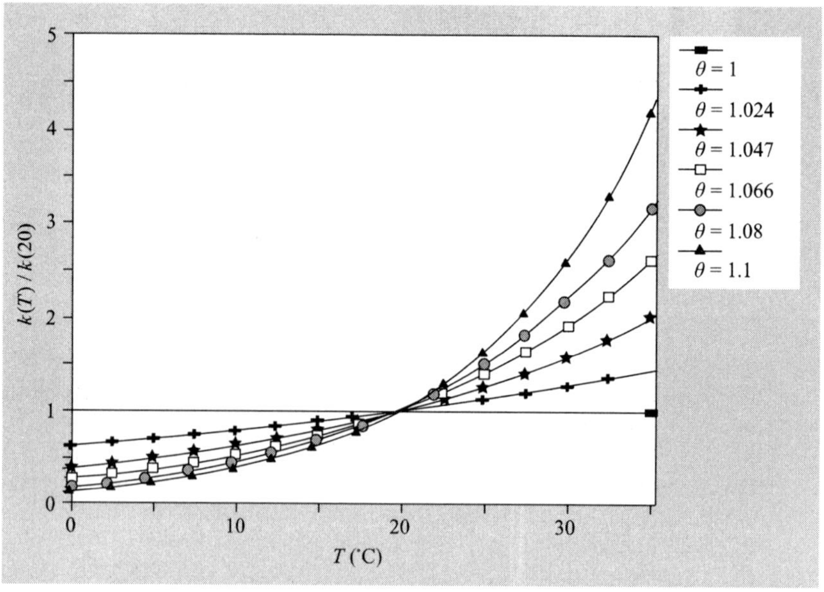

그림 2.2 여러 θ값에서 온도에 따른 반응속도상수의 변화

식 (2.22)에서 $k(20)/k(10)$이 2가 되기 위한 즉, 온도가 10℃ 증가함에 따라 반응속도비가 2배가 되기 위한 θ의 값은 1.072임을 알 수 있다.

Exercise 2.3 반응속도상수

실험실에서 다음과 같은 자료가 얻어졌다. θ 및 20℃에서의 반응속도상수 및 k_{20}을 계산하라.

$T_1 = 5℃$ $\quad$ $k_1 = 0.12/d$

$T_2 = 25℃$ $\quad$ $k_2 = 0.33/d$

Solution

식 (2.24)를 θ에 대하여 정리하면 다음과 같다.

$$\theta = 10^{\frac{\log k(T_1) - \log k(T_2)}{T_1 - T_2}}$$

주어진 자료를 넣고 계산하면

$$\theta = 10^{\frac{\log 0.12 - \log 0.33}{5-25}} = 1.052$$

k_{20}은 같은 식 (2.24)에서 구할 수 있다.

$$k_{20} = 0.12/1.052^{(5-20)} = 0.257/\mathrm{d}$$

2.2 물질수지

2.2.1 수학적 모델 및 물질수지

1장에서 부하량을 농도로 변환하는 자정계수(assimilation factor)에 대하여 간단히 논하였으며 자정계수 수계의 물리, 화학 또는 생물학적인 특성에 의하여 지배됨을 언급하였다.

$$c = \frac{1}{a} W \tag{2.25}$$

일반적으로 자정계수를 산정하기 위하여 두 가지 방법 즉, 경험적인 방법(empirical, inductive, data-based approach)과 이론적인 방법(mechanistic, deductive, theoretical approach)이 있는데, 전자는 Vollenweider 모델과 같이 부영양화 같은 문제 파악에 유용하게 쓰이지만 문제 해결을 위한 대안의 평가 및 분석에 한계를 나타내는 제약이 있다. 수질관리에 다양하게 쓰이는 후자는 물질수지방정식을 이용하여 자정계수를 산정하며 단위시간에 물의 유한체적에 대한 물질수지는 다음과 같이 표현된다.

$$\text{축적(accumulation)} = \text{공급(sources)} - \text{감소(sinks)} \tag{2.26}$$

이 식은 오염물의 공급(sources)과 감소(sinks) 사이에 불균형이 존재할 경우 단위시간당 물질의 가감이 유한체적 안에서 발생함을 의미한다. 만약 공급이 감소보다 클 경우 유한체적 안에서 물질은 증가할 것이며, 반대로 공급이 감소보다 작을 경우 물질은 감소할 것이다. 특별한 경우로 공급과 감소가 균형을 이루어 시간당 물질의 변화가 없을 경우 이를 정상상태(steady state) 또는 평형상태라 하며 수질관리에 있어서 매우 중요하다.

2.2.2 완전혼합시스템에서의 물질수지

완전혼합시스템 또는 연속교반탱크반응기(CSTR : Continuously Stirred Tank Reactor)로 자연수계를 가정하여 해석하는 방법은 호수나 저수지관리에 널리 이용되고 있으며 이는 오염물의 유입 및 유출 등에 의한 수계 내에서의 내부적인 농도변화가 전수역에 걸쳐 동일하다는 가정하에 출발한다. 그림 2.3은 가상적인 완전혼합시스템을 보여주고 있다.

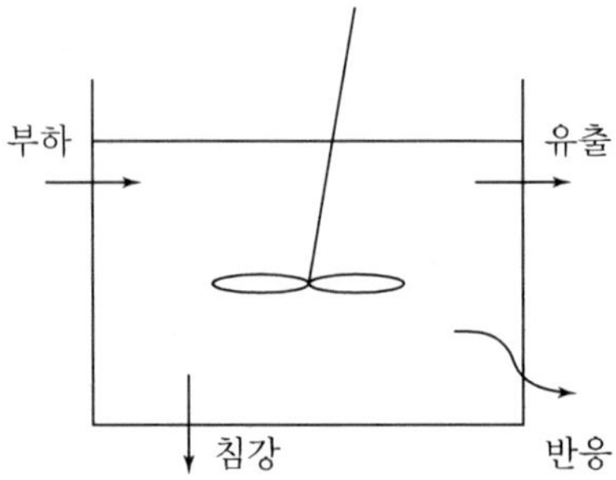

그림 2.3 완전혼합시스템

수질관리와 관련된 공급항과 감소항을 고려하여 물질수지방정식을 다시 쓰면 다음과 같다.

$$\text{축적(accumulation)} = \text{부하(loading)} - \text{유출(outflow)} - \text{반응(reaction)} - \text{침강(settling)} \tag{2.27}$$

이 식에서 공급항과 감소항을 가·감하여 고려할 수 있다. 예를 들어 수표면에서 대기로 물질이 이동할 경우 이를 증발(volatilization)로 반영할 수 있으며 수체 저면에서 수체로 용출하거나 흐름이 발생할 경우 재부유(resuspension)로 고려할 수 있다. 여기서는 해석의 단순화를 위하여 1개의 공급항과 3개의 감소항이 고려되었다. 측정 가능한 변수와 계수로 각 항을 나타내면 다음과 같다.

가. 축적(accumulation)

축적은 어떤 시스템 또는 통제 체적 내에서 단위시간당 질량의 변화로 정의할 수 있다.

$$\text{축적} = \frac{\Delta M}{\Delta t} \tag{2.28}$$

질량은 농도와 다음의 관계를 갖으며

$$c = \frac{M}{V} \tag{2.29}$$

여기서, V는 시스템의 체적 [L^3]이다. 식 (2.29)를 식 (2.28)에 대입하면 다음과 같고

$$\text{축적} = \frac{\Delta(Vc)}{\Delta t} \tag{2.30}$$

이 식에서 시스템의 체적이 시간에 대한 변화가 없다고 하면 즉, 오염물의 유입 및 유출로 인한 체적의 변화가 일정하다고 가정하면 식 (2.31)이 주어진다.

$$\text{축적} = V\frac{\Delta c}{\Delta t} \tag{2.31}$$

식 (2.31)에서 Δt를 매우 작게 취하면 다음과 같은 표현이 얻어진다.

$$\text{축적} = V\frac{dc}{dt} \tag{2.32}$$

여기서, 축적(accumulation)의 차원은 질량/시간 [MT^{-1}]이다. 이 식은 시간에 대한 농도의 변화가 양이면 질량이 증가하며 시간에 대한 농도의 변화가 음이면 질량이 감소함을 나타낸다.

나. 부하(loading)

질량은 여러 경로를 통하여 시스템에 들어오며 들어오는 방법도 다양하다. 들어오는 방법을 예로 들면 폐수처리장을 거치거나 또는 지류를 통하여 점오염원 형식으로 수계이 일정한 지점으로 유입되거나 비점오염원 형식으로 수표면 또는 육지와 수표면 경계를 통하여 유입된다. 완전혼합 시스템에서는 오염원의 유입형태가 중요하지 않지만 불완전혼합시스템 즉, 하천이나 하구의 경우에는 매우 중요하다. 호수의 경우 완전혼합시스템으로 가정할 수 있으므로 오염원의 유입형태에 상관없이 부하량을 하나로 고려할 수 있으며 오직 한군데로 오염원이 유입된다면 다음과 같이 쓸 수 있다.

$$\text{부하} = W(t) \tag{2.33}$$

여기서, $W(t)$는 오염부하량 또는 시간당 유입질량으로 축적과 같이 차원이 질량/시간 [MT^{-1}] 이며 시간의 함수로 주어진다. 오염부하량은 두개의 다른 성분의 곱으로 표시할 수 있다.

$$\text{부하} = W(t) = Q\,c_{in}(t) \tag{2.34}$$

여기서, Q는 유입유량 [L^3T^{-1}] 및 $c_{in}(t)$는 평균 오염물 유입농도 [ML^{-3}]이다. 식 (2.34)로 나타나는 유량은 시간에 대한 함수로 주어질 수도 있다. 식 (2.34)로부터 오염물 유입농도는 오염부하량을 사용하여 다음과 같이 파악가능하다.

$$c_{in}(t) = \frac{W(t)}{Q} \tag{2.35}$$

다. 유출(outflow)

질량은 유출유량에 의하여 시스템으로부터 빠져 나간다. 유출질량은 위에서와 같이 유출유량과 농도의 곱으로 표시할 수 있으며 수체의 체적이 시간에 대한 변화가 없다는 가정하에서 유입유량과 유출유량은 같으며, 완전혼합시스템에서 유출농도는 수체내 농도와 같으므로 식 (2.36)과 같은 표현이 가능하다.

$$\text{유출} = Qc \tag{2.36}$$

라. 반응(reaction)

반응에 의하여 물질이 변하는 정도는 식 (2.9)와 유사하게 다음과 같이 쓸 수 있다.

$$\text{반응} = k\,Vc^n \tag{2.37}$$

오염물질이 1차 반응을 따르는 경우 식 (2.37)은 다음과 같으며

$$\text{반응} = k\,Vc \tag{2.38}$$

이 식의 차원도 질량/시간 [MT^{-1}]으로 표시된다.

마. 침강 또는 침전(settling)

침강 또는 침전에 의해서 오염물질이 감소하는 것은 단위면적당 단위시간당 질량의 변화인 질량흐름양(J)과 수체 바닥면적(A_s)의 곱으로 표시할 수 있다.

$$\text{침강} = JA_s = v\,A_s\,c \tag{2.39}$$

여기서, v는 침강속도 [LT^{-1}] 및 A_s는 침강면적 [L^2]이다. 질량흐름양은 vc로 주어지며 식 (2.39)의 차원은 다른 항과 같이 질량/시간 [MT^{-1}]이다. 만약 어떤 오염물질이 일부는 용존해 있고 일부가 침강되는 성질이 있을 때 이를 모두 침강되는 것으로 간주하면 실제 침강속도를 그대로 사용할 수 없으며 용존되어 있는 부분을 고려하여 보정된 침강속도를 사용하여야 한다. 이와는 다르게 용존 부분과 침강부분을 따로따로 구분하여 다룰 수도 있다. 이식은 단면적 곱하기 수심이 수체의 체적으로 표시되므로 반응으로 인해 소멸되는 식 (2.38)과 비슷하게 다시 쓸 수 있다.

$$\text{침강} = k_s\,Vc \tag{2.40}$$

여기서, k_s는 1차 반응속도상수와 같은 차원을 갖으며 침강속도를 포함한 v/H로 $[T^{-1}]$ 주어진다. 만약 수체 수표면적과 바닥 면적이 다르다면 k_s는 v/H로 표시할 수 없다. 식 (2.40)보다는 식 (2.39)가 보다 간명하며 침강에 의한 영향정도를 수학적으로 잘 나타내기 때문에 식 (2.39)가 보편적으로 많이 사용된다.

바. 물질수지방정식

위에 언급한 모든 항을 식 (2.27)에 대입하면 완전혼합시스템에서의 물질수지방정식이 유도된다.

$$V\frac{dc}{dt} = W(t) - Qc - kVc - vA_s c \tag{2.41}$$

여기서, c와 t는 종속변수와 독립변수이고, $W(t)$는 외부에서 시스템에 미치는 영향 즉, 오염부하량이므로 강제함수(forcing function)라 하며, Q, k, V, v 및 A_s는 수질관리대상 시스템의 수리학적 특성과 수질관리대상 물질의 특성을 나타내는 계수이다. 식 (2.41)을 사용하여 완전 혼합을 가정할 수 있는 수체에서 오염물의 시간에 대한 변화 및 정상상태에서의 오염물농도 등을 파악할 수 있다. 물질수지방정식은 수질관리에 유용한 도구로 수질관리대상 시스템에 맞게 구축하여 수질을 파악하는데 사용하며 또한 적절한 수질관리 방안 및 대책 수립에 활용 가능하다.

2.2.3 정상상태 해석

어느 시스템에 장기간에 걸쳐 오염부하량이 일정하게 유입되면 시스템의 농도는 시간에 대한 농도변화가 없는 정상상태($dc/dt = 0$)에 도달한다. 이 경우 식 (2.41)은 다음과 같은 해를 갖는다.

$$c = \frac{W}{Q + kV + vA_s} \tag{2.42}$$

이 식을 식 (2.25)와 비교하면 자정계수가 다음과 같이 주어짐을 알 수 있다.

$$a = Q + kV + vA_s \tag{2.43}$$

식 (2.43)은 자정계수 산정의 두 가지 방법중 이론적인 방법의 장점을 보여주고 있으며 이 시스템의 자정계수는 유입유량(Q), 체적(V), 수표면적(A_s) 또는 침강면적, 오염물질의 반응속도상수(k) 및 침강속도(v) 등의 상호작용으로 파악할 수 있음을 의미한다. 따라서 주어진 시스템의 물리, 화학 및 생물학적 특성들이 자정계수에 관여함을 알 수 있다. 자정계수가 크다는 의미는 일정한 오염부하량에 대한 수체의 농도가 작아짐을 말하며 역으로 작다는 의미는 일정한 오염부하량에 대한 수체의 농도가 커짐을 말한다.

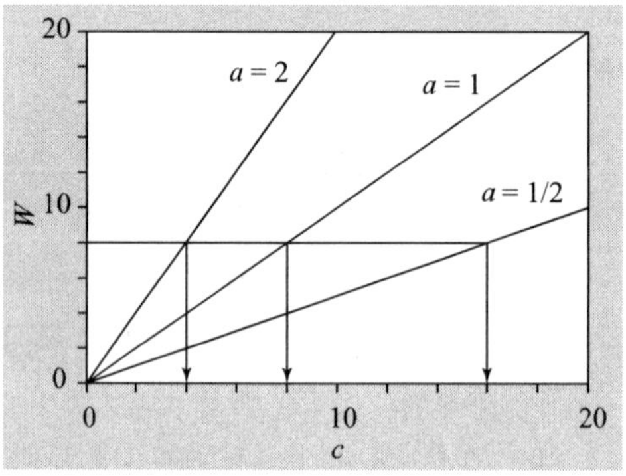

그림 2.4 정상상태에서의 자정계수

그림 2.4는 자정계수의 의미를 가시화하여 나타낸 것으로 동일한 오염부하량에 대한 수체의 농도가 자정계수의 크기에 따라 일정하게 변하며 선형관계가 성립함을 보여주고 있다.

Exercise 2.4 물질수지방정식

체적(V) = 50,000 m^3, 평균수심(H) = 2.5 m, 유입유량(Q) = 유출유량(Q) = 8,500 m^3/d, 온도(T) = 20℃ 인 완전혼합을 가정할 수 있는 호수가 있다. 오염물이 2가지 경로로 유입되며($J_{대기}$(대기로부터의 유입 질량흐름양) = 0.5 g/m^2· d, c_{in}(유입하천의 농도) = 12 mg/L) 반응속도상수(k)가 20℃에서 0.25 /d일 때 다음을 계산하라.

a) 자정계수

b) 정상상태의 호수농도

c) 물질수지방정식에 나타난 각항의 부하량 [MT^{-1}]

Solution

a) 자정계수는 식 (2.41)에서 반응만 고려하여 얻을 수 있다.

$$a = Q + kV = 8{,}500\,\text{m}^3/\text{d} + 0.25\,/\text{d} \times 50{,}000\,\text{m}^3 = 21{,}000\,\text{m}^3/\text{d}$$

b) 호수 수표면적은 다음과 같다.

$$A_s = \frac{V}{H} = \frac{50{,}000\,\text{m}^3}{2.5\,\text{m}} = 20{,}000\ \text{m}^2$$

대기로부터 유입부하량은

$$W_{\text{대기}} = J_{\text{대기}} \times A_s = 0.5\ \text{g/m}^2\cdot\text{d} \times 20{,}000\ \text{m}^2 = 10{,}000\ \text{g/d}$$

유입하천에 의한 부하량은

$$W_{\text{하천}} = Q \times c_{in} = 8{,}500\ \text{m}^3/\text{d} \times 12\ \text{mg/L} \times 10^3\,\text{L/m}^3 \times \text{g}/10^3\,\text{mg} = 102{,}000\ \text{g/d}$$

따라서 총 오염부하량은

$$W = W_{\text{대기}} + W_{\text{하천}} = 10{,}000\ \text{g/d} + 102{,}000\ \text{g/d} = 112{,}000\ \text{g/d}$$

호수의 정상상태 농도는 다음과 같다.

$$c = \frac{1}{a}W = \frac{1}{21{,}000\ \text{m}^3/\text{d}}112{,}000\ \text{g/d} = 5.33333\ \text{g/m}^3 = 5.33333\ \text{mg/L}$$

c) 각 항의 부하량은 다음과 같이 구한다.

유출에 의한 부하량

$$Qc = 8{,}500\ \text{m}^3/\text{d} \times 5.33333\ \text{mg/L} = 45{,}333\ \text{g/d}$$

반응에 의한 감소량

$$k\,Vc = 0.25/\text{d} \times 50{,}000\ \text{m}^3 \times 5.33333\ \text{mg/L} = 66{,}667\ \text{g/d}$$

호수에 공급되는 유입하천에 의한 부하량과 대기로부터 들어오는 부하량의 합은 112,000 g/d로 유출에 의한 부하량(45,333 g/d)과 반응에 의한 감소량(66,667 g/d)의 합과 같음을 알 수 있다. 정상상태에서 물질수지방정식에 관련된 각 항의 부하량을 나타내면 다음과 같다.

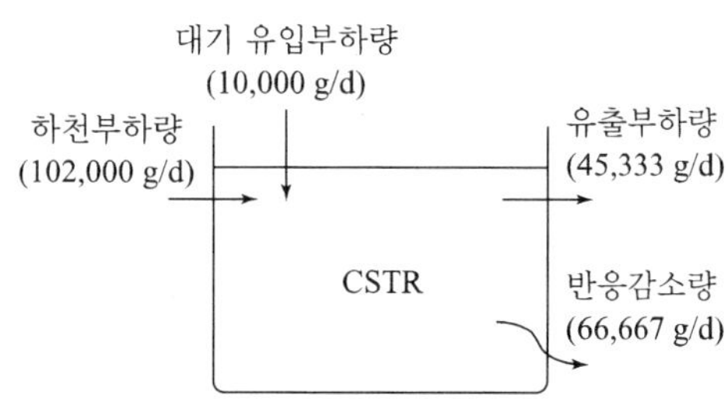

가. 변환계수(transfer coefficient)

정상상태에서 수체의 오염부하량과 농도의 관계를 규정하는 자정계수이외에 오염물의 변화 정도를 나타내는 변환계수(transfer coefficient)가 있다. 이는 유입농도에 대한 유출농도의 비로 수체의 자정능력 즉, 시스템에서의 변환 정도를 파악할 수 있고 식 (2.34)를 식 (2.42)에 대입하여 정리하여 얻을 수 있다.

$$\beta = \frac{c}{c_{in}} = \frac{Q}{Q + kV + vA_s} \tag{2.44}$$

무차원상수로 나타나는 변환계수는 대상 시스템의 오염물농도의 변환정도 즉, 자정능력을 설명하여 준다. 만약 $\beta \ll 1$이면 유출농도가 유입농도보다 매우 작아 호수의 자정능력이 상당히 큼을 의미하며 $\beta \cong 1$이면 유입농도가 유출농도와 거의 같아 호수의 자정능력이 무시할 수 있을 정도로 작음을 의미한다. 식 (2.44)로부터 변환계수는 수체의 체적(V), 수표면적(A_s), 오염물질의 반응속도상수(k) 및 침강속도(v)에 반비례 하며, 유량은 분모 분자에 모두 쓰이고 있지만 동일한 k, V, v 및 A_s에 대하여 유량이 증가하면 자정능력이 하락하고 반대로 감소하면 자정능력이 향상되는 것을 알 수 있다.

나. 체류시간(residence time)

어떤 물질의 체류시간 [T]은 다음과 같이 나타낼 수 있다.

$$\tau_E = \frac{E}{\left|\frac{dE}{dt}\right|_{\pm}} \tag{2.45}$$

여기서, E는 물질의 양 [M 또는 ML^{-3}]을 나타내며 $|dE/dt|_{\pm}$는 물질의 공급 또는 감소의 절대값 [MT^{-1} 또는 $ML^{-3}T^{-1}$]을 나타내고 있다. 수체에서 물의 체류시간은 식 (2.45)를 이용하여 간단하게 구할 수 있다.

$$\tau_w = \frac{M}{\left|\frac{dM}{dt}\right|_{\pm}} = \frac{Vc}{Qc} = \frac{V}{Q} \tag{2.46}$$

식 (2.46)으로부터 물의 체류시간은 수체의 체적 및 유량과 관련 있음을 알 수 있으며 일정한 체적에 대하여 유입유량 또는 유출유량이 증가하면 체류시간은 감소하고, 역으로 유량이 감소하면 체류시간은 증가함을 알 수 있다.

이와 비슷하게 오염물의 호수에서의 체류시간을 구할 수 있다. 식 (2.45)의 분모는 다음과 같이 표시 가능하며

$$\left|\frac{dE}{dt}\right|_{\pm} = Qc + kVc + vA_s c \tag{2.47}$$

따라서 오염물의 체류시간은 다음과 같이 주어진다.

$$\tau_c = \frac{V}{Q + kV + vA_s} \tag{2.48}$$

오염물 체류시간은 식 (2.46)으로 주어지는 물의 체류시간과 다르게 오염물질의 반응속도 상수 및 침강속도 등 오염물의 특성이 관계함을 알 수 있다.

Exercise 2.5 변환계수와 체류시간

예제 2.4에서 a) 변환계수, b) 물의 체류시간 및 c) 오염물의 체류시간을 구하라.

Solution

총 유입농도는 다음과 같이 계산된다.

$$c_{in} = \frac{W}{Q} = \frac{112{,}000\ \mathrm{g/d}}{8{,}500\ \mathrm{m^3/d}} = 13.176\ \mathrm{mg/L}$$

a) 변환계수는

$$\beta = \frac{c}{c_{in}} = \frac{5.333\ \mathrm{mg/L}}{13.176\ \mathrm{mg/L}} = 0.40$$

또는 $\beta = \dfrac{Q}{Q + kV} = \dfrac{8{,}500\ \mathrm{m^3/d}}{8{,}500\,\mathrm{m^3/d} + 0.25/\mathrm{d} \times 50{,}000\ \mathrm{m^3}} = 0.40$

b) 물의 체류시간은

$$\tau_w = \frac{V}{Q} = \frac{50{,}000\ \mathrm{m^3}}{8{,}500\ \mathrm{m^3/d}} = 5.88\ \mathrm{d}$$

c) 오염물의 체류시간은

$$\tau_c = \frac{V}{Q + kV} = \frac{50{,}000\ \mathrm{m^3}}{8{,}500\ \mathrm{m^3/d} + 0.25\,/\mathrm{d} \times 50{,}000\ \mathrm{m^3}} = 2.38\ \mathrm{d}$$

오염물의 체류시간은 호수에서의 오염물 감소 때문에 물의 체류시간의 약 40% 정도로 나타난다.

정상상태의 CSTR을 이용한 차수(n) 및 반응속도상수(k)의 산정

대수방법(algebraic method)이라고 하는 이 방법은 정상상태에서 유입농도, 유출농도 및 시스템의 수리학적 특성을 이용하여 오염물질의 차수 및 반응속도상수를 구하는 것으로 동일한 오염물질을 수리학적 특성이 다른 시스템에 적용한 자료를 요구한다. 오염물질의 감소계수만 고려한 정상상태의 물질수지방정식은 다음과 같으며

$$Qc_{in} - Qc - rV = 0$$

여기서, r은 속도 즉, 오염물질 감소율 [$ML^{-3}T^{-1}$]이며 윗 식은 다음과 같이 정리된다.

$$r = \frac{Qc_{in} - Qc}{V} = \frac{1}{\tau_w}(c_{in} - c)$$

r은 식 (2.9)와 같이 표현할 수 있으며

$$r = kc^n$$

이 식을 자연로그(natural logarithm)를 취하면 다음과 같다.

$$\ln r = \ln[(c_{in} - c)/\tau_w] = \ln k + n \ln c$$

따라서 여러 시스템의 수리학적 특성인 물의 체류시간 및 오염물농도 자료를 이용하여 $\ln r$과 $\ln c$에 대하여 그래프를 그리고 절편인 $\ln k$ 및 기울기인 n을 결정하면 차수(n) 및 반응속도상수(k)를 구할 수 있다.

2.2.4 비정상상태 해석

정상상태와 더불어 비정상상태(unsteady state)에서의 오염물의 거동 즉, 시간에 대한 농도의 변화가 자연수계의 수질관리에 매우 중요하다. 정상상태에서는 시간에 대한 변화가 없는 일정한 오염부하량에 대한 시스템의 반응정도를 알 수 있지만 비정상상태에서는 만족할 만한 수질을 얻기 위하여 요구되는 시간과 오염물의 농도가 어떻게 변화하는가에 대한 정보를 얻을 수 있다. 이를 위하여 식 (2.41)로 주어지는 물질수지방정식을 다시 쓰면 다음과 같고

$$V\frac{dc}{dt} = W(t) - Qc - kVc - vA_s c \tag{2.41}$$

체적(V)으로 나누고 정리하면 식 (2.49)가 얻어진다.

$$\frac{dc}{dt} + \lambda c = \frac{W(t)}{V} \tag{2.49}$$

여기서, λ는 고유치(eigen value) 또는 특성치(characteristic value)라 한다.

$$\lambda = \frac{Q}{V} + k + \frac{v}{H} \tag{2.50}$$

만약 모든 계수(Q, k, V, v, H)가 일정하다면 식 (2.49)는 1계 비제차 선형 상미분방정식(nonhomogeneous linear first-order ordinary differential equation)이 된다. 이 식의 해석해(analytical solution)는 일반해(c_g, general solution)와 특수해(c_p, particular solution)로 주어지며 일반해는 오염부하량이 없을 때($W(t) = 0$) 즉, 제차(homogeneous)일 때의 값이며, 특수해는 $W(t)$가 존재하는 경우의 해이다.

$$c = c_g + c_p \tag{2.51}$$

일반해는 유입 오염부하량이 완전히 제거된 상태에서 시스템의 반응정도 즉, 회복도를 파악하기 위하여 이용되며 오염물의 농도가 어떻게 변화하는가에 대한 해답은 일반해와 특수해의 합으로 나타나는 식 (2.51)의 해석으로 얻을 수 있다.

가. 일반해

초기농도 즉, $t = 0$일 때 $c = c_0$이면 식 (2.49)의 일반해는 변수분리법(separation of variables) 또는 라플라스 변환(Laplace transform)을 사용하여 풀 수 있으며 식 (2.14)와 같이 주어진다.

$$c = c_0 e^{-\lambda t} \tag{2.52}$$

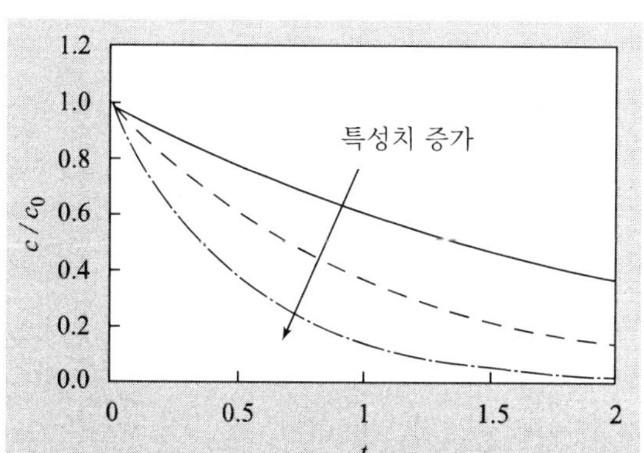

그림 2.5 비정상상태에서의 특성치 영향

일반적으로 λ는 양수이므로 식 (2.52)로 주어지는 농도의 변화는 시간이 지남에 따라 감소하며 λ값의 크기에 따라 농도 값이 다름을 알 수 있다. 그림 2.5는 λ값에 따른 농도의 변화를 나타낸 것으로 λ값이 크면 오염물농도가 빠르게 감소하며, 역으로 λ값이 작으면 오염물농도가 서서히 감소함을 보이고 있다. 식 (2.48)로 주어지는 λ는 Q, k, v에 비례하고 V, H 에 반비례하므로 일정한 Q, k, v에 대하여 V, H가 커지거나 또는 일정한 V, H에 대하여 Q, k, v가 작아지면 λ는 감소하여 천천히 오염물이 소멸됨을 알 수 있으며 그 역도 성립할 것이다.

Exercise 2.6 일반해

예제 2.4에 주어진 호수조건에서 정상상태의 농도를 초기농도(c_0 = 5.33 mg/L)로 하고 유입 오염부하량이 없다고 가정할 때 시간에 대한 농도의 변화 즉, 일반해를 구하라.

Solution

특성치는

$$\lambda = \frac{Q}{V} + k = \frac{8{,}500\,\mathrm{m^3/d}}{50{,}000\,\mathrm{m^3}} + 0.25/\mathrm{d} = 0.17/\mathrm{d} + 0.25/\mathrm{d} = 0.42/\mathrm{d}$$

일반해는 다음과 같다.

$$c = 5.33\,e^{-0.42t}$$

그림 E2.3은 시간에 대한 농도변화를 나타낸 것으로 $t = 4$ d에서 c/c_0가 약 0.2 정도, 다시 말하여 초기농도의 약 80%가 감소되는 것을 알 수 있으며, $t = 10$ d 이상에서는 오염물의 농도가 거의 나타나지 않는 것으로 파악된다(그림 E2.3(a)). 시간에 대한 농도변화는 유출 및 반응에 영향을 받으며 유출 및 반응에 의한 농도변화가 그림 E2.3(b)에 나타나 있다.

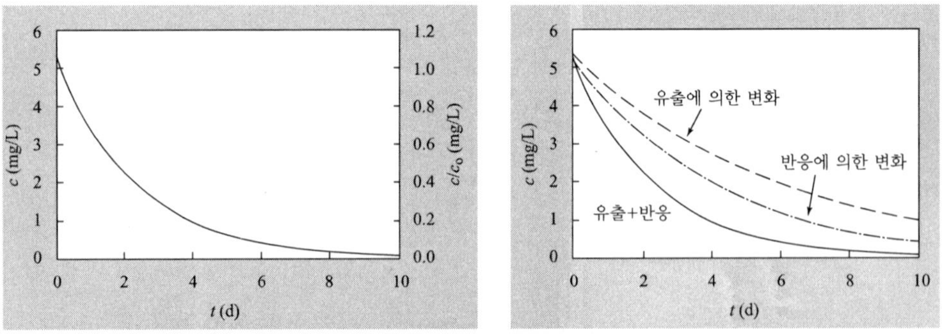

(a) 농도 및 농도비 변화 (b) 유출 및 반응에 의한 농도변화

그림 E2.3 일반해

응답시간(response time)

주어진 시스템에서 초기 오염물농도의 변화정도를 직관적으로 파악하고 또한 정책결정자에게 만족할만한 수질을 얻기 위하여 요구되는 시간 등의 정보를 제공하기 위하여 일반해를 이용한 응답시간이 사용가능하다. 다시 말해서 응답시간이란 주어진 시스템의 초기 오염물농도가 어느 정도의 오염물농도로 될 때까지 길리는 시간이라 할 수 있다. 만약 초기농도의 반($c = 0.5c_0$) 으로 줄어드는 시기까지 요구되는 시간(t_{50})은 식 (2.52)를 이용하여 다음과 같이 쓸 수 있으며

$$0.5\,c_0 = c_0\,e^{-\lambda t_{50}} \tag{2.53}$$

이 식의 양변에 자연로그를 취하고 t_{50}에 대하여 정리하면 초기 오염물농도가 반으로 줄어드는 때까지 요구되는 시간 즉, 50% 응답시간을 구할 수 있다.

$$t_{50} = \frac{0.693}{\lambda} \tag{2.54}$$

이와 같은 t_{50} 이외에 다른 응답시간을 알기위하여 $\phi\%$ 응답시간을 t_ϕ라 하면 식 (2.53)은 다음과 같이 표시되며

$$(100-\phi)\,c_0 = 100\,c_0\,e^{-\lambda t_\phi} \tag{2.55}$$

이 식을 정리하면 응답시간계산을 위한 일반식이 얻어진다.

$$t_\phi = \frac{1}{\lambda}\ln\frac{100}{100-\phi} \tag{2.56}$$

표 2.3은 식 (2.56)을 이용하여 구한 응답시간이며 그림 2.6은 응답시간을 시각화하여 보여주고 있다. 응답시간은 이어서 언급될 일정유입 부하와 관련 있는 특수해에도 적용가능하다.

표 2.3 응답시간(response time)

응답시간	식
t_{50}	$0.693/\lambda$
t_{75}	$1.39/\lambda$
t_{90}	$2.3/\lambda$
t_{95}	$3/\lambda$
t_{99}	$4.6/\lambda$

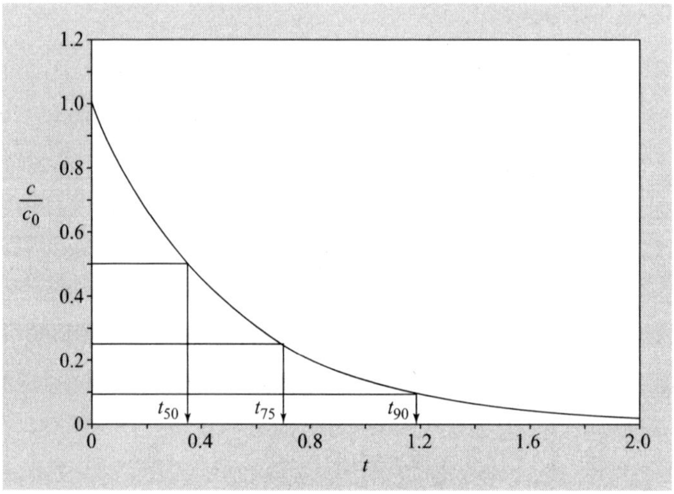

그림 2.6 일반해에서 응답시간

Exercise 2.7 응답시간

식 (2.54)의 분자 값이 1이 되기 위한 응답시간과 예제 2.6에 주어진 호수의 조건에서 75%, 90% 및 95% 응답시간을 구하라.

Solution

식 (2.54)의 분자 값이 1이 되기 위해서는 식 (2.56)으로부터 다음의 관계를 만족해야 한다.

$$\ln\frac{100}{100-\phi}=1$$

이로부터 $\phi = 63.2\ \%$ 즉, $t_{63.2}$를 얻을 수 있다.

75% 응답시간은 다음과 같다.

$$t_{75}=\frac{1.39}{\lambda}=\frac{1.39}{0.42/\mathrm{d}}=3.31/\mathrm{d}$$

이와 마찬가지로 $t_{90} =$ 5.48 d, $t_{95} =$ 7.14 d 이다.

나. 특수해

오염부하량 $W(t)$의 특성에 따라 식 (2.49) 미분방정식의 해(closed form solution) 즉, 해석해는 구할 수 있지만 이상적으로 가정할 수 있는 경우 이외의 실제 환경에서 일어날 수 있는 매시간 오염부하량이 변하는 경우에 대해서는 해를 구하기가 쉽지 않다. 그림 2.7은 이상적인 오염물부하 함수(loading function)를 보여주고 있다.

이와 같이 이상적인 오염부하량에 대한 완전혼합을 가정한 시스템 해석은 두 가지 면에서 우리에게 시사하는 바가 있다. 첫 번째로, 시스템의 오염물농도가 시간에 대하여 어떻게 변하는 가를 매우 쉽게 파악할 수 있으며 두 번째로, 예측할 수 없는 미래의 오염부하량에 대한 시스템의 농도 변화를 쉽게 산정할 수 있다. 요즘에는 컴퓨터 및 전자계산학의 발달로 실제 오염부하량에 대한 수치해를 용이하게 얻을 수 있지만 농도의 변화정도 즉, 시스템을 거친 후의 농도형태를 일반화하기가 쉽지 않다. 이상적인 유입부하량에 대한 시스템의 변화정도를 살펴보면 다음과 같다.

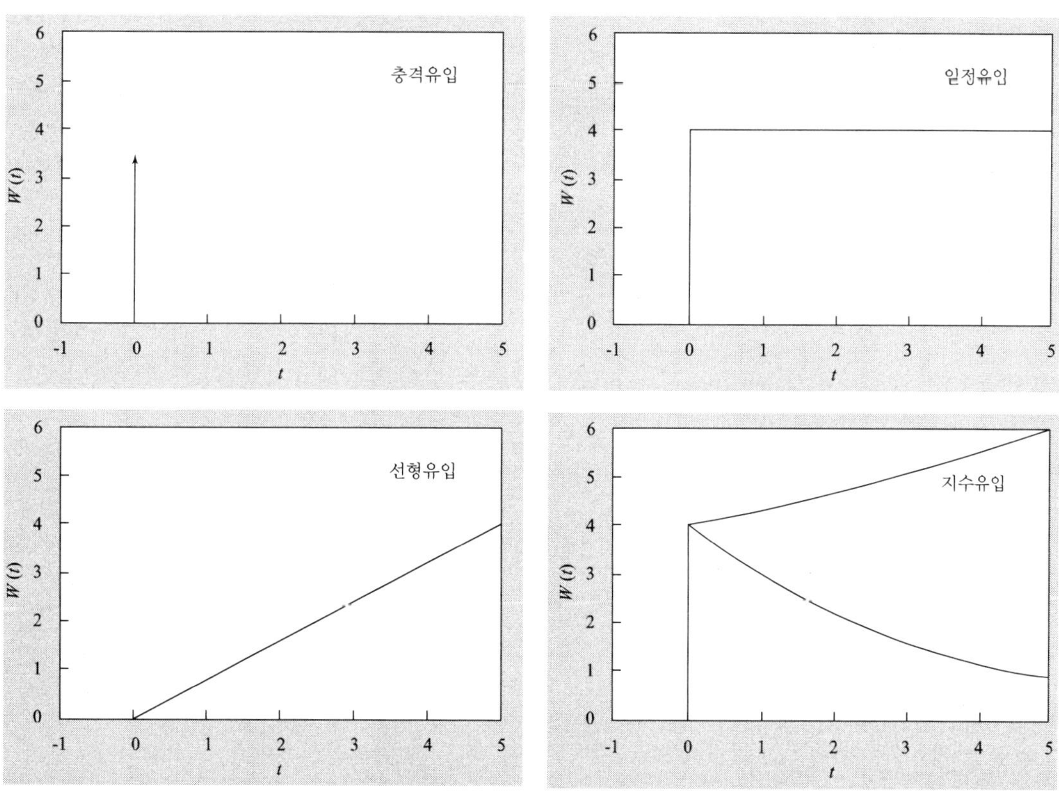

그림 2.7 이상적인 오염물부하 함수

1) 충격유입(impulse loading or spill)

오염물이 단기간에 유입되는 경우 충격유입으로 볼 수 있으며 사고로 인한 오염물의 순간 유입을 이와 같이 고려할 수 있다. 수학적으로 충격유입은 디락 델타 함수(Dirac delta function)를 사용하여 해석할 수 있다. 델타 함수는 $t=0$에서 무한의 크기와 그 면적이 1인 형태를 취하며 다음과 같이 정의된다.

$$\begin{aligned} \delta(t) &= \infty \qquad (t=0) \\ &\;\; 0 \qquad (t \neq 0) \end{aligned} \tag{2.57}$$

$$\int_{-\infty}^{\infty} \delta(t)\,dt = 1 \tag{2.58}$$

충격유입량은 델타 함수를 이용하여 다음과 같이 표시할 수 있다.

$$W(t) = m\,\delta(t) \tag{2.59}$$

여기서, m은 유입되는 오염물의 양 [M]이며, 델타 함수는 차원이 [T^{-1}]이다. 이 식을 식 (2.49)에 대입하면 다음과 같다.

$$\frac{dc}{dt} + \lambda c = \frac{m}{V}\delta(t) \tag{2.60}$$

이 식의 특수해는 다음과 같이 주어진다.

$$c = \frac{m}{V} e^{-\lambda t} \tag{2.61}$$

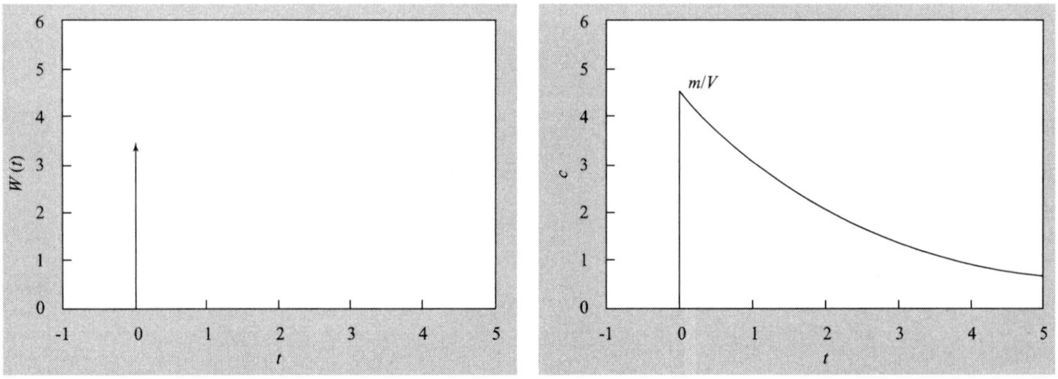

그림 2.8 충격유입량 (a) 및 농도변화 (b)

충격유입으로 인한 초기 오염물 농도(c_0)는 m/V로 나타나며 시간이 지남에 따라 일반해와 같이 지수함수로 감소함을 알 수 있다. 완전혼합시스템에서 충격유입으로 인한 농도변화는 전영역에 균등하게 영향을 미치므로 위에서 언급한 초기농도가 의미를 갖으며

$$c_0 = \frac{m}{V} \tag{2.62}$$

응답시간도 일반해에서와 같이 표 2.3이 적용됨을 알 수 있다. 그림 2.8은 충격유입에 따른 시스템의 반응을 보여주고 있다.

일정유입을 적용한 충격유입 해석

부피(V) 1×10^7 m^3, 특성치($\lambda = Q/V+k$) 0.1 /d인 완전혼합을 가정한 호수에 오염물(m) 10 kg이 충격유입 될 경우 부하량 [MT^{-1}]과 부하량 지속시간 [T]의 곱으로 나타나는 충격유입 물질 또는 오염물은 다음과 같이 3가지 즉, 1) $W=$ 1 kg/d로 10 d 유입하는 경우(m = 1 kg/d · 10 d = 10 kg), 2) $W=$ 10 kg/d로 1 d 유입하는 경우(m = 10 kg/d · 1 d = 10 kg), 3) $W=$ 100 kg/d로 0.1 d 유입하는 경우(m = 100 kg/d · 0.1 d = 10 kg)로 부하량과 지속시간을 달리하여 적용할 수 있으며 각 경우는 일정유입으로 해석 가능하다(그림 B2.2).

1) $W=$ 1 kg/d로 10 d 유입하는 경우(m = 1 kg/d · 10 d = 10 kg)
   식 (2.64)로부터 10 d 후 농도는

$$c(t=10\,\text{d}) = \frac{W}{V\lambda}(1-e^{-\lambda t}) = \frac{1\,\text{kg/d}}{10^7\text{m}^3 \cdot 0.1/\text{d}}(1-e^{-0.1/\text{d}\cdot 10\text{d}}) = 0.632\,\mu\text{g/L}$$

2) $W=$ 10 kg/d로 1 d 유입하는 경우(m = 10 kg/d · 1 d = 10 kg)
   동일식에서 1 d 후 농도는

$$c(t=1\,\text{d}) = \frac{10\,\text{kg/d}}{10^7\text{m}^3 \cdot 0.1/\text{d}}(1-e^{-0.1/\text{d}\cdot 1\text{d}}) = 0.951\,\mu\text{g/L}$$

3) $W=$ 100 kg/d로 0.1 d 유입하는 경우(m = 100 kg/d · 0.1 d = 10 kg)
   동일식에서 0.1 d 후 농도는

$$c(t=0.1\,\text{d}) = \frac{100\,\text{kg/d}}{10^7\text{m}^3 \cdot 0.1/\text{d}}(1-e^{-0.1/\text{d}\cdot 0.1\text{d}}) = 0.995\,\mu\text{g/L}$$

오염물의 일정유입이 끝나는 시기의 농도는 시간이 작아지면 작아질수록 충격유입으로 주어지는 초기농도 식 (2.62)와 같이 m/V = 10 kg/10^7 m^3 = 1 μg/L에 근접함을 알 수 있다. 따라

서 충격유입으로 인한 농도변화는 아주 짧은 시간에 오염물이 유입하는 경우를 초기농도로 하여 더 이상 오염물 부하가 없는 일반해와 유사한 특수해로 나타난다.

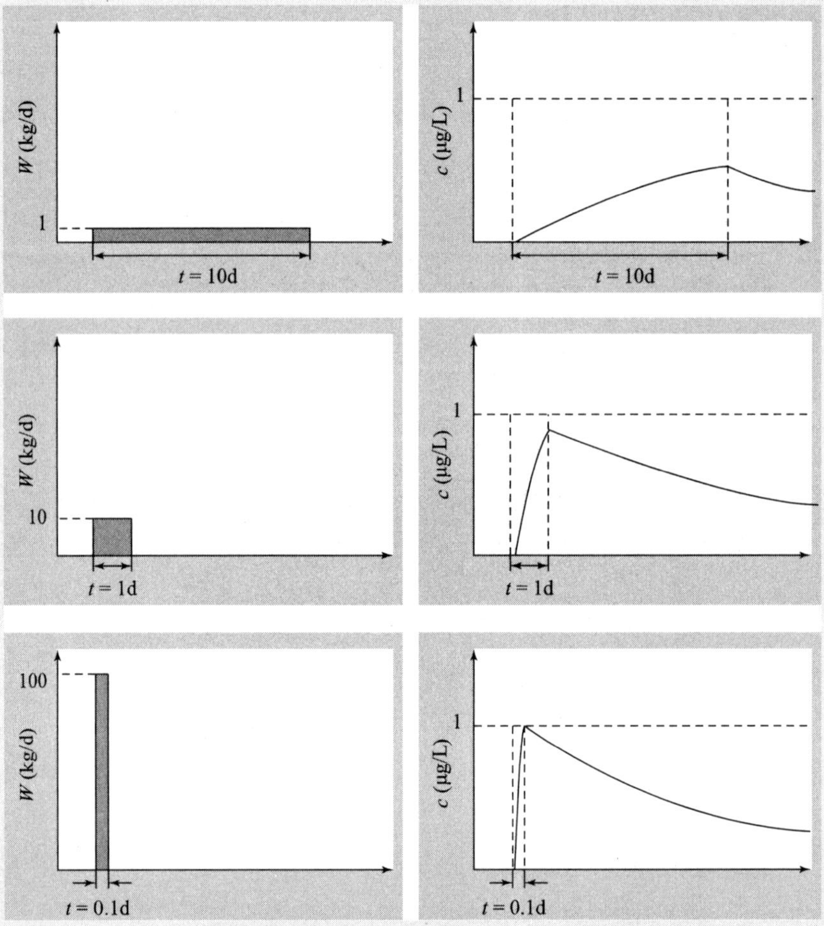

그림 B2.2 충격유입 초기농도 가시화

2) 일정유입(step loading)

어느 순간부터 오염부하량이 일정하게 유입된다면 다음과 같이 표시할 수 있으며

$$W(t) = \begin{cases} 0 & (t < 0) \\ W & (t \geq 0) \end{cases} \tag{2.63}$$

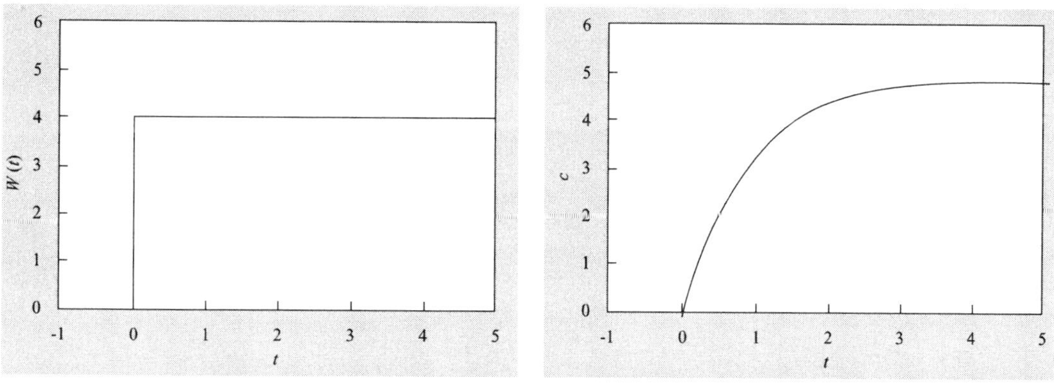

그림 2.9 일정유입량 (a) 및 농도변화 (b)

여기서, W는 일정하게 유입되는 부하량 [MT^{-1}]이다. 이 경우 특수해는 식 (2.64)로 얻어진다.

$$c = \frac{W}{V\lambda}(1 - e^{-\lambda t}) \tag{2.64}$$

그림 2.9 (b)에 보이듯이 식 (2.64)의 해는 시간이 지남에 따라 일정한 농도 즉, 정상상태의 농도로 접근하며 그 값은 다음과 같음을 알 수 있다.

$$\bar{c} = \frac{W}{V\lambda} \tag{2.65}$$

응답시간은 일반해에서와 같이 표 2.3이 그대로 적용가능하다.

일정유입 부하에 의한 특수해 응답시간

부하량이 일정하게 유입될 경우 완전혼합을 가정한 시스템의 농도는 식 (2.65)로 접근한다. 일정유입 부하로 인한 최종농도에 대한 시스템의 응답시간은 일반해에서 언급한 응답시간과 동일하게 특성치를 이용하여 구할 수 있다. 일정유입에 의한 ϕ% 응답시간을 t_ϕ라 하면 식 (2.55)와 유사한 다음 식이 얻어지며

$$\phi\frac{W}{V\lambda} = 100\frac{W}{V\lambda}(1 - e^{-\lambda t_\phi})$$

이 식을 정리하면 일반해에서와 같은 응답시간 계산을 위한 식 (2.56)이 얻어진다.

$$t_\phi = \frac{1}{\lambda}\ln\frac{100}{100-\phi} \tag{2.56}$$

따라서 일정유입 부하에 의해 특수해로 주어지는 농도변화에 대한 시스템 응답시간은 일반해에서 응답시간을 파악하기위해 사용하는 식을 동일하게 적용하여 파악할 수 있다.

미분방정식의 해(1계 비제차 선형 상미분방정식)

식 (2.47)과 같은 미분방정식을 1계 비제차 선형 상미분방정식이라 하며 이 식의 해는 변수분리 또는 라플라스 변환(Laplace transform)에 의하여 구할 수 있다. 두 방법중 변수분리방법을 여기에서 설명한다. 대개 다음과 같이 표시되는 미분방정식은 적분인수(integrating factor)를 준식의 양변에 곱하여 해를 구하게 된다.

$$\frac{dy}{dx} + p(x)y = q(x)$$

적분인수는 다음과 같이 주어진다.

$$I(x,y) = e^{\int p(x)dx}$$

식 (2.49)에서 적분인수는 $e^{\int \lambda dt}$가 되어 $e^{\lambda t}$로 나타나므로 이를 식의 양변에 곱하면 다음식이 주어지며

$$e^{\lambda t}\frac{dc}{dt} + e^{\lambda t}\lambda c = \frac{W(t)}{V}e^{\lambda t}$$

이 식을 정리하면 다음의 식을 얻을 수 있다.

$$\frac{d(e^{\lambda t}c)}{dt} = \frac{W(t)}{V}e^{\lambda t}$$

이를 정리하여 적분을 취하면 다음과 같은 식이 얻어지고

$$\int d(e^{\lambda t}c) = \int \frac{W(t)}{V}e^{\lambda t}dt$$

만약 강제함수인 $W(t)$가 시간에 대한 변화가 없는 일정한 값을 갖는다면 다음과 같은 해를 얻을 수 있다.

$$e^{\lambda t}c = \frac{W(t)}{V\lambda}e^{\lambda t} + C$$

이 식에 주어진 초기조건($t=0$에서 $c=0$)을 대입하면 $C = -W(t)/V\lambda$가 되어 식 (2.64)의 해를 얻게 된다.

일반해 및 특수해

상미분방정식의 해는 식 (2.51)과 같이 일반해와 특수해의 합으로 주어지며 이를 일정유입 형태의 부하량이 유입할 경우에 대하여 설명하면 다음과 같다. 그림 B2.3(c)와 같이 깨끗한 호수에 부하량이 계단형태로 유입할 경우 일정유입을 가정할 수 있는 경우로 각각 분리하여((a) 및 (b)) 해석해를 적용할 수 있다. 첫 번째 일정유입의 경우 호수 초기농도는 존재하지 않으므로 식 (2.52)의 일반해는 생략할 수 있고 식 (2.64)의 특수해만 존재하며 더 이상 부하량이 유입되지 않는 시간대에서는 유입 부하량이 끝나는 시점에서의 값을 초기농도로 하여 일반해가 주어진다(그림 B2.3 (a)). 그리고 또 다른 일정유입에 대한 농도변화는 특수해로 해석 가능하다(그림 B2.3 (b)). 그림 B2.3 (a) 및 (b)와 같이 다른 시간대에서 발생하는 각 일정유입은 하나로 묶어 계단형태의 유입으로 고려할 수 있으며 이를 반영한 농도 변화는 그림 B2.3 (c)와 같이 일반해와 특수해의 합으로 나타난다. 일부 시간대에서는 초기농도가 존재하지 않아 일반해가 생략된 상태로 나타난다.

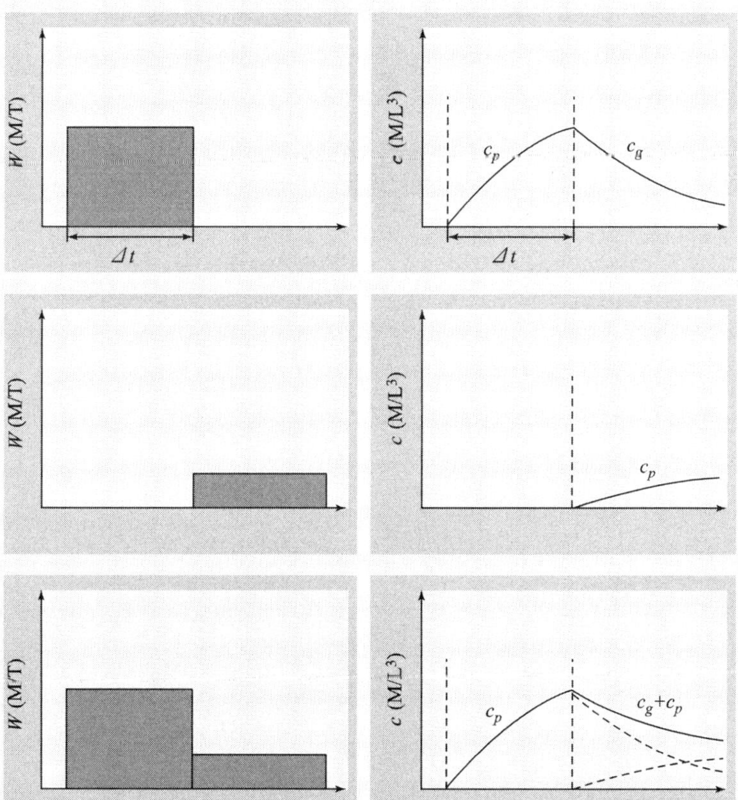

(a) 일정유입 (1)

(b) 일정유입 (2)

(c) 일정유입 (1)+(2)

그림 B2.3 일반해 및 특수해

Exercise 2.8 일정유입

새로 건설된 폐수처리장에 유입하는 폐수(Q= 25,000 m^3/d, c = 200 mg/L, k = 0.1 /d)가 완전혼합을 가정할 수 있는 조정지(equalization basin)(V= 150,000 m^3)를 통하여 유입할 경우 2주간에 걸친 조정지의 농도변화를 파악하고 90% 응답시간을 계산하라.

Solution

특성치는 다음과 같다.

$$\lambda = \frac{Q}{V} + k = \frac{25{,}000\ \mathrm{m^3/d}}{150{,}000\ \mathrm{m^3}} + 0.1\,/\mathrm{d} = 0.267/\mathrm{d}$$

식 (2.64)는 다음으로 주어지며

$$c = \frac{W}{V\lambda}(1 - e^{-\lambda t}) = \frac{200\ \mathrm{mg/L} \times 25{,}000\ \mathrm{m^3/d}}{150{,}000\ \mathrm{m^3} \times 0.267/\mathrm{d}}(1 - e^{-0.267t}) \cong 124.8\,(1 - e^{-0.267t})$$

다음 그림은 시간에 대한 농도변화를 보여주고 있다.

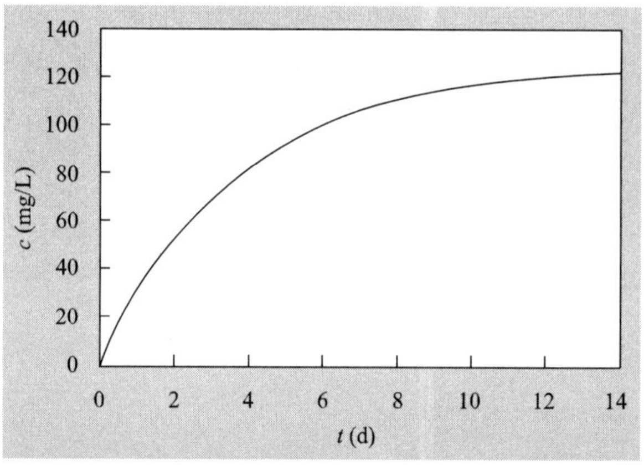

정상상태의 농도는 다음과 같고

$$\bar{c} = \frac{W}{V\lambda} \cong 124.8\ \mathrm{mg/L}$$

90% 응답시간은 다음과 같다.

$$t_{90} = \frac{2.3}{\lambda} = \frac{2.3}{0.267/\mathrm{d}} \cong 8.6\ \mathrm{d}$$

3) 선형유입(linear loading)

선형유입은 간단하게 다음과 같이 절편이 없는 식으로 표시할 수 있다.

$$W(t) = \pm \beta_l t \tag{2.66}$$

여기서, β_l은 변화율 $[MT^{-2}]$ 또는 기울기로 조건에 따라 양과 음의 값을 갖는다.
이 경우 특수해는 다음과 같다.

$$c = \pm \frac{\beta_l}{V\lambda^2}(\lambda t - 1 + e^{-\lambda t}) \tag{2.67}$$

이 식은 초기 유입부하에 대한 영향이 무시할 수 있을 정도로 경과한 후에 즉, $e^{-\lambda t} \cong 0$을 반영하여 다시 쓰면 다음과 같다.

$$c = \pm \frac{\beta_l}{V\lambda}\left(t - \frac{1}{\lambda}\right) \tag{2.68}$$

그림 2.10은 기울기가 양인 선형유입에 대한 농도변화를 보여주고 있다. 식 (2.68)에 보이듯이 농도변화는 기울기가 $\beta_l / V\lambda$로 나타나 시스템의 V 및 λ에 영향을 받음을 알 수 있으며 선형 오염부하의 기울기 β_l과 다름을 알 수 있다. 그림에 보이듯이 만약 $V\lambda = 1$이 되어 기울기가 같다면, 식 (2.68)은 식 (2.66)에서 절편이 다르며 오른쪽으로 $1/\lambda$만큼 이동한 형태로 나타날 것이다.

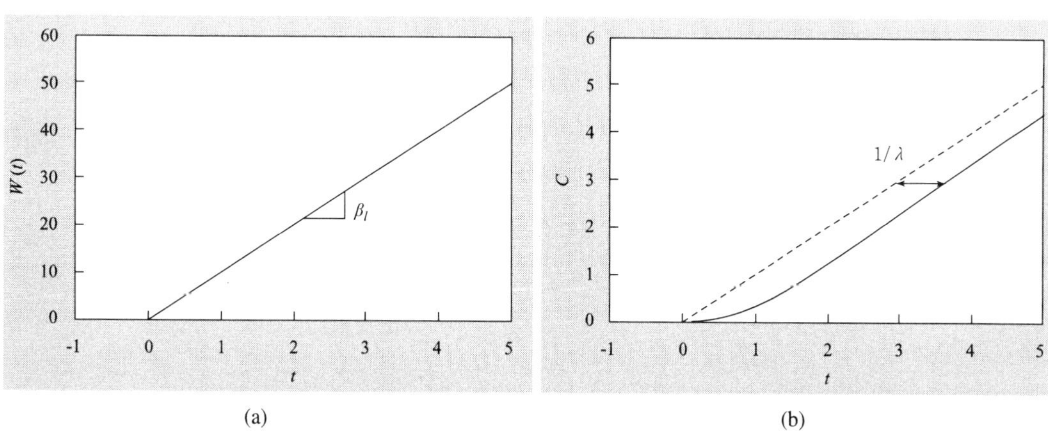

그림 2.10 선형유입량 (a) 및 농도변화 (b)

4) 지수유입(exponential loading)

유입 오염부하량을 지수형태로 고려할 수 있다.

$$W(t) = W_e e^{\pm \beta_e t} \tag{2.69}$$

여기서, W_e는 $t=0$에서의 부하량 $[MT^{-1}]$이며 β_e는 부하량의 변화정도를 나타내는 계수이다. 양의 β_e는 인구증가로 인해 발생하는 오염부하량을, 음의 β_e는 1차 반응속도상수를 갖는 오염물 유입을 해석할 때 적용할 수 있다. 이 지수유입으로 인한 특수해는 다음으로 주어진다.

$$c = \frac{W_e}{V(\lambda \pm \beta_e)}(e^{\pm \beta_e t} - e^{-\lambda t}) \tag{2.70}$$

이 식은 수질관리에 유용하게 이용되고 있으며 그림 2.11은 음의 β_e에 대한 지수유입량 및 반응도를 나타내고 있다. 이 경우 농도는 최대값을 갖는 시기가 있으며 그 이후 서서히 감소하는 형태를 취한다. 최대농도를 갖는 시간은 기울기가 0인 때이므로 식 (2.70)을 시간에 대하여 미분하여($dc/dt=0$) 구할 수 있다. 이렇게 구한 최대값 시간 또는 한계시간(t_c, time of the peak or critical time)은 다음과 같이 주어진다.

$$t_c = \frac{\ln(\beta_e/\lambda)}{\beta_e - \lambda} \tag{2.71}$$

또한, 최대농도 또는 한계농도(c_c, peak or critical concentration)는 식 (2.71)을 식 (2.70)

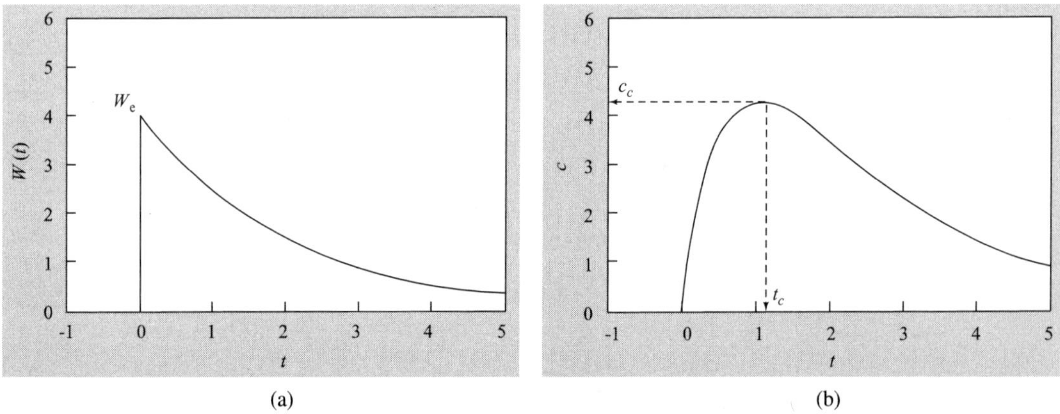

그림 2.11 지수유입량 (a) 및 농도변화 (b)

에 대입하여 구할 수 있으며 다른 방법으로 식 (2.49)의 $dc/dt = 0$에 대입하여 정리하면 얻을 수 있다.

$$c_c = \frac{W_e}{V\lambda} e^{-\beta_e t_c} \tag{2.72}$$

식 (2.71)을 식 (2.72)에 대입하여 정리하면 여러 계수로 구성된 또 다른 최대농도식이 유도된다.

$$c_c = \frac{W_e}{V\lambda} \left(\frac{\beta_e}{\lambda}\right)^{\frac{\beta_e}{\lambda - \beta_e}} \tag{2.73}$$

Exercise 2.9 지수유입

다음과 같은 특성을 갖는 오염물질이 1차 연속반응으로 회분식반응기에서 일어날 경우 물질 B의 시간에 대한 변화를 파악하라 (c_{A0} = 30 mg/L, c_{B0} = c_{C0} = 0 mg/L, k_1 = 0.15 /d, k_2 = 0.3 /d).

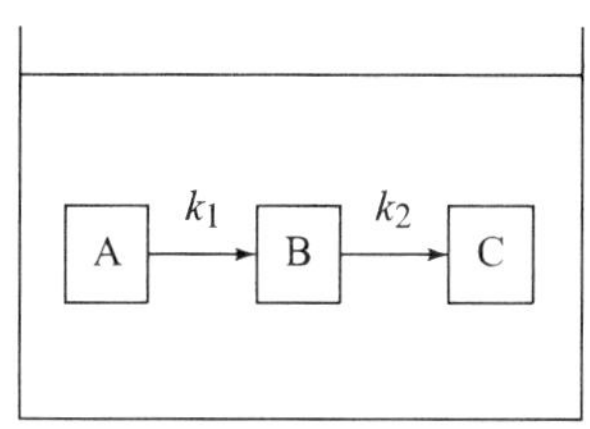

회분식 반응기

Solution

물질 A, B 및 C의 물질수지방정식은 다음과 같다.

$$\frac{dc_A}{dt} = -k_1 c_A$$

$$\frac{dc_B}{dt} = k_1 c_A - k_2 c_B$$

$$\frac{dc_C}{dt} = k_2 c_B$$

첫 번째 식의 해는 다음과 같다.

$$c_A = c_{A0} e^{-k_1 t}$$

이 식을 두 번째 식에 대입하여 해를 구할 수 있으며 주어진 계수를 대입하면 다음식이 유도되어 물질 B의 시간에 대한 변화를 파악할 수 있고 다음 그림과 같이 최대값을 갖다가 시간이 흐르면서 점차 감소하는 형태를 나타낸다.

$$c_B = \frac{k_1 c_{A0}}{(k_2 - k_1)}(e^{-k_1 t} - e^{-k_2 t}) = 30(e^{-0.15t} - e^{-0.3t})$$

최대농도가 발생하는 한계시간은 다음과 같으며

$$t_c = \frac{\ln(0.15/0.3)}{0.15\,/\text{d} - 0.3\,/\text{d}} = 4.62\ \text{d}$$

이때의 한계농도는 다음으로 계산된다.

$$c_c = \frac{0.15\,/\text{d}\cdot 30\ \text{mg/L}}{0.3\,/\text{d}}\left(\frac{0.15}{0.3}\right)^{\frac{0.15}{0.3-0.15}} = 7.5\ \text{mg/L}$$

c_B의 그래프로부터 한계농도 및 한계시간은 위에서 계산한 값과 같게 나타남을 알 수 있다.

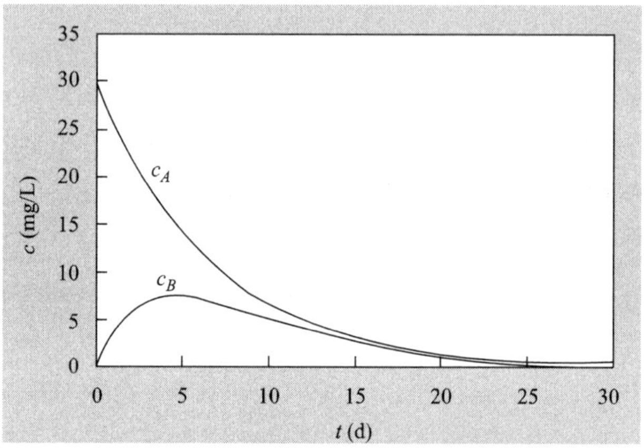

다. 종합해(total solution)

만약 오염물유입이 위에서 언급한 형태로 하나씩 유입되면 일반해와 특수해를 이용하여 시스템을 해석할 수 있다. 그러나 완전혼합을 가정할 수 있는 시스템에 이상적인 오염물 부하가 여러 개 유입되면 어떻게 해석할까? 중첩원리(rule of superposition)를 적용하여 얻어진 식 (2.74)의 종합해를 사용하여 농도변화를 파악할 수 있다. 이는 주어진 식이 모두 선형이기 때문에 가능하다.

$$c = c_g + \sum_{i=1}^{n} c_{pi} \tag{2.74}$$

여기서, n은 특수해의 개수이다. 따라서 일정유입과 지수유입이 동시에 일어나는 시스템의 경우 농도변화는 일반해인 식 (2.52)와 특수해인 식 (2.64) 및 (2.70)을 사용하여 해석가능하다.

Exercise 2.10 종합해

다음의 특성을 갖는 깨끗한 저수지에($V = 1{,}000\ \mathrm{m}^3$, $Q = 150\ \mathrm{m}^3/\mathrm{d}$) 어떤 오염물($k = 0.02$ /d)이 $W = 5\ \mathrm{kg/d}$로 일정하게 유입되고 있으며, 일정유입과 함께 충격유입이 일정유입 초기에 $m = 200\ \mathrm{kg}$으로 들어올 경우 30일 후의 저수지 농도를 계산하라. 단 저수지는 완전혼합으로 가정한다.

Solution

물질수지 방정식은 다음과 같다.

$$V\frac{dc}{dt} = m\,\delta(t) + W - Qc - kVc$$

이 식을 정리하면 다음 식이 얻어지고

$$\frac{dc}{dt} + \left(\frac{Q}{V} + k\right)c = \frac{m}{V}\delta(t) + \frac{W}{V}$$

$\lambda = Q/V + k$라면 해석해는 다음과 같이 주어진다.

$$c = c_{p1} + c_{p2} = \frac{m}{V}e^{-\lambda t} + \frac{W}{V\lambda}(1 - e^{-\lambda t})$$

특성치는 $\lambda = \dfrac{Q}{V} + k = \dfrac{150\ \mathrm{m}^3/\mathrm{d}}{1{,}000\ \mathrm{m}^3} + 0.02\ /\mathrm{d} = 0.17\ \mathrm{d}$, 30일 후 농도는 다음과 같다.

$$c = \frac{200\ \mathrm{kg}}{1{,}000\ \mathrm{m}^3}e^{-0.17\times 30} + \frac{5\ \mathrm{kg/d}}{1{,}000\ \mathrm{m}^3 \times 0.17/\mathrm{d}}(1 - e^{-0.17\times 30}) = 1.22 + 29.23 = 30.45\ \mathrm{mg/L}$$

충격유입과 일정유입을 고려한 저수지의 농도변화는 다음 그림과 같다. 여기에서 30일 후 저수지 농도는 일정유입에 의한 영향이 주를 이루며 일정유입에 의한 정상상태 농도 29.41 mg/L에 근접해 감을 알 수 있다. 여기에서 주의해야 할 것은 초기 저수지 상태가 깨끗하므로 일반해는 고려되지 않는다는 점이다.

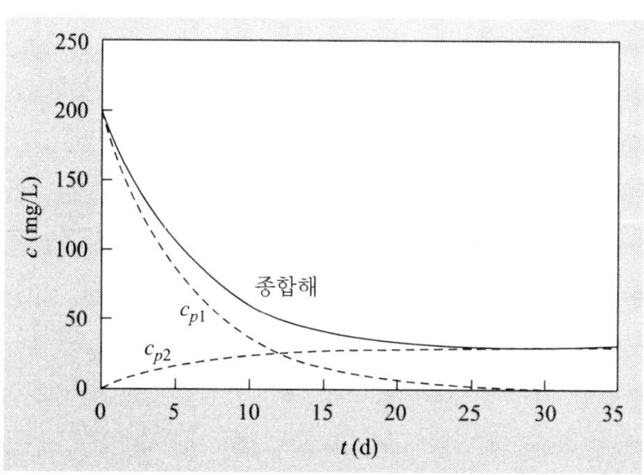

2.3 완전혼합시스템의 수치해석

지금까지 이상적인 오염물유입에 대하여 해석해를 구하여 시스템의 반응을 살펴보았지만 이와 같은 접근은 실제 수질문제를 다루기에 여러 면에서 한계가 있다. 이를 나열해보면 다음과 같다.

• **비이상적인 유입 오염부하량**

실제 유입 오염부하량이 비정상상태 해석 부분에서 언급한 4가지 이상적인 경우 즉 충격, 일정, 선형 및 지수 유입과 일치하는 것은 거의 불가능하다. 따라서 수질관리의 효율성 확보를 위하여 비이상적인 오염부하량 유입에 대한 시스템의 반응을 정확하게 파악할 필요가 있다.

• **계수의 변이**

모델에 관련된 매개변수를 포함한 모든 계수(Q, k, V, v, H 등)가 일정해야 일반해 및 특수해를 얻을 수 있다. 그러나 실제 수계에서 이 계수는 시간에 따라 변하는 것이 일반적이다.

• **비선형 반응**

수질관리와 관련 있는 대부분의 오염물질은 1차 반응을 잘 따르지만 이외의 물질은 1차 반응과 거리가 있어 반응차수가 달라진다. 이 경우 물질수지방정식은 비선형이 되어 일반해 및 특수해를 구하기가 어렵다.

• **복합시스템**

실제 수체는 하나의 완전혼합시스템 또는 손계산이 가능한 소수의 완전혼합시스템 들을 서로 연결하는 모델을 구축하여 접근하기에는 한계가 있다. 환경변이가 심한 수체는 다수의 완전혼합시스템이 서로 연결하는 모델을 구축하여 시스템을 파악할 필요가 있다. 다수의 완전혼합시스템이 서로 영향을 미치는 경우 해석해를 이용하여 시스템을 분석하고 해석하는 것은 한계가 있다.

이와 같은 이유로 컴퓨터를 이용하여 물질수지방정식의 해를 구하는 수치해석이 필요하다. 주어진 물질수지방정식이 상미분방정식이므로 이 방정식을 풀기위한 대표적인 수치방법을 소개하면 다음과 같다.

2.3.1 Euler 방법(Euler's method)

Euler 방법은 상미분방정식을 풀기위한 가장 간단한 방법으로 식 (2.49)를 다시 쓰면 다음과 같다.

$$\frac{dc}{dt} + \lambda c = \frac{W(t)}{V} \tag{2.49}$$

이를 컴퓨터를 이용하여 해를 얻기(수치미분) 위해서는 준식을 다시 써야 하며 미분표현을 산술화시켜 산술식을 적용하여 수치해를 구하게 된다. 이 경우 1계 도함수는 다음과 같이 전방유한차분(forward finite difference)으로 쓸 수 있다.

$$\frac{dc}{dt} \cong \frac{\Delta c}{\Delta t} = \frac{c_{i+1} - c_i}{t_{i+1} - t_i} \tag{2.75}$$

여기서, c_{i+1} 및 c_i는 t_{i+1} 및 t_i 시간에서의 농도이다. 식 (2.75)를 식 (2.49)에 대입하여 정리하면 다음과 같은 산술식이 얻어지며

$$c_{i+1} = c_i + \left[\frac{W(t_i)}{V} - \lambda c_i\right](t_{i+1} - t_i) \tag{2.76}$$

식 (2.76)을 사용하여 t_{i+1}에서의 농도 c_{i+1}를 구할 수 있다. 이와 비슷한 방법으로 t_{i+2}에서의 농도 c_{i+2}를 t_{i+1}에서의 농도 c_{i+1}를 이용하여 구하며 식 (2.76)에서 c_i를 c_{i+1}로, c_{i+1}를 c_{i+2}로 대치하면 된다. 이런 반복적인 계산을 계속하여 원하는 시간에서의 오염물 농도를 계산할 수 있다.

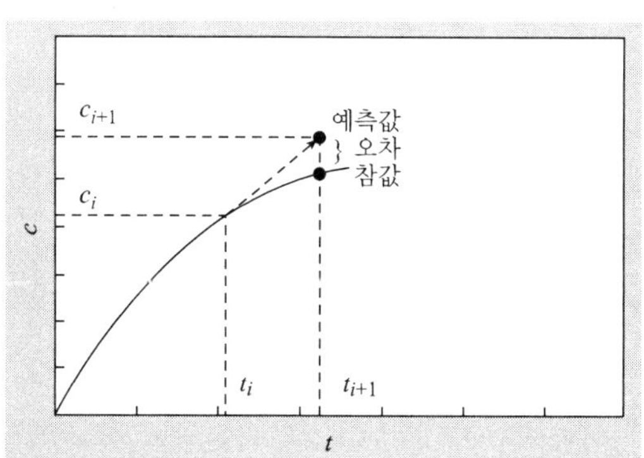

그림 2.12 Euler 방법의 가시화

식 (2.76)을 시각화한 것이 그림 2.12이며 예제 2.11에서 Euler 방법을 소개하고 있다. 그림 2.12에 보이듯이 시간간격(Δt)이 작아지면 오차가 작아질 것이며 이에 대한 연구가 수치해석의 큰 부분을 차지하고 있다. 식 (2.76)을 다시 쓰면 다음과 같다.

$$c_{i+1} = c_i + f(t_i, c_i)\ \Delta t \tag{2.77}$$

여기서, $f(t_i, c_i) = dc_i/dt = \dfrac{W(t_i)}{V} - \lambda c_i$이며 식 (2.77)로부터 새로운 값은 이전 값 더하기 기울기 곱하기 구간(시간간격)임을 알 수 있다.

Exercise 2.11 Euler 방법

다음과 같은 특성을 갖는 완전혼합을 가정할 수 있는 호수에($Q = 10^5$ m^3/yr, $V = 10^6$ m^3, $H = 5$ m, $k = 0.2$ /yr, $v = 0.25$ m/yr) 오염부하량(W)이 $t = 0$에서부터 2.5×10^6 g/yr로 일정하게 유입되고 있다. 호수 초기농도 c_o = 70 mg/L 일 때, $t = 0$에서부터 $t = 10$ yr까지의 농도를 시간간격 $\Delta t = 1$ yr를 사용하여 Euler 방법으로 구하고 해석해와 비교하라. 해석해는 다음과 같이 일반해와 특수해로 구성된다.

$$c = c_o e^{-\lambda t} + \frac{W}{V\lambda}(1 - e^{-\lambda t})$$

Solution

λ는 다음과 같다.

$$\lambda = \frac{Q}{V} + k + \frac{v}{H} = \frac{10^5}{10^6} + 0.2 + \frac{0.25}{5} = 0.35\ /\text{yr}$$

식 (2.76)으로부터

$$c_1 = 70 + \left[\frac{2.5 \times 10^6}{10^6} - 0.35(70)\right] 1.0 = 48.00\ \text{mg/L}$$

c_2는 c_1을 이용하여 구한다.

$$c_2 = 48.00 + \left[\frac{2.5 \times 10^6}{10^6} - 0.35(48.00)\right] 1.0 = 33.70\ \text{mg/L}$$

다음 표는 해석해와 수치해를 나타내고 있으며 그림은 두 해를 동시에 나타내고 있다. 수치해가 더욱 해석해와 같아지기 위해서는 고차근사를 하거나 시간간격을 작게 잡으면 되고 작은 시간간격은 계산시간의 증가를 유발하나 컴퓨터의 발달로 계산시간은 문제가 되지 않으므로 컴퓨터를 이용하여 정확하게 해를 얻을 수 있다.

t (yr)	수치해	해석해
0	70.00	70.00
1	48.00	51.44
2	33.70	38.36
3	24.41	29.14
4	18.36	22.64
5	14.44	18.07
6	11.88	14.84
7	10.22	12.57
8	9.15	10.97
9	8.44	9.84
10	7.99	9.04

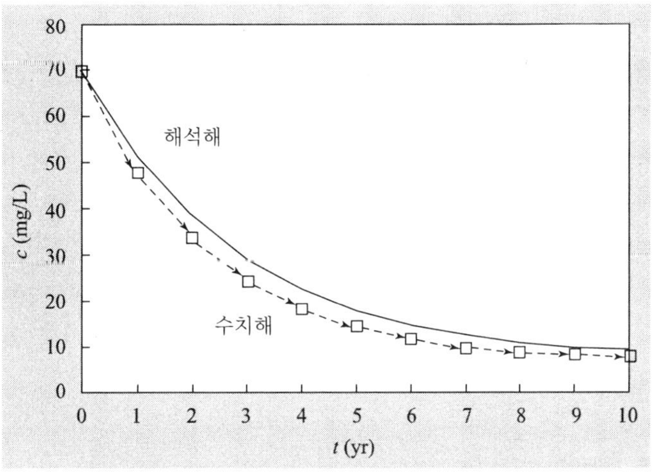

2.3.2 Heun 방법 (Heun's method)

Euler 방법에서 해석해와 수치해가 차이를 나타내는 오차가 발생하는 원인은 그림 2.12에 나타나 있듯이 구간 시작점에서의 도함수가 계산구간에서 동일하게 적용되기 때문이다. 기울기를 개선하기 위하여 구간의 시작점과 끝점에서의 도함수를 사용하는 Heun 방법은 두 도함수의 가중치를 동일하게 적용하는 즉, 두 도함수를 산술평균하여 사용한다. 구간 끝점에서의 기울기를 구하기 위해서는 그 지점에서 추정된 농도 값 c_{i+1}^o를 결정해야 하는데 이는 Euler 방법을 사용하여 구한다. c_{i+1}^o를 계산하는 식을 추정자방정식(predictor equation)이라 하며 시작점과 끝지점의 두 도함수의 평균을 이용하여 t_{i+1}에서 농도 c_{i+1}를 계산하는 식을 수정자방정식(corrector equation)이라 한다.

추정자방정식

$$c_{i+1}^{o} = c_i + f(t_i, c_i)\,\Delta t \tag{2.78}$$

수정자방정식

$$c_{i+1} = c_i + \frac{f(t_i, c_i) + f(t_{i+1}, c_{i+1}^{o})}{2}\,\Delta t \tag{2.79}$$

2.3.3 Runge-Kutta 방법 (Runge-Kutta's method)

상미분방정식을 풀기위한 전형적인 방법이 Runge-Kutta(RK) 방법이다. 차수에 따라 여러 가지 방법으로 구분되는데 1차 RK 방법이 Euler 방법이고, 2차 RK 방법의 하나가 Heun 방법이며, 4차 RK 방법(fourth-order RK method)이 보편적으로 많이 사용된다. 4차 RK 방법은 4개의 기울기가 가중치를 달리하여 관여하며 다음과 같이 주어진다.

$$c_{i+1} = c_i + \left[\frac{1}{6}(k_1 + 2k_2 + 2k_3 + k_4)\right]\Delta t \tag{2.80}$$

여기서,

$$k_1 = f(t_i, c_i) \tag{2.81}$$

$$k_2 = f(t_i + \frac{1}{2}\Delta t, c_i + \frac{1}{2}\Delta t k_1) \tag{2.82}$$

$$k_3 = f(t_i + \frac{1}{2}\Delta t, c_i + \frac{1}{2}\Delta t k_2) \tag{2.83}$$

$$k_4 = f(t_i + \Delta t, c_i + \Delta t k_3) \tag{2.84}$$

Exercise 2.12 Heun 및 4차 Runge-Kutta 방법

예제 2.11을 Heun과 4차 RK 방법을 사용하여 구하고 해석해와 비교하라.

Solution

a) Heun 방법

$t=0$에서 기울기는

$$f(t_i, c_i) = 2.5 - 0.35 \times 70 = -22.00$$

구간 끝점에서의 예측값은

$$c_{i+1}^{o} = 70 - 22.00 \times 1.0 = 48.00\ \text{mg/L}$$

$t = 1$yr에서 기울기는

$$f(t_{i+1}, c^o_{i+1}) = 2.5 - 0.35 \times 48.00 = -14.30$$

따라서 수정된 값은 다음과 같다.

$$c_{i+1} = 70 + \frac{1}{2}(-22.00 - 14.30) \times 1.0 = 51.85 \text{ mg/L}$$

이러한 계산을 반복하면 다음 표와 같다.

b) 4차 RK 방법

먼저 k_1, k_2, k_3 및 k_4를 계산한다.

$$k_1 = f(t_i, c_i) = 2.5 - 0.35 \times 70 = -22.000$$

$$k_2 = f(t_i + \frac{1}{2}\Delta t, c_i + \frac{1}{2}\Delta t k_1) = 2.5 - 0.35 \times (70 - 22.000/2) = -18.150$$

$$k_3 = f(t_i + \frac{1}{2}\Delta t, c_i + \frac{1}{2}\Delta t k_2) = 2.5 - 0.35 \times (70 - 18.150/2) = -18.824$$

$$k_4 = f(t_i + \Delta t, c_i + \Delta t k_3) = 2.5 - 0.35 \times (70 - 18.824) = -15.412$$

이를 이용하여 c_{i+1}를 계산하면 다음과 같다.

$$c_{i+1} = 70 + \left[\frac{1}{6}(-22.000 - 2 \times 18.150 - 2 \times 18.824 - 15.412)\right] 1.0 = 51.44 \text{ mg/L}$$

이와 같은 계산을 반복하면 다음 시간에서의 농도를 얻을 수 있으며 3가지 수치방법의 결과와 해석해를 비교하여 나타내면 다음 표와 같다. 이 표에서 알 수 있듯이 Heun 방법이 Euler 방법보다 해석해에 가까우며 4차 RK 방법은 해석해와 거의 유사함을 알 수 있는데 이는 더욱 개선된 기울기를 사용하기 때문이다. 각 방법에 대한 해석해와 수치해의 차이 즉, 오차에 대한 분석은 수치해석책을 참고하기 바란다.

t (yr)	수치해(Euler)	수치해(Heun)	수치해(4차 RK)	해석해
0	70.00	70.00	70.00	70.00
1	48.00	51.85	51.44	51.44
2	33.70	38.94	38.36	38.36
3	24.41	29.76	29.14	29.14
4	18.36	23.23	22.65	22.64
5	14.44	18.58	18.07	18.07
6	11.88	15.28	14.84	14.84
7	10.22	12.93	12.57	12.57
8	9.15	11.26	10.97	10.97
9	8.44	10.07	9.84	9.84
10	7.99	9.23	9.04	9.04

제2장 연습문제

2.1 회분식반응기(batch reactor)에서 다음과 같은 자료를 얻었을 경우 반응의 차수(n)와 속도상수(k)를 구하라.

t (d)	0	2	4	6	8	10
c (mg/L)	10.5	5.1	3.1	2.8	2.2	1.9

2.2 다음 그림과 같이 A, B, C 3물질이 회분식반응기에서 1차 반응을 할 경우 정상상태의 농도를 계산하라. 단, k_{ab} = 0.1 /d, k_{ba} = 0.2 /d, k_{bc} = 0.4 /d, k_{cb} = 0.5 /d, k_{ac} = 0.3 /d, k_{ca} = 0.6 /d 이며 정상상태 c_A 농도는 10 mg/L 이다.

a) c_A 물질수지방정식
b) c_B 물질수지방정식
c) c_C 물질수지방정식
d) c_B 농도
e) c_C 농도

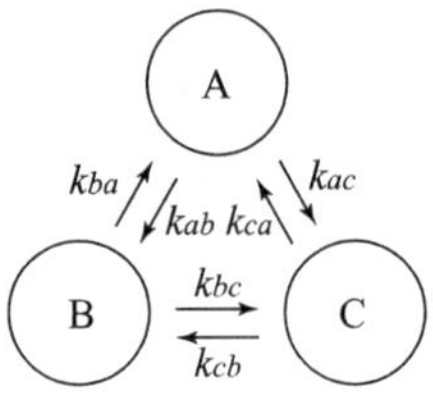

2.3 생활계 오염물질은 인간의 활동에 의하여 발생하며 인구추정은 수질관리에 매우 중요하다. 인구추정은 등차급수법, 등비급수법, 지수합수법, 로지스틱곡선법 등이 적용가능하며 지수함수 또는 지수성장곡선법은 인구증가율이 인구수(p)에 비례한다고 보고 추정하는 방법으로 1차 반응식과 유사하게 다음과 같이 주어진다.

$$\frac{dp}{dt} = Gp$$

여기서, G는 인구증가계수 [/yr]이다. 이 식을 이용하여 다음과 같이 얻어진 20년간의 인구수로 인구증가계수를 파악하고 2020년의 인구를 추정하라.

t (yr)	1970	1975	1980	1985	1990
p(인)	100	212	448	949	2009

2.4 다음으로 주어지는 미분방정식의 해를 구하고 시간에 대한 농도 변화를 $t=0$에서부터 $t=$ 30까지 나타내라.

a) $\dfrac{dc(t)}{dt}+0.1c = 0, \qquad c=10 \ @ \ t=0$

b) $\dfrac{dc(t)}{dt}+0.1c = 15, \qquad c=0 \ @ \ t=0$

2.5 용존 살충제 5 kg이 완전혼합 호수에 충격유입 되었다. 살충제는 다음의 질량흐름양으로 특정되는 휘발에 의해 지배된다.

$$J=v_v c$$

여기서, v_v는 휘발 물질전달계수이며 0.1 m/d 값을 나타내고 호수 제원은 다음과 같다. 수표면적(A_s) = 0.1×10^6 m^2, 평균수심(H) = 5 m, 유입유량(Q) = 유출유량 = 1×10^5 m^3/d.

a) 충격유입 후 5일 지난 다음의 호수 농도를 계산하라.
b) 이 호수의 95% 응답시간을 계산하라.
c) 호수 농도가 0.1 μg/L로 감소하는데 걸리는 시간을 구하라.

2.6 완전혼합을 가정할 수 있는 호수의 정상상태 인의 농도가 5 μg/L 이다. 이 호수에 2004년도에 새로 신설된 비료공장으로부터 인이 500 kg/yr로 일정 유입되고 있다면 2004년부터 2020년까지 호수의 인 농도변화를 파악하라.
단, 인의 침강속도는 8 m/yr이며 호수의 제원은 다음과 같다. 유입유량(Q) = 유출유량 = 5×10^5 m^3/yr, 체적(V) = 4×10^7 m^3, 수표면적(A_s) = 침강면적 = 5×10^6 m^2.

2.7 문제 2.6 호수에서 비료공장으로부터 유입되는 부하량 이외에 2010년부터 호수 인접지역에서 인간의 활동으로 생활계 오염물이 유입된다면 2004년부터 2020년까지 호수의 농도변화는 어떻게 되겠는가? 단, 인구는 2010년부터 다음과 같이 증가하며 인이 호수로 유입하는 배출부하량 원단위는 0.5 kg/yr · 인 이다.

$$p = 200\,e^{Gt}$$

여기서, 인구증가계수 G는 0.2 /yr 이다.

2.8 문제 2.6을 수치해석방법(Euler, Heun 또는 4차 Runge-Kutta 방법)을 사용하여 해를 구하고 해석해와 비교하며 그림으로 나타내라. 단 시간구간(Δt)은 1 yr를 취하라.

3 CHAPTER

호수 및 저수지

(Lake and Reservoir)

上善若水	(가장 좋은 것은 물과 같다.)
水善利萬物而不爭	(물은 만물을 이롭게 하면서도 다투지 않는다.)
處衆人之所惡	(뭇 사람들이 싫어하는 낮은 곳에 처하기를 좋아한다.)
故幾於道	(그러기에 도에 가깝다.)
居善地	(살 때는 낮은 곳에 처하기를 잘하고)
心善淵	(마음 쓸 때는 그윽한 마음가짐을 잘하고)
與善仁	(벗을 사귈 때는 어질기를 잘하고)
言善信	(말할 때는 믿음직하기를 잘하고)
正善治	(다스릴 때는 질서있게 하기를 잘하고)
事善能	(일할 때는 능력있기를 잘하고)
動善時	(움직일 때는 바른 때를 타기를 잘한다.)
夫唯不爭	(대저 오로지 다투지 아니하니)
故無尤	(허물이 없어라.)
	도덕경 제8장

호수는 호수학자(limnologist)에 의해 여러 가지 형태로 구분하지만 수질관리의 관점에서 호수는 다음과 같이 크게 3가지로 대별할 수 있다.

- **기원**(origin)

자연의 힘으로 스스로 만들어진 것을 호수(lake)라 하며 인간이 인위적으로 만든 것을 저수지(reservoir or impoundment)라 한다. 이러한 구분은 근본적인 것으로 여러 가지 다른 변이가 존재한다.

- **형태**(shape)

일반적으로 저수지는 강을 막아 생기는 경우가 대부분이므로 길게 한쪽방향으로 확장된 경우가 많으며 호수는 자연적으로 발생하므로 대부분 원형의 형태를 취하지만 예외도 많이 존재한다. 형태에 따라 구분하면 완전혼합형(completely mixed reactor), 성층형(deep, vertically segmented), 수평만곡형(dendritic, laterally segmented), 종확장형(elongated, longitudinally segmented), 종 및 수직확장형(river-run reservoir, longitudinally and vertically segmented) 등이 있다.

- **크기**(size)

체류시간(τ)과 평균깊이(H)의 두 가지 변수로 호수의 크기를 구분하는데 체류시간의 경우 1년을 기준으로 작으면 소규모시스템 크면 대규모시스템이라 하며 깊이의 경우 7 m를 기준으로 작으면 천수시스템, 크면 비천수시스템이라 한다. 수질관리에 중대한 영향을 미치는 성층화 현상은 대규모 및 비천수시스템에서 발생한다.

호수의 성층화 현상 및 이와 관련된 수질문제는 7장 온도에서 다루기로 하며 이장에서는 여러 개의 호수가 연결되어 나타나는 실제 자연계에서 발생가능한 호수군에 대하여 설명하기로 한다.

3.1 비가역 호수군

3.1.1 물질수지방정식

다음과 같이 두개의 호수가 연이어 있는 간단한 호수군에서 유입, 유출 및 반응을 고려한 물질수지방정식은 다음과 같다.

$$V_1 \frac{dc_1}{dt} = W_1 - Q_{12} c_1 - k_1 V_1 c_1 \tag{3.1}$$

$$V_2 \frac{dc_2}{dt} = W_2 + Q_{12} c_1 - Q_{23} c_2 - k_2 V_2 c_2 \tag{3.2}$$

여기서, 아래 단일첨자 1 및 2는 각 호수를 나타내며 아래 이중첨자 12는 첫 번째 호수에서 두 번째 호수에 미치는 것을 의미하며 호수1 및 호수2에서 체적변화가 없다면 $W_1 = Q_{01} c_0$로 표현할 수 있으며 $Q_{01} = Q_{12} = Q_{23}$가 성립한다.

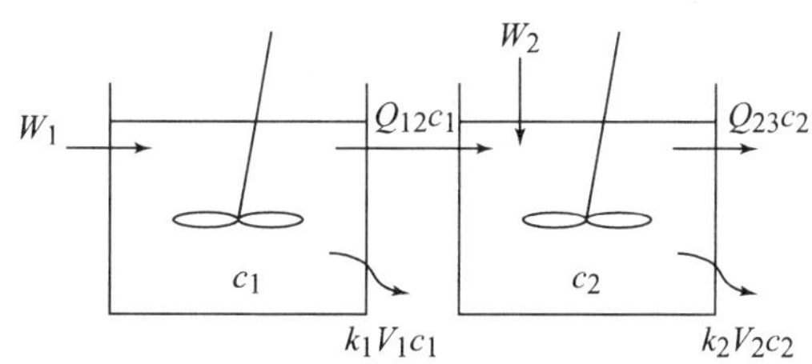

그림 3.1 비가역 호수군(feedforward lakes)

가. 정상상태 해석

윗 두 식의 정상상태의 해($dc_1/dt = dc_2/dt = 0$)는 다음과 같이 주어진다.

$$a_{11} c_1 = W_1 \tag{3.3}$$

$$a_{21} c_1 + a_{22} c_2 = W_2 \tag{3.4}$$

여기서, $a_{11} = Q_{12} + k_1 V_1$, $a_{21} = -Q_{12}$ 및 $a_{22} = Q_{23} + k_2 V_2$ 이다. 변수의 계수에 관한 이중첨자는 연립방정식에서 계수의 위치를 나타내는데 유용한 도구로 사용된다. 계수 a_{ij}의 첫 번째 첨자는 그 계수가 속해 있는 방정식의 순서이고 두 번째 첨자는 그 계수가 곱해진 미지수의 순서를 나타낸다. 따라서 a_{12}는 첫 번째 방정식에서 미지수 c_2에 곱해진 계수를 의미한다. 윗 두식의 해는 먼저 c_1을 구한 다음 이 값을 이용하여 c_2를 구하며 식으로 나타내면 다음과 같다.

$$c_1 = \frac{1}{a_{11}} W_1 = \frac{1}{Q_{12} + k_1 V_1} W_1 \tag{3.5}$$

$$c_2 = \frac{-a_{21} c_1 + W_2}{a_{22}} = \frac{Q_{12}}{Q_{23} + k_2 V_2} \frac{1}{Q_{12} + k_1 V_1} W_1 + \frac{1}{Q_{23} + k_2 V_2} W_2 \tag{3.6}$$

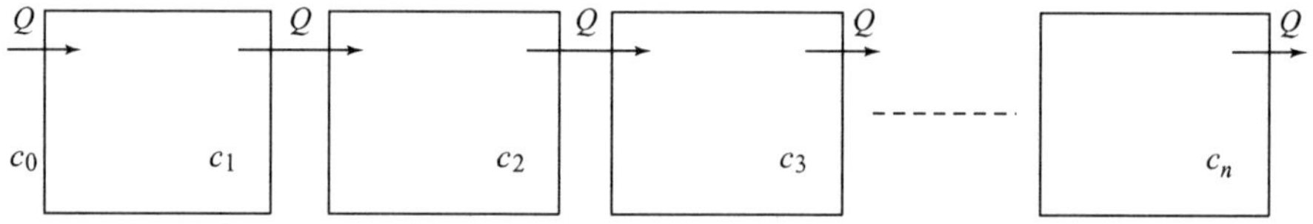

그림 3.2 캐스케이드(cascade)

만약 부하량이 없는 수리학적 특성 즉, 체류시간이 같은 n개의 호수가 그림 3.2와 같이 직렬 연결되어 있다면 이를 캐스케이드(cascade)라 하고 반응항만을 고려할 경우 다음과 같은 정상상태의 물질수지방정식을 얻을 수 있다.

$$c_1 = \frac{Q}{Q + kV} c_0 \tag{3.7}$$

$$c_2 = \frac{Q}{Q + kV} c_1 = \frac{Q}{Q + kV} \frac{Q}{Q + kV} c_0 \tag{3.8}$$

$$\vdots$$

$$c_n = \left(\frac{Q}{Q + kV} \right)^n c_0 \tag{3.9}$$

이 식들을 보면 각 호수의 농도는 초기유입농도와 관련이 있으며 전(前) 호수농도에 일정한 상수를 곱하여 얻어짐을 알 수 있고 이 상수는 항상 1보다 작아 호수의 개수가 늘어나면 날수록 농도가 감소할 것임을 알 수 있다.

Exercise 3.1 호수군의 정상상태 해

다음과 같은 특성을 갖는 3개의 호수가 직렬 연결되어 있을 때 다음을 계산하라. 단, 오염물질의 침강속도는 10 m/year 이다.

a) 각 호수의 정상상태 농도

b) 호수2 자체 오염부하량으로 인한 호수3이 농도변화정도

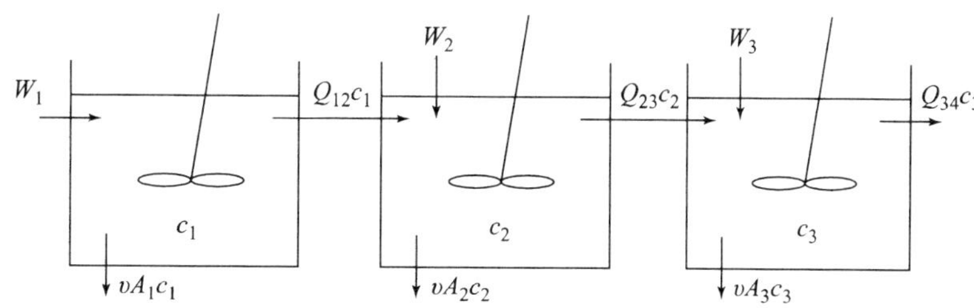

	호수1	호수2	호수3
V(체적) (10^6 m³)	2	4	3
A(평균호수면적) (10^6m²)	0.667	1.333	1.000
W(유입부하량) (10^3 kg/yr)	200	400	100
Q(유량) (10^6 m³/yr)	1 (Q_{01}) 1 (Q_{12})	1 (Q_{23})	1 (Q_{34})

Solution

a) 각 호수의 농도는

$$c_1 = \frac{W_1}{Q_{12} + vA_1} = \frac{200 \times 10^6 \text{ g/yr}}{1 \times 10^6 \text{m}^3\text{/yr} + 10 \times 0.667 \times 10^6 \text{ m}^3\text{/yr}} = 26.076 \text{ mg/L}$$

$$c_2 = \frac{Q_{12}c_1}{Q_{23} + vA_2} + \frac{W_2}{Q_{23} + vA_2} = \frac{1 \times 10^6 \text{m}^3\text{/yr} \times 26.076 \text{ mg/L}}{1 \times 10^6 \text{m}^3\text{/yr} + 10 \times 1.333 \times 10^6 \text{ m}^3\text{/yr}}$$

$$+ \frac{400 \times 10^6 \text{ g/yr}}{1 \times 10^6 \text{m}^3\text{/yr} + 10 \times 1.333 \times 10^6 \text{ m}^3\text{/yr}} = 1.820 \text{ mg/L} + 27.913 \text{ mg/L} = 29.733 \text{ mg/L}$$

$$c_3 = \frac{Q_{23}c_2}{Q_{34} + vA_3} + \frac{W_3}{Q_{34} + vA_3} = \frac{1 \times 10^6 \text{ m}^3\text{/yr} \times 29.733 \text{ mg/L}}{1 \times 10^6 \text{m}^3\text{/yr} + 10 \times 1 \times 10^6 \text{ m}^3\text{/yr}}$$

$$+ \frac{100 \times 10^6 \text{ g/yr}}{1 \times 10^6 \text{m}^3\text{/yr} + 10 \times 1 \times 10^6 \text{ m}^3\text{/yr}} = 2.703 \text{ mg/L} + 9.091 \text{ mg/L} = 11.794 \text{ mg/L}$$

b) 호수2의 농도중 27.913 mg/L이 호수자체의 오염부하량으로 인한 농도이다. 따라서 호수2 자체에 의한 호수3의 농도변화는 다음과 같이 계산된다.

$$c_3 = \frac{1 \times 10^6 \text{m}^3\text{/yr} \times 27.913 \text{ mg/L}}{1 \times 10^6 \text{m}^3\text{/yr} + 10 \times 1 \times 10^6 \text{ m}^3\text{/yr}} = 2.54 \text{ mg/L}$$

나. 비정상상태 해석

식 (3.1) 및 (3.2)를 다시 쓰면 다음과 같다.

$$\frac{dc_1}{dt} = -\lambda_{11}c_1 + W_1/V_1 \tag{3.10}$$

$$\frac{dc_2}{dt} = \lambda_{21}c_1 - \lambda_{22}c_2 + W_2/V_2 \tag{3.11}$$

여기서, $\lambda_{11} = Q_{12}/V_1 + k_1$, $\lambda_{21} = Q_{12}/V_2$ 및 $\lambda_{22} = Q_{23}/V_2 + k_2$ 이다. 식 (3.10)에서 $t=0$일 때 $c_1 = c_{10}$라면 일반해는 다음과 같고

$$c_1 = c_{10}e^{-\lambda_{11}t} \tag{3.12}$$

식 (3.12)를 식 (3.11)에 대입하여 해석해를 구하면 $W_2 = 0$일 경우 식 (3.13)과 같다. W_2가 이상적인 오염부하량 형태를 나타내면 이에 해당하는 특수해를 식 (3.13)에 중첩하여 두 번째 호수의 농도를 구할 수 있다.

$$c_2 = c_{20}e^{-\lambda_{22}t} + \frac{\lambda_{21}c_{10}}{\lambda_{22} - \lambda_{11}}\left(e^{-\lambda_{11}t} - e^{-\lambda_{22}t}\right) \tag{3.13}$$

호수가 계속 연결되어 있다면 세 번째 호수의 물질수지방정식은 $W_3 = 0$일 경우 다음으로 주어진다.

$$\frac{dc_3}{dt} = \lambda_{32}c_2 - \lambda_{33}c_3 \tag{3.14}$$

c_3는 중첩의 원리를 이용하여 식 (3.15)와 같이 구할 수 있으며 이와 같은 방법을 직렬연결된 다른 호수에 적용하면 호수의 농도를 구하는 해석해를 얻을 수 있다.

$$\begin{aligned} c_3 = {} & c_{30}e^{-\lambda_{33}t} + \frac{\lambda_{32}c_{20}}{\lambda_{33} - \lambda_{22}}\left(e^{-\lambda_{22}t} - e^{-\lambda_{33}t}\right) \\ & + \frac{\lambda_{32}\lambda_{21}c_{10}}{\lambda_{22} - \lambda_{11}}\left(\frac{e^{-\lambda_{11}t} - e^{-\lambda_{33}t}}{\lambda_{33} - \lambda_{11}} - \frac{e^{-\lambda_{22}t} - e^{-\lambda_{33}t}}{\lambda_{33} - \lambda_{22}}\right) \end{aligned} \tag{3.15}$$

다. 비가역 연속반응의 이용

비가역반응은 수질관리에 많이 이용되며 다음의 연속반응은 비가역반응중의 하나이다.

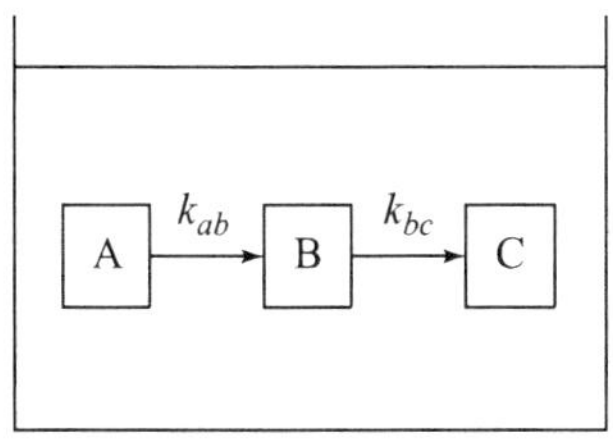

그림 3.3 회분식반응기에서 비가역 연속반응

암모니아의 질산화과정이 비가역 연속반응이며 그림 3.3에 나타나 있듯이 유기질소(organic nitrogen), 암모니아질소(ammonia nitrogen) 및 아질산성(nitrite) 또는 질산성질소(nitrate nitrogen)를 A, B, C로 보면 된다. 만약 A, B, C 세 물질이 1차 반응을 따르면 회분식반응기 또는 시스템에서 각 물질에 대한 물질수지방정식은 다음과 같다.

$$\frac{dc_a}{dt} = -k_{ab}c_a \tag{3.16}$$

$$\frac{dc_b}{dt} = k_{ab}c_a - k_{bc}c_b \tag{3.17}$$

$$\frac{dc_c}{dt} = k_{bc}c_b \tag{3.18}$$

만약 $t=0$에서 $c_a = c_{ao}$, $c_b = c_c = 0$이라면 윗 식의 해는 다음과 같다.

$$c_a = c_{ao}e^{-k_{ab}t} \tag{3.19}$$

$$c_b = \frac{k_{ab}c_{ao}}{k_{bc}-k_{ab}}\left(e^{-k_{ab}t} - e^{-k_{bc}t}\right) \tag{3.20}$$

$$c_c = c_{ao} - c_{ao}e^{-k_{ab}t} - \frac{k_{ab}c_{ao}}{k_{bc}-k_{ab}}\left(e^{-k_{ab}t} - e^{-k_{bc}t}\right) \tag{3.21}$$

식 (3.21)을 식 (3.19) 및 (3.20)을 사용하여 다시 쓰면 식 (3.22)와 같으며 이 식으로부터 초기농도 c_{ao}는 전 시간에 걸쳐 일정하게 유지됨을 알 수 있다.

$$c_c = c_{ao} - c_a - c_b \tag{3.22}$$

Exercise 3.2 비가역 연속반응

다음과 같은 특성을 갖는 물질 A, B, C의 시간에 대한 변화를 파악하라.
(c_{ao} = 20 mg/L, k_{ab} = 0.1 /d, k_{bc} = 0.2 /d)

Solution

주어진 값을 식 (3.19), (3.20) 및 (3.21)에 대입하여 정리하면 다음과 같다.

$$c_a = 20e^{-0.1t}$$

$$c_b = \frac{0.1\times 20}{0.2-0.1}(e^{-0.1t}-e^{-0.2t})$$

$$c_c = 20-20e^{-0.1t}-\frac{0.1\times 20}{0.2-0.1}(e^{-0.1t}-e^{-0.2t})$$

다음 그림은 시간에 대한 농도변화를 보여주고 있으며 임의의 시간에서 A, B 및 C 세물질의 합은 항상 20 mg/L로 일정함을 알 수 있다.

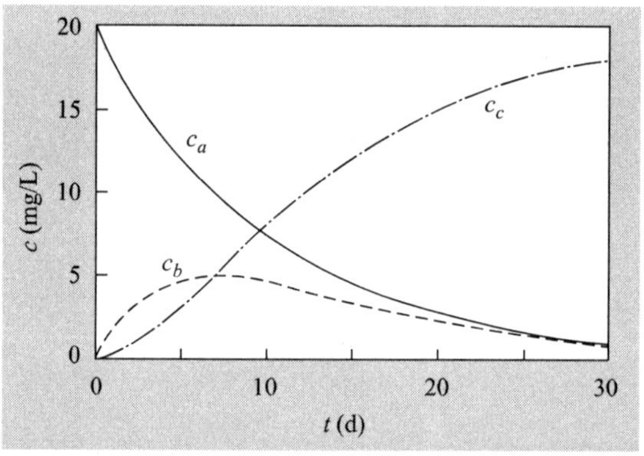

3.2 가역 호수군

3.2.1 물질수지방정식

그림 3.4와 같이 두개의 호수가 연이어 있는 간단한 가역 호수군(feedback lakes)에서 유입, 유출 및 반응을 고려한 물질수지방정식은 다음과 같다.

$$V_1\frac{dc_1}{dt} = W_1 + Q_{01}c_0 - Q_{12}c_1 - k_1V_1c_1 + Q_{21}c_2 \tag{3.23}$$

$$V_2 \frac{dc_2}{dt} = W_2 + Q_{12}c_1 - Q_{21}c_2 - Q_{23}c_2 - k_2 V_2 c_2 \tag{3.24}$$

가. 정상상태 해석

윗 두 식의 정상상태의 해($dc_1/dt = dc_2/dt = 0$)는 다음과 같이 주어진다.

$$a_{11}c_1 + a_{12}c_2 = W_1 + Q_{01}C_0 \tag{3.25}$$

$$a_{21}c_1 + a_{22}c_2 = W_2 \tag{3.26}$$

여기서, $a_{11} = Q_{12} + k_1 V_1$, $a_{12} = -Q_{21}$, $a_{21} = -Q_{12}$ 및 $a_{22} = Q_{21} + Q_{23} + k_2 V_2$ 이다. 윗 식은 2원 1차 연립방정식이므로 해는 간단히 치환방법을 통하여 구할 수 있지만 선형대수학의 크래머 법칙(Cramer's rule)을 이용하여 매우 효과적으로 구할 수 있다.
이 법칙은 선형방정식의 행렬식(determinant)을 이용하여 해를 구하는 방법으로 식 (3.25) 및 (3.26)을 행렬로 나타내면 다음과 같다.

$$[\mathbf{A}]\{\mathbf{c}\} = \{\mathbf{W}\} \tag{3.27}$$

여기서, $[\mathbf{A}] = \begin{bmatrix} a_{11}, a_{12} \\ a_{21}, a_{22} \end{bmatrix}$, $\{\mathbf{c}\} = \begin{Bmatrix} c_1 \\ c_2 \end{Bmatrix}$ 및 $\{\mathbf{W}\} = \begin{Bmatrix} W_1 \\ W_2 \end{Bmatrix}$ 이며, W_1은 표현의 간략화를 위하여 $W_1 + Q_{01}C_0$을 나타낸 것이다. 크래머 법칙을 이용하여 c_1 및 c_2를 구하는 식을 쓰면 다음과 같다.

$$c_1 = \frac{\begin{vmatrix} W_1, a_{12} \\ W_2, a_{22} \end{vmatrix}}{\begin{vmatrix} a_{11}, a_{12} \\ a_{21}, a_{22} \end{vmatrix}} = \frac{a_{22}W_1 - a_{12}W_2}{a_{11}a_{22} - a_{12}a_{21}} \tag{3.28}$$

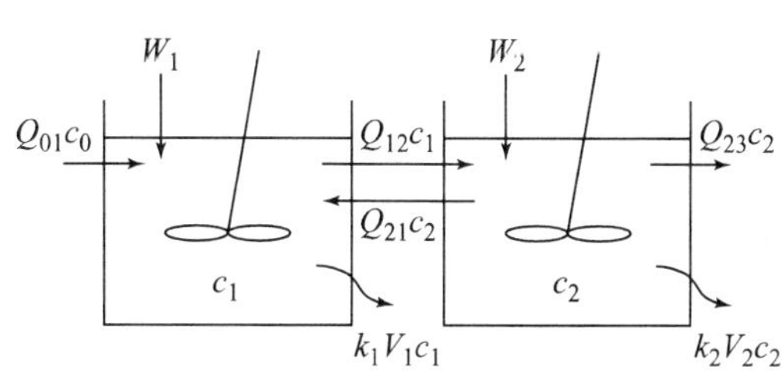

그림 3.4 가역 호수군

$$c_2 = \frac{\begin{vmatrix} a_{11}, W_1 \\ a_{21}, W_2 \end{vmatrix}}{\begin{vmatrix} a_{11}, a_{12} \\ a_{21}, a_{22} \end{vmatrix}} = \frac{a_{11} W_2 - a_{21} W_1}{a_{11}a_{22} - a_{12}a_{21}} \tag{3.29}$$

이 방법은 구하고자 하는 근의 수가 적을 때는 매우 효과적이지만 반대로 근의 수가 많을 때는 많은 시간을 요한다. 따라서 다항의 선형방정식의 해를 구하기 위하여 컴퓨터의 도움을 받는 수치방법 즉, Gauss 소거법, LU 분해법 및 Gauss-Seidel법 등이 이용가능하다.

선형대수방정식을 풀기위한 또 다른 방법은 역행렬(inverse matrix)을 이용하는 방법이다. 식 (3.27)에 $[A]$의 역행렬 $[A]^{-1}$를 양변에 곱하여 정리하면 다음과 같이 쓸 수 있다.

$$[A]^{-1}[A]\{c\} = [I]\{c\} = \{c\} \equiv [A]^{-1}\{W\} \tag{3.30}$$

여기서, $[I] = \begin{bmatrix} 1, 0 \\ 0, 1 \end{bmatrix}$는 단위행렬(unit matrix)이며

$[A]^{-1} = \dfrac{1}{a_{11}a_{22} - a_{12}a_{21}} \begin{bmatrix} a_{22}, -a_{12} \\ -a_{21}, \ a_{11} \end{bmatrix}$이다. 역행렬을 다시 쓰면 다음과 같다.

$$[A]^{-1} = \begin{bmatrix} a_{11}^{(-1)}, a_{12}^{(-1)} \\ a_{21}^{(-1)}, a_{22}^{(-1)} \end{bmatrix} \tag{3.31}$$

식 (3.31)과 식 (3.30)을 결합하여 정리하면 다음과 같은 해를 구하는 식이 얻어진다.

$$c_1 = a_{11}^{(-1)} W_1 + a_{12}^{(-1)} W_2 \tag{3.32}$$

$$c_2 = a_{21}^{(-1)} W_1 + a_{22}^{(-1)} W_2 \tag{3.33}$$

역행렬에 나타난 계수에서 아래첨자 자릿수는 각각 물리적인 의미가 다르며 첫 번째 첨자는 영향을 받는 호수, 그리고 두 번째 첨자는 영향을 미치는 호수를 의미한다. 따라서 $a_{12}^{(-1)}$는 첫 번째 호수가 두 번째 호수에 의해 영향받는 정도를 나타내는 계수이다. 만약 $a_{12}^{(-1)}$이 없다는 의미는 두 번째 호수가 첫 번째 호수에 영향을 미치지 않는다는 뜻이다.

Exercise 3.3 **역행렬을 이용한 호수군의 정상상태 해**

예제 3.1을 역행렬을 이용하여 구하라.

Solution

a) 정상상태의 물질수지방정식은 다음과 같다.

$$0 = W_1 - Qc_1 - vA_1c_1$$

$$0 = W_2 + Qc_1 - Qc_2 - vA_2c_2$$

$$0 = W_3 + Qc_2 - Qc_3 - vA_3c_3$$

윗 식을 행렬로 나타내면 다음과 같으며

$$\begin{bmatrix} Q+vA_1, & 0 & , & 0 \\ -Q & ,Q+vA_2, & & 0 \\ 0 & , -Q & ,Q+vA_3 \end{bmatrix} \begin{Bmatrix} c_1 \\ c_2 \\ c_3 \end{Bmatrix} = \begin{Bmatrix} W_1 \\ W_2 \\ W_3 \end{Bmatrix}$$

$$\begin{bmatrix} 7.667\times10^6, & 0 & , & 0 \\ -1\times10^6, & 14.333\times10^6, & & 0 \\ 0 & , -1\times10^6 & ,11.0\times10^6 \end{bmatrix} \begin{Bmatrix} c_1 \\ c_2 \\ c_3 \end{Bmatrix} = \begin{Bmatrix} 200\times10^6 \\ 400\times10^6 \\ 100\times10^6 \end{Bmatrix}$$

역행렬을 이용한 식은 다음과 같다.

$$\begin{Bmatrix} c_1 \\ c_2 \\ c_3 \end{Bmatrix} = \begin{bmatrix} 0.1304, & 0 & , & 0 \\ 0.0091, & 0.0698, & & 0 \\ 0.0008, & 0.0063, & & 0.0909 \end{bmatrix} \begin{Bmatrix} 200 \\ 400 \\ 100 \end{Bmatrix}$$

따라서 예제 3.1과 같은 농도 값이 얻어지며 예제 3.1과 다른 각 호수의 농도는 유효 숫자의 차이에서 발생한다.

$$c_1 = 0.1304\times200 = 26.086 \text{ mg/L}$$

$$c_2 = 0.0091\times200 + 0.0698\times400 = 29.728 \text{ mg/L}$$

$$c_3 = 0.0008\times200 + 0.0063\times400 + 0.0909\times100 = 11.793 \text{ mg/L}$$

b) c_3값은 다음과 같이 쓸 수 있으며

$$c_3 = a_{31}^{(-1)}W_1 + a_{32}^{(-1)}W_2 + a_{33}^{(-1)}W_3$$

호수2 자체 오염부하량으로 인한 호수3의 농도변화는 다음과 같이 계산된다.

$$a_{32}^{(-1)}W_2 = 0.0063\times400 = 2.52 \text{ mg/L}$$

이 값은 예제 3.1의 값과 유사함을 알 수 있다.

$[\mathbf{A}]^{-1}$ 구성성분의 물리적인 의미를 좀더 기술하면 대각선 요소(diagonal elements)보다 위에 존재하는 요소(상삼각행렬 요소 : upper triangular matrix elements)들은 아래에 존재하는 호수로 인하여 위 호수가 받는 영향정도를 나타내며 반대로 대각선 요소보다 아래에 존재하는 요소(하삼각행렬 요소 : lower triangular matrix elements)들은 위에 존재하는 호수로 인하여 아래 호수가 받는 영향정도를 나타낸다. 또한 대각선 요소는 호수 자체의 오염부하량에 대한 영향정도를 나타낸다. 이를 도식화하면 그림 3.5와 같으며 아래에 존재하는 호수로 인하여 위 호수가 영향을 받지 않는 비가역 호수군에 해당하는 예제 3.3은 역행렬의 상삼각행렬 요소가 0으로 나타남을 확인할 수 있다.

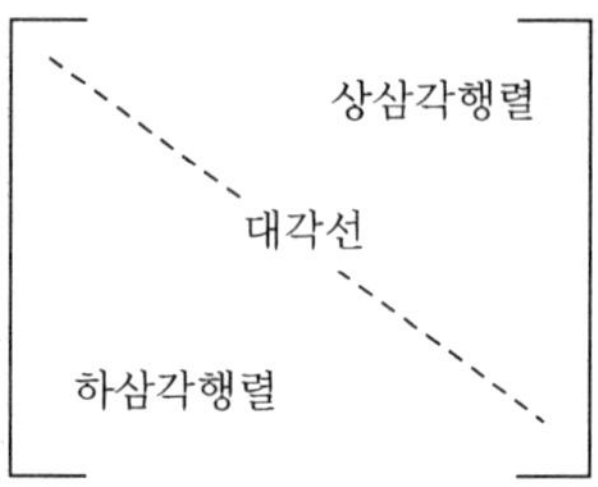

그림 3.5 행렬의 물리적인 의미

나. 비정상상태 해석

식 (3.23) 및 (3.24)를 다시 쓰면 다음과 같다.

$$\frac{dc_1}{dt} = -\lambda_{11}c_1 + \lambda_{12}c_2 + \acute{W}_1 \tag{3.34}$$

$$\frac{dc_2}{dt} = \lambda_{21}c_1 - \lambda_{22}c_2 + \acute{W}_2 \tag{3.35}$$

여기서, $\lambda_{11} = Q_{12}/V_1 + k_1$, $\lambda_{12} = Q_{21}/V_1$, $\acute{W}_1 = (W_1 + Q_{01}c_0)/V_1$, $\lambda_{21} = Q_{12}/V_2$, $\lambda_{22} = (Q_{21} + Q_{23})/V_2 + k_2$ 및 $\acute{W}_2 = W_2/V_2$이다. $t = 0$에서 $c_1 = c_{10}$, $c_2 = c_{20}$라면 위 두식의 일반해는 다음과 같이 주어진다.

$$c_1 = c_{1f}e^{-\lambda_f t} + c_{1s}e^{-\lambda_s t} \tag{3.36}$$

$$c_2 = c_{2f}e^{-\lambda_f t} + c_{2s}e^{-\lambda_s t} \tag{3.37}$$

여기서, 고유치는 다음과 같다.

$$\begin{matrix}\lambda_f \\ \lambda_s\end{matrix} = \frac{(\lambda_{11}+\lambda_{22}) \pm \sqrt{(\lambda_{11}+\lambda_{22})^2 - 4(\lambda_{11}\lambda_{22}-\lambda_{12}\lambda_{21})}}{2} \tag{3.38}$$

각 계수 값은 다음으로 주어진다.

$$c_{1f} = \frac{(\lambda_{11}-\lambda_s)c_{10} - \lambda_{12}c_{20}}{\lambda_f - \lambda_s} \tag{3.39}$$

$$c_{1s} = \frac{\lambda_{12}c_{20} - (\lambda_{11}-\lambda_f)c_{10}}{\lambda_f - \lambda_s} \tag{3.40}$$

$$c_{2f} = \frac{\lambda_{21}c_{10} - (\lambda_{22}-\lambda_s)c_{20}}{\lambda_s - \lambda_f} \tag{3.41}$$

$$c_{2s} = \frac{(\lambda_{22}-\lambda_f)c_{20} - \lambda_{21}c_{10}}{\lambda_s - \lambda_f} \tag{3.42}$$

식 (3.38)에서 λ_f는 항상 λ_s보다 크므로 빠른(fast) 고유치라 하며 반대로 λ_s는 느린(slow) 고유치라 한다. 식 (3.36) 및 (3.37)로 주어진 c_1 및 c_2는 두개의 지수함수에 의해서 결정되며 시간이 지남에 따라 0에 접근함을 알 수 있다.

위에 나타나 있듯이 가역 호수군에 대한 비정상상태의 해는 매우 복잡하다. 3개 이상의 호수군에 대해서 해석해를 이용한 시스템의 해석은 더욱 복잡할 것이므로 컴퓨터의 도움이 필요하다. 해석해는 단순한 시스템에서는 쉽게 이용가능 하지만 실제 자연환경에서는 적용이 어려워 수치해석방법이 더욱 절실히 요구된다.

연립 상미분방정식의 해

1계 연립 상미분 방정식의 일반식은 다음과 같이 쓸 수 있다.

$$\frac{dx}{dt} = a_1x + b_1y + c_1 \tag{B3.1}$$

$$\frac{dy}{dt} = a_2x + b_2y + c_2 \tag{B3.2}$$

여기서, a, b 및 c는 계수이다. 식 (B3.1)에 미분을 취하고 (B3.2)를 대입하면 다음의 식이 얻어진다.

$$\frac{d^2x}{dt^2} = a_1\frac{dx}{dt} + b_1\frac{dy}{dt} = a_1\frac{dx}{dt} + b_1(a_2x + b_2y + c_2) \tag{B3.3}$$

그리고 식 (B3.1)에서 다음 식이 얻어지고

$$b_1 y = \frac{dx}{dt} - a_1 x - c_1 \tag{B3.4}$$

식 (B3.4)를 식 (B3.3)에 대입하고 정리하면 다음의 2계 상미분방정식이 얻어진다.

$$\frac{d^2x}{dt^2} - (a_1 + b_2)\frac{dx}{dt} + (a_1 b_2 - b_1 a_2)x = b_1 c_2 - b_2 c_1 \tag{B3.5}$$

식 (B3.5)는 4장에 기술하였듯이 서로 다른 두 실근이 존재할 경우 식 (3.36)과 같은 일반해를 갖으며 특성방정식을 사용한 고유치는 식 (B3.6)으로 주어지고 이를 적용하면 식 (3.38)을 얻게 된다.

$$\begin{matrix}\lambda_1 \\ \lambda_2\end{matrix} = \frac{-(a_1 + b_2) \mp \sqrt{(a_1 + b_2)^2 - 4(a_1 b_2 - b_1 a_2)}}{2} \tag{B3.6}$$

연립 상미분방정식의 계수

식 (3.36) 및 (3.37)의 계수 c_{1f}, c_{1s}, c_{2f} 및 c_{2s}는 초기조건에서 구할 수 있다. 식 (3.36)에서 초기조건 $c_1 = c_{10}$ @ $t = 0$을 대입하면 다음의 식이 얻어진다.

$$c_{10} = c_{1f} + c_{1s} \tag{B3.7}$$

식 (3.34)에서 부하를 무시하고 c_1의 해 (3.36)을 대입하면 다음과 같고

$$\lambda_{12} c_2 = \frac{dc_1}{dt} + \lambda_{11} c_1 = -\lambda_f c_{1f} e^{-\lambda_f t} - \lambda_s c_{1s} e^{-\lambda_s t} + \lambda_{11}(c_{1f} e^{-\lambda_f t} + c_{1s} e^{-\lambda_s t}) \tag{B3.8}$$

초기조건 $c_2 = c_{20}$ @ $t = 0$을 대입하면 다음의 식이 얻어진다.

$$\lambda_{12} c_{20} = (\lambda_{11} - \lambda_f) c_{1f} + (\lambda_{11} - \lambda_s) c_{1s} \tag{B3.9}$$

식 (B3.7)과 (B3.9)를 연립하여 c_{1f} 및 c_{1s} 계수를 구하면 식 (3.39) 및 (3.40)을 얻을 수 있다. c_{2f} 및 c_{2s} 계수도 유사한 과정을 통하여 구할 수 있다.

Exercise 3.4 호수군의 비정상상태 해

다음과 같은 특성을 갖는 가역 두 호수군에서 a) 정상상태의 호수 농도, b) 정상상태 도달 후 부하량이 더 이상 유입되지 않을 경우 시간에 대한 농도변화를 파악하라.

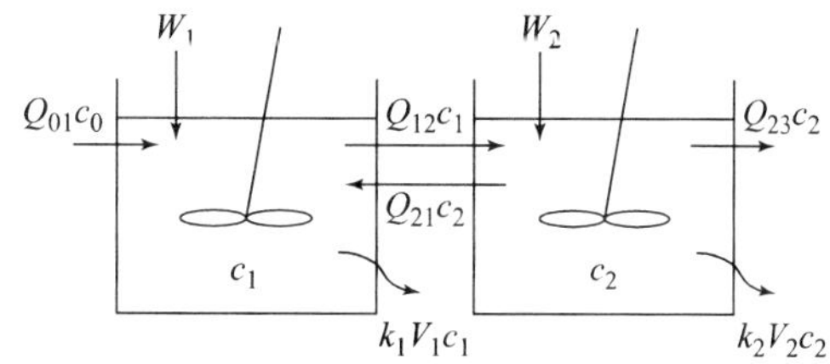

		호수1		호수2	
V(체적) (10^6 m^3)		1		5	
k(반응속도상수) (/yr)		2		2	
W(유입부하량) (10^5 kg/yr)		1		10	
Q(유량) (10^6 m^3/yr)	1 (Q_{01})		1.2 (Q_{12}) 0.2 (Q_{21})		1 (Q_{23})

Solution

a) 식 (3.34) 및 (3.35)의 정상상태 식을 행렬로 나타내면 다음과 같고

$$\begin{bmatrix} -\lambda_{11}, & \lambda_{12} \\ \lambda_{21}, & -\lambda_{22} \end{bmatrix} \begin{Bmatrix} c_1 \\ c_2 \end{Bmatrix} = \begin{Bmatrix} -W_1' \\ -W_2' \end{Bmatrix}$$

$$\begin{bmatrix} -3.2 \ , & 0.2 \\ 0.24, & -2.24 \end{bmatrix} \begin{Bmatrix} c_1 \\ c_2 \end{Bmatrix} = \begin{Bmatrix} -0.1 \\ -0.2 \end{Bmatrix}$$

이 행렬을 풀면 $c_1 = 37.08$ mg/L, $c_2 = 93.26$ mg/L가 얻어진다.

b) 부하량이 더 이상 유입되지 않을 경우 각 호수는 정상상태의 농도를 초기농도로 하여 식 (3.36) 및 (3.37)과 같이 시간에 따라 변하는 일반해를 갖으며 각 계수는 다음과 같이 계산된다.

$$\lambda_f = \frac{(\lambda_{11}+\lambda_{22}) + \sqrt{(\lambda_{11}+\lambda_{22})^2 - 4(\lambda_{11}\lambda_{22} - \lambda_{12}\lambda_{21})}}{2} = 3.248\ /\text{yr}$$

$$\lambda_s - \frac{(\lambda_{11}+\lambda_{22}) - \sqrt{(\lambda_{11}+\lambda_{22})^2 - 4(\lambda_{11}\lambda_{22} - \lambda_{12}\lambda_{21})}}{2} = 2.192\ /\text{yr}$$

$c_{1f} = 17.730$ mg/L, $c_{1s} = 19.349$ mg/L, $c_{2f} = -4.223$ mg/L 및 $c_{2s} = 97.481$ mg/L.

일반해는 다음으로 주어진다.

$$c_1 = c_{1f}e^{-\lambda_f t} + c_{1s}e^{-\lambda_s t} = 17.730\,e^{-3.248t} + 19.349\,e^{-2.192t}$$

$$c_2 = c_{2f}e^{-\lambda_f t} + c_{2s}e^{-\lambda_s t} = -4.223\,e^{-3.248t} + 97.481\,e^{-2.192t}$$

이 식을 그래프로 그리면 다음과 같고 시간이 지나면서 각 호수 농도는 감소하여 0에 접근해 감을 알 수 있다.

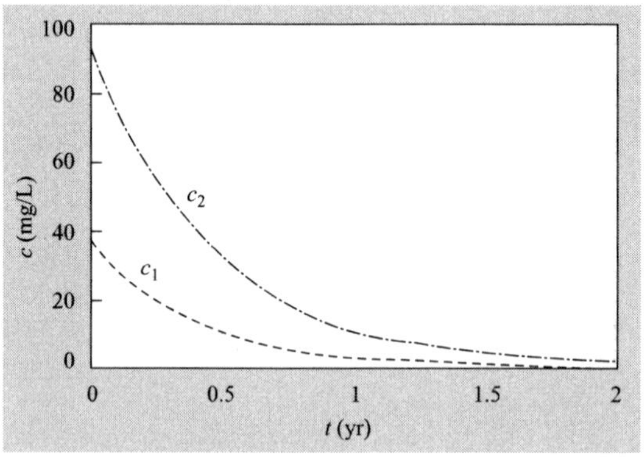

3.3 호수군 수치해석

비가역 또는 가역 호수군은 복합시스템이며 2장 완전혼합시스템의 수치해석에서 언급한 바와 같이 컴퓨터를 사용하여 이 시스템의 해를 용이하게 구할 수 있다. 복합시스템을 일반화하여 나타내면 다음과 같고

$$\frac{dc_1}{dt} = f_1(c_1, c_2, \cdots, c_n) \tag{3.43}$$

$$\frac{dc_2}{dt} = f_2(c_1, c_2, \cdots, c_n) \tag{3.44}$$

$$\vdots$$

$$\frac{dc_n}{dt} = f_n(c_1, c_2, \cdots, c_n) \tag{3.45}$$

여기서, n은 미분방정식의 수이며 이 식들을 풀기 위해서는 n개의 초기 값이 필요하다. 이와 관련된 간단한 예가 다음에 나와 있다.

Exercise 3.5 복합시스템 수치해석

예제 3.4에서 주어진 비정상상태 호수군의 해를 Euler 방법으로 구하고($\Delta t = 0.2$ yr) 해석해와 비교하라.

Solution

이 시스템의 물질수지방정식은 다음과 같으며

$$\frac{dc_1}{dt} = -\lambda_{11}c_1 + \lambda_{12}c_2 = -3.2c_1 + 0.2c_2$$

$$\frac{dc_2}{dt} = \lambda_{21}c_1 - \lambda_{22}c_2 = 0.24c_1 - 2.24c_2$$

초기농도는 예제 3.4에서 $c_{10} = 37.08$ mg/L, $c_{20} = 93.26$ mg/L이다. Euler 방법을 사용하여 물질수지방정식을 풀면 처음 시작점에서 기울기는 다음과 같으며

$$\frac{dc_1(0)}{dt} = -3.2(37.08) + 0.2(93.26) = -100.004$$

$$\frac{dc_2(0)}{dt} = 0.24(37.08) - 2.24(93.26) = -200.0032$$

따라서 처음구간 끝점에서의 농도는 다음으로 계산된다.

$$c_1(0.2) = 37.08 - 100.004(0.2) = 17.08 \text{ mg/L}$$

$$c_2(0.2) = 93.26 - 200.0032(0.2) = 53.26 \text{ mg/L}$$

이와 같은 방법을 계속하면 다음 표와 같은 농도 값을 구할 수 있으며 이를 가시화하여 나타내면 다음과 같다.

t(yr)	c_1(mg/L) 수치해	c_1(mg/L) 해석해	c_2(mg/L) 수치해	c_2(mg/L) 해석해
0.0	37.08	37.08	93.26	93.26
0.2	17.08	21.74	53.26	60.67
0.4	8.28	12.89	30.22	39.41
0.6	4.19	7.72	17.08	25.56
0.8	2.19	4.67	9.63	16.56
1.0	1.17	2.85	5.42	10.72
1.2	0.64	1.75	3.05	6.93
1.4	0.35	1.09	1.71	4.48
1.6	0.20	0.68	0.96	2.90
1.8	0.11	0.43	0.54	1.87
2.0	0.06	0.27	0.30	1.21

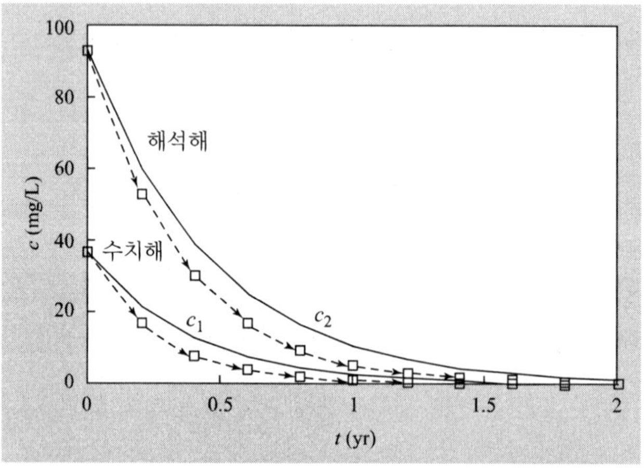
100
80
60
40
20
0
c (mg/L)
해석해
수치해
c_1
c_2
0
0.5
1
1.5
2
t (yr)

제3장 연습문제

3.1 다음과 같은 퇴적층을 갖는 호수는 완전혼합시스템을 가정한 가역 호수군으로 해석가능하다. 호수에 주어진 조건이 다음과 같을 때 a) 및 b)를 계산하라.

유입유량 = 유출유량 = 20×10^6 m^3/yr
수표면적 = 퇴적면적 = 2.5×10^6 m^2
호수체적 = 150×10^6 m^3
퇴적체적(sediments volume) = 100×10^4 m^3
침강속도(settling velocity) = 10 m/yr
재부유속도(resuspension velocity) = 1 mm/yr
매몰속도(burial velocity) = 2 mm/yr

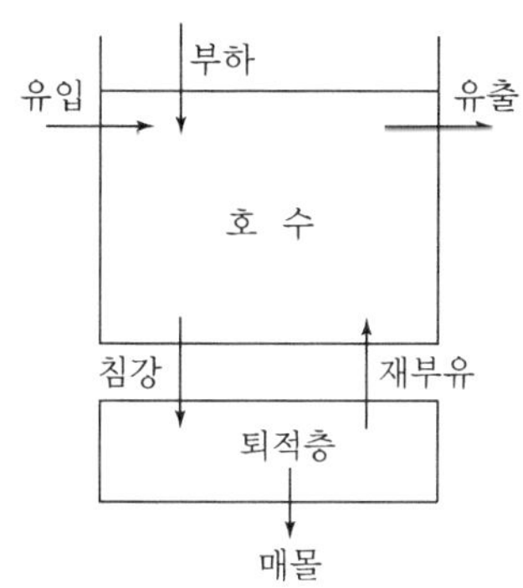

a) 오염물질은 감소하지 않고 보전되는 특성을 보이며 유입농도가 100 $\mu g/L$일 때 정상상태의 퇴적층 및 호수에서의 농도를 구하라.
b) 퇴적층 농도가 50,000 $\mu g/L$로 되기 위한 오염물 유입농도는 얼마인가 ?

3.2 가역 호수군의 비정상상태의 해는 식 (3.36) 및 (3.37)로 주어진다. 식 (3.36)에서 계수는 식 (3.39) 및 (3.40)으로 나타남을 보여라.

3.3 예제 3.4에서 호수2의 체적이 확장 및 준설로 인하여 4배 늘어날 경우($V_2 = 20\times10^6$ m^3)

a) 호수1 및 호수2의 정상상태 농도를 구하라.

b) 처리장의 건설로 더 이상 오염부하량 유입이 발생하지 않을 경우 각 호수의 농도 변화를 파악하고 체적 변화에 따른 농도변화 양상을 설명하라.

3.4 어떤 호수($V = 1.67\times10^{12}$ m^3, $Q = 6{,}555$ m^3/s)에 장기간에 걸쳐 총인(total phosphorus)이 34 ton/d로 일정 유입되다가 갑자기 19 ton/d로 감소하였다. 시간에 따른 총인의 농도(mg/L)를 계산하고 그림으로 보여라. 단 호수의 체적은 환경변화에 상관없이 일정하다고 가정한다.

a) 총인이 보전적인 경우 ($k = 0$)

b) 총인이 1차 반응속도상수($k = 0.00$ 1/d)를 따를 경우

3.5 Euler 방법을 사용하여($\Delta t = 0.1$ yr) 다음의 제원을 갖는 직렬로 연결된 두호수의 살충제의 농도변화를 파악하고 해석해와 비교하라.

		호수1		호수2	
V(체적) (10^6 m^3)		0.5		0.6	
Q(유량) (10^6 m^3/yr)	1		1		1
	(Q_{01})		(Q_{12})		(Q_{23})
살충제 충격유입량 (10^3 kg)		5		0	

3.6 4차 Runge-Kutta 방법을 사용하여($\Delta t = 0.2$ yr) 예제 3.5를 풀고 Euler 방법과 비교하라.

4
CHAPTER

불완전혼합시스템
(Incompletely Mixed System)

> 할 수 있는 한 최선을 다하라.
> 당신이 할 수 있는 모든 수단과
> 당신이 할 수 있는 모든 방법으로
> 당신이 할 수 있는 모든 장소에서
> 당신이 할 수 있는 모든 시간에
> 당신이 할 수 있는 모든 사람들에게
> 당신이 할 수 있는 한 오래오래.
>
> John Wesley

4.1 오염물 이동

4.1.1 이송 및 확산

완전혼합시스템에서는 오염물의 유입에 따른 시스템의 농도가 어디에서나 동일하다. 그러나 실제 자연수계 특히 하천의 성격이 강한 호수, 강 또는 하구에서는 오염물 유입에 의한 시스템 농도가 지점에 따라 다르므로 완전혼합으로 시스템을 해석하는 것은 한계가 있으며 이를 근간으로 수질관리방안을 수립하는 것은 적절한 해결책이 되지 못한다. 따라서 강이나 하구는 완전혼합시스템이 아닌 불완전혼합시스템으로 해석하게 된다. 완전혼합시스템은 연속교반탱크반응기로 시스템을 가정하여 해석하는 반면에, 불완전혼합시스템은 플러그흐름반응기(Plug Flow Reactor) 또는 혼합흐름반응기(Mixed Flow Reactor)로 가정하여 해석한다.

불완전혼합시스템에서 오염물의 거동은 다양한 물리적인 힘에 의하여 지배되는데 이 힘을 대별한 것이 이송(advection) 및 확산(diffusion)이다. 보전성 오염물질의 경우 이송은 그림 4.1에 보이듯이 시간(time)과 공간(space) 즉, 각 독립변수에 따라 오염물질이 이동하나 변화는 없는 것으로 물의 흐름과 함께 하며, 확산은 불규칙한 수체운동 또는 혼합에 의하여 오염물질이 거동하는 것으로 정해진 지점에서 오염물질의 총량은 변함이 없으면서 밖으로 퍼져나간다. 확산은 분자확산(molecular diffusion)과 난류확산(turbulent diffusion)으로 구분되는데 전자는 물 분자의 브라운 운동(Brownian movement)에 의한 것이며 후자는 난류에 의한 것이다. 실제 수계에서는 난류확산이 분자확산보다 매우 크므로 난류확산만을 고려하여 확산문제를 해석한다. 흐름이 빠른 하천의 경우 이송에 의해서 주로 오염물질이 이동하며 흐름이 정체되고 혼합의 과정이 주로 일어나는 하구의 경우 확산에 의해 주로 오염물질이 이동한다. 따라서 수체의 흐름특성을 파악하는 것이 수질관리에 매우 중요하다.

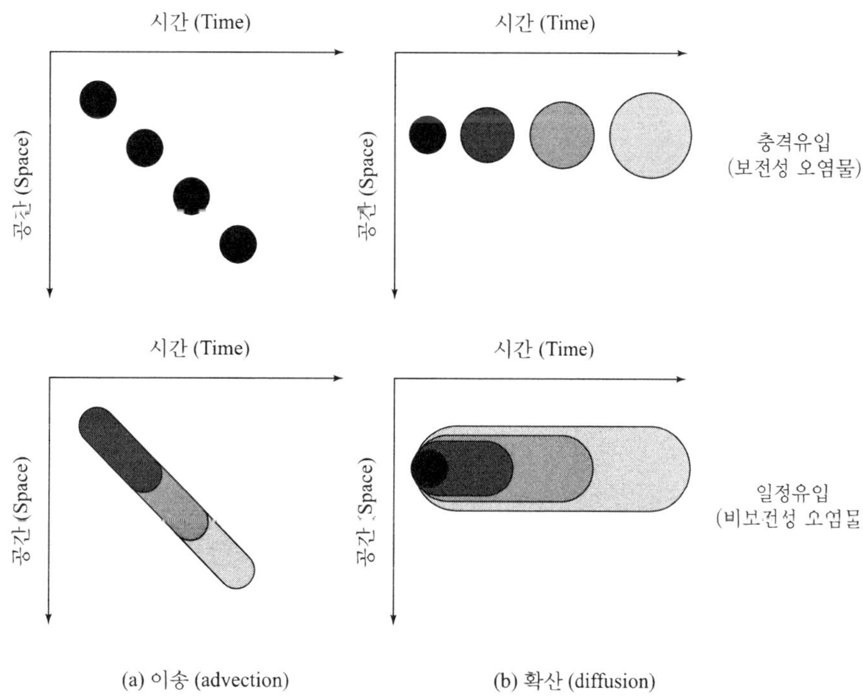

그림 4.1 이송과 확산의 가시화

4.1.2 확산(diffusion)

가. Fick의 제1법칙(Fick's first law)

1855년 독일의 물리학자이며 생리학자인 Adolf Fick는 다음과 같은 확산식을 제안하였다.

$$J_x = -D\frac{dc}{dx} \tag{4.1}$$

여기서, J_x는 x방향의 질량흐름양 $[ML^{-2}T^{-1}]$ 및 D는 확산계수(diffusion coefficient) $[L^2T^{-1}]$이다. 이 식을 Fick의 제1법칙이라 하며 물질이 이동하는 양은 농도의 구배 및 확산계수에 비례함을 알 수 있다. 여기서, 식 (4.1)의 오른편에 있는 음의 부호는 오염물질의 흐름방향을 나타내기 위하여 쓰인 것으로 그림 4.2에 가시화하여 보여주고 있다. 확산은 그림 4.3과 같은 수조 실험을 통하여 설명가능하다. 가운데에 칸막이를 설치한 깨끗한 수조에서 왼편에만 오염물질을 넣은 후 칸막이를 제거하면 왼편에 있는 오염물질은 오른편으로 점점 이동해 가며 장시간 경과 후 양편의 농도가 같아지게 된다. 만약 수조안에 난류흐름이

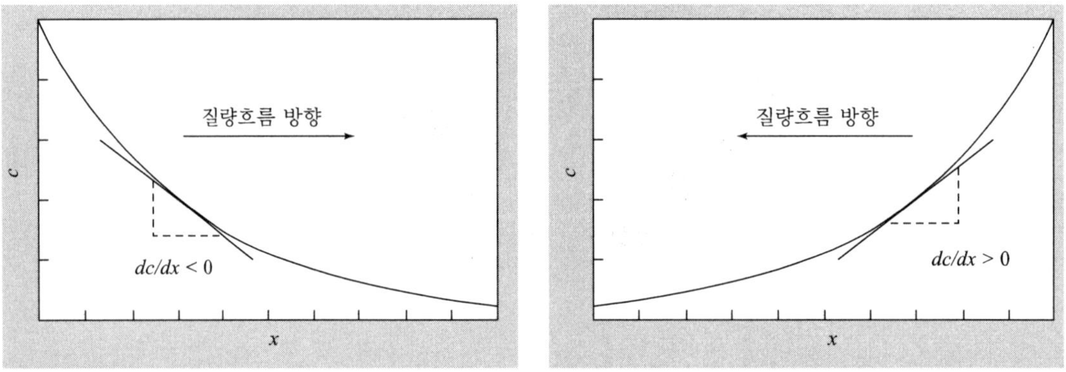

그림 4.2 오염물질흐름 방향

존재하면 빠른 시간 안에 양편의 농도가 같아질 것이며 이와 같은 물질이동의 현상 즉, 확산은 식 (4.1)과 같이 나타낼 수 있다. 이와 같은 조건에서 왼편 수조에 대한 물질수지방정식은 다음으로 주어진다.

$$V_1 \frac{dc_1}{dt} = -JA \tag{4.2}$$

여기서, A는 칸막이의 면적 [L^2]이며 첨자 1은 왼편 수조, 첨자 2는 오른편 수조를 나타낸다. 식 (4.1)을 (4.2)에 대입하면 다음과 같고

$$V_1 \frac{dc_1}{dt} = D \frac{dc}{dx} A \tag{4.3}$$

오른편에 있는 도함수를 유한차분화시켜 나타내면 다음과 같다.

$$\frac{dc}{dx} \cong \frac{c_2 - c_1}{l} \tag{4.4}$$

여기서, l은 혼합거리 [L]로 확산이 일어나는 구간을 의미한다. 식 (4.4)를 식 (4.3)에 대입하여 정리하면 다음과 같은 식이 얻어진다.

$$V_1 \frac{dc_1}{dt} = D \frac{c_2 - c_1}{l} A = \acute{D}(c_2 - c_1) \tag{4.5}$$

$\acute{D}$는 용적확산계수(bulk diffusion coefficient) [L^3T^{-1}]라 하며 확산계수, 칸막이 면적 및 혼합거리의 함수임을 알 수 있다. 따라서 확산 현상을 식 (4.5)와 같이 나타낼 수 있으며 수질관리에 식 (4.5)가 유용하게 쓰이고 있다. 용적확산계수는 유량과 같은 차원을 나타내

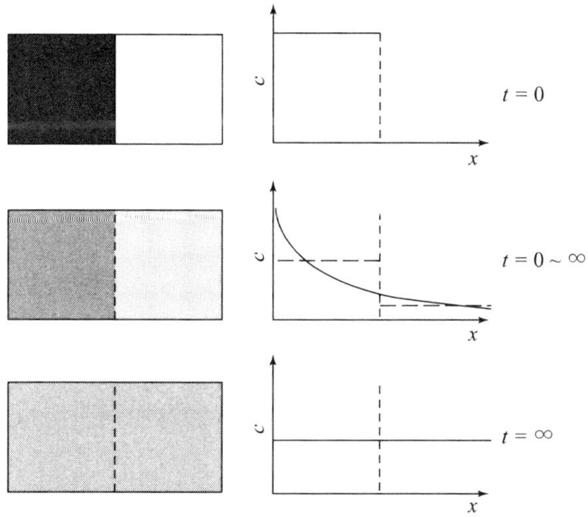

그림 4.3 수조의 농도변화

므로 확산흐름(diffusive flow)이라고도 한다. 완전혼합시스템에서 침강되는 부분과 같이 식 (4.5)를 다시 쓸 수 있으며

$$V_1 \frac{dc_1}{dt} = v_d A\,(c_2 - c_1) \tag{4.6}$$

여기서, v_d는 D/l 로 확산물질이동계수(diffusion mass-transfer coefficient) [LT^{-1}]라 하며 침강에서와 같이 속도의 차원을 갖는다. 실제 수계에서는 혼합거리를 산정하기 어려우므로 식 (4.6)이 보다 유용하며 수학적인 편리함 등으로 식 (4.5)를 일반적으로 많이 사용한다. D로 표시된 확산계수는 E로 표현하여 쓰기도 한다.

나. 호수의 내포(內浦)

그림 4.4와 같이 큰 호수에 작은 호수 즉, 만(bay)이 내포되어 있는 경우 각 호수를 완전혼합시스템으로 가정하여 해석할 수 있으며 여기에 각 호수의 농도차이에 의한 확산이 고려가능하나.

각 시스템의 물질수지방정식은 반응만을 고려할 경우 다음과 같다.

$$V_1 \frac{dc_1}{dt} = W_1 - Q_1 c_1 - k_1 V_1 c_1 + Q_2 c_2 + \acute{E}(c_2 - c_1) \tag{4.7}$$

$$V_2 \frac{dc_2}{dt} = W_2 - Q_2 c_2 - k_2 V_2 c_2 + \acute{E}(c_1 - c_2) \tag{4.8}$$

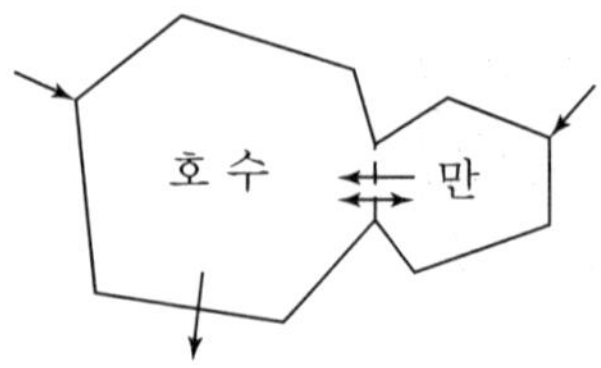

그림 4.4 호수의 내포

주의해야할 점은 용적확산계수를 포함한 확산의 표현으로 식 (4.5)가 그대로 적용되고 있으며 용적확산계수 $\acute{E}$는 EA_c/l로 A_c는 호수와 내포된 만이 만나는 접촉 면적이다. 아래첨자 1 및 2는 호수 및 내포된 만(bay)을 의미한다.

Exercise 4.1 확산계수

다음과 같은 특성을 갖는 Huron 호수와 내포된 Saginaw 만 사이의 용적확산계수를 계산하라.

	Huron	Saginaw
체적 (10^9 m^3)	3,507	8
평균깊이 (m)	60.3	5.81
유출 유량 (10^9 m^3/yr)	161	7
염화물(chloride) 농도 (g/m^3)	5.4	15.2
염화물 부하량(10^9 g/yr)		353
인 부하량 (10^{12} mg/yr)	4.05	1.42

Solution

보전성 물질인 염화물에 대한 Saginaw 만에서의 물질수지방정식은 다음과 같다.

$$V_2\frac{dc_2}{dt} = W_2 - Q_2c_2 + \acute{E}(c_1 - c_2)$$

용적확산계수는 다음과 같이 얻어지며

$$\acute{E} = \frac{W_2 - Q_2c_2}{c_2 - c_1} = \frac{353\times10^9\,\mathrm{g/yr} - 7\times10^9\,\mathrm{m^3/yr}\cdot15.2\,\mathrm{g/m^3}}{(15.2-5.4)\ \mathrm{g/m^3}} = 25.16\times10^9\,\mathrm{m^3/yr}$$

참고로 Huron 호수와 Saginaw 만이 만나는 접촉 면적이 0.17×10^6 m^2라면 확산물질이동계수는 다음과 같이 산정된다.

$$v_d = \frac{\acute{E}}{A_c} = \frac{25.16\times10^9\,\mathrm{m^3/yr}}{0.17\times10^6\,\mathrm{m^2}} = 1.48\times10^5\,\mathrm{m/yr}$$

Exercise 4.2 인의 농도

예제 4.1의 조건에서 인의 침강속도(인은 부유물질에 흡착하여 중량이 증가하면 퇴적층으로 침강)가 10 m/yr일 때 다음을 계산하라.

a) 각 호수로 유입하는 인의 농도

b) 정상상태에서의 인의 농도

Solution

a) Huron 호수로 유입하는 인의 농도를 구하기 위하여 먼저 유입유량을 파악한다. 두 호수의 물수지방정식에서 유입 유량이 계산되며

$$Q_{1,in} = Q_1 - Q_2 = 161\times10^9\,\mathrm{m^3/yr} - 7\times10^9\,\mathrm{m^3/yr} = 154\times10^9\,\mathrm{m^3/yr}$$

각 호수의 인 유입농도는 다음과 같다.

$$c_{1,in} = \frac{4.05\times10^{12}\,\mathrm{mg/yr}}{154\times10^9\,\mathrm{m^3/yr}} = 26.30\,\mu\mathrm{g/L}$$

$$c_{2,in} = \frac{1.42\times10^{12}\,\mathrm{mg/yr}}{7\times10^9\,\mathrm{m^3/yr}} = 202.86\,\mu\mathrm{g/L}$$

이로부터 Saginaw 만의 유입농도가 Huron 호수의 유입농도보다 큼을 알 수 있다.

b) 식 (4.7) 및 (4.8)에서 침강만을 고려한 정상상태의 물질수지방정식은 다음과 같다.

$$(Q_1 + vA_1 + \acute{E})c_1 - (Q_2 + \acute{E})c_2 = W_1$$

$$-\acute{E}c_1 + (Q_2 + vA_2 + \acute{E})c_2 = W_2$$

모든 계수를 대입하여 호수 및 만의 농도를 계산하면 다음과 같으며 이로부터 Saginaw 만의 농도는 Huron 호수 농도의 약 5배에 달하는 것으로 파악된다.

$$c_1 = 6.72\,\mu\mathrm{g/L}$$

$$c_2 = 34.60\,\mu\mathrm{g/L}$$

4.1.3 이산(dispersion)

오염물질이 퍼져나가는데 설명가능한 또 하나의 물리적 용어인 분산 또는 이산(dispersion)은 위에서 언급한 확산과 다르게 어떤 지점에서 유속의 차이에 의하여 발생하는 기작 즉, 이송-확산이다. 예를 들어 관망의 경우 관의 중심과 관의 벽에 가까운 곳에서의 유속분포는 매우 다르게 나타나며 이는 난류의 유속분포에 대한 7승근법칙(seventh root law)으로 표현된다.

$$\frac{u}{u_c} = \left(\frac{y}{R}\right)^{1/7} \tag{4.9}$$

여기서, u_c는 관 중심에서의 유속 [LT^{-1}], y는 관벽으로부터의 거리 [L] 및 R은 관의 반경 [L] 이다. 이와 같은 유속의 차이 또는 전단(shear)으로 인한 이산은 흐름의 크기가 상대적으로 강한 강이나 해안에서 마찰력에 의해 야기된다.

그림 4.5는 오염물질의 충격유입에 의한 하천에서의 이송-확산을 유속이 일정한 이상적인 경우와 실제의 경우에 대하여 보여주고 있다. 그림에 보이듯이 실제 유속분포에 의한 오염물 거동은 농도 차이 및 난류에 의한 확산과 함께 유속 차이에 의한 확산이 더욱 발생하여 하천변을 따른 오염물 분포가 이상적인 경우보다 넓게 나타나며 하천과 육지가 만나는 부분보다 하천의 중심부분에서 확산 폭이 넓어진다. 그림 4.6은 확산계수 값의 일반적 범위를 나타내고 있다.

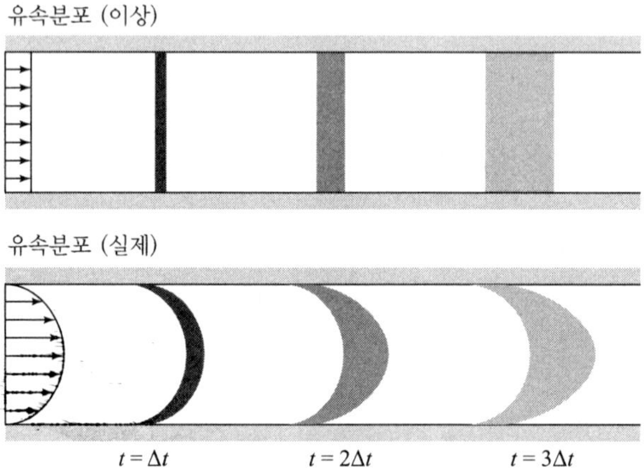

그림 4.5 충격유입에 의한 하천에서의 이송–확산

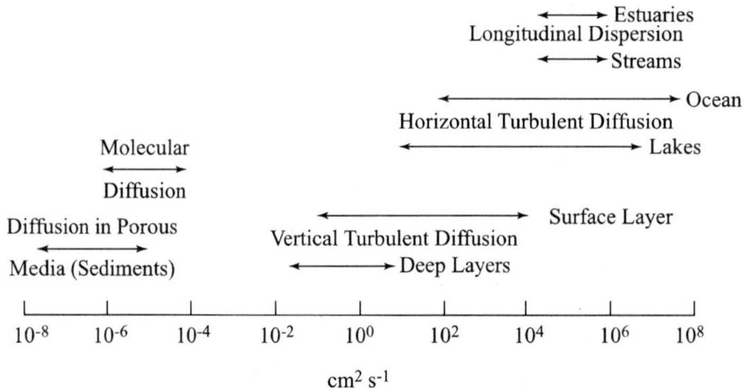

그림 4.6 확산계수의 일반적 범위

이산은 마찰에 의한 영향이 큰 단기간의 오염물 이송에서는 필히 고려해 주어야 하지만 마찰에 의한 영향이 작은 시스템에서 장기간에 걸친 오염물의 거동은 난류확산에 의하여 오염물이 주로 퍼져 나간다. 따라서 본 서(書)에서는 강 및 하구해석에 난류확산만을 고려하며 이를 통하여 적절한 수질관리를 강구한다. 이산 및 확산에 대한 보다 상세한 설명은 고위 학습과정으로 미룬다.

4.2 불완전혼합시스템 (정상상태)

4.2.1 이상반응기(ideal reactors)

그림 4.7과 같은 횡방향으로 완전히 혼합되는 이상적인 반응기에서 미소구간 Δx에서의 물질수지방정식은 다음과 같다.

$$\Delta V\frac{\partial c}{\partial t} = J_{in}A - J_{out}A - 반응 \qquad (4.10)$$

여기서, ΔV는 미소체적($A \times \Delta x$) [L^3], A는 반응기의 단면적 [L^2], J_{in} 및 J_{out}은 미소체적에 유입 및 유출되는 물질 흐름양 [$ML^{-2}T^{-1}$]이다.

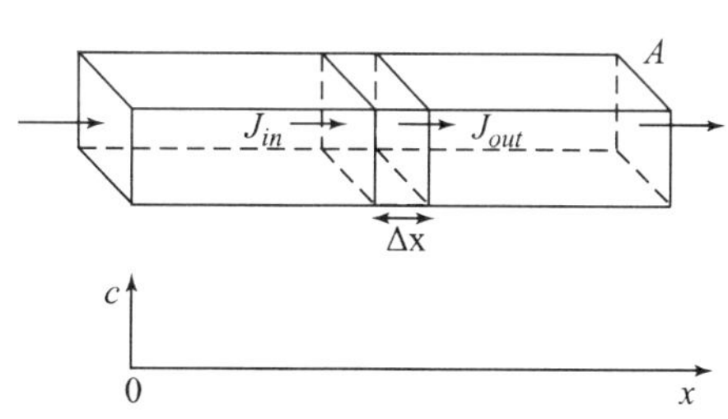

그림 4.7 이상적인 직사각형반응기

가. 플러그흐름반응기(PFR : Plug Flow Reactor)

플러그흐름이란 어떤 물질이 확산현상 없이 단지 물의 흐름기작인 이송에 의하여 이동하는 것으로 보전성 물질의 경우 다음 그림에 보이듯이 반응기에 유입된 오염물질 형태가 그대로 유지되면서 반응기 안에서 흘러간다.

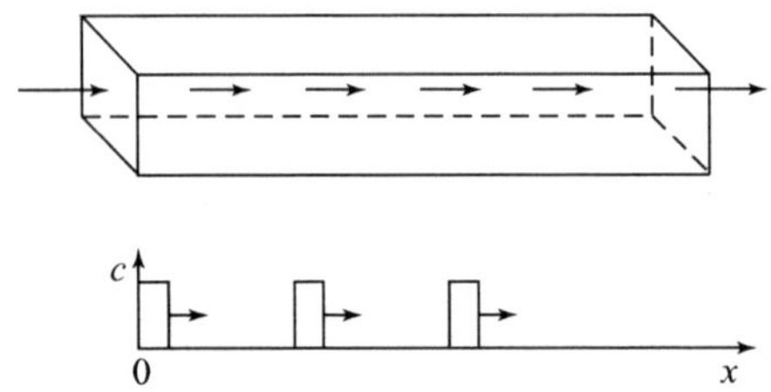

그림 4.8 플러그흐름반응기

플러그흐름반응기에서 미소체적에 대한 유입 질량흐름양은 다음과 같으며

$$J_{in} = Uc \tag{4.11}$$

여기서, U는 속도 [LT^{-1}]이다. 유출 질량흐름양은 Taylor 급수에서 고차항을 제외한 1차 근사하여 다음과 같이 쓸 수 있다.

$$J_{out} = U\left(c + \frac{\partial c}{\partial x}\Delta x\right) \tag{4.12}$$

어떤 물질이 1차 반응을 따르면 다음과 같고

$$\text{반응} = k\Delta V\bar{c} \tag{4.13}$$

여기서, $\bar{c}$는 미소체적 안에서의 평균농도이다. 식 (4.11), (4.12) 및 (4.13)을 식 (4.10)에 대입하면 다음으로 주어지고

$$\Delta V\frac{\partial c}{\partial t} = UAc - UA\left(c + \frac{\partial c}{\partial x}\Delta x\right) - k\Delta V\bar{c} \tag{4.14}$$

이 식의 양변을 ΔV로 나누고 Δx를 극한을 취하면($\Delta x \to 0$) 다음식이 얻어진다.

$$\frac{\partial c}{\partial t} = -U\frac{\partial c}{\partial x} - kc \tag{4.15}$$

정상상태($\partial c/\partial t = 0$)에서 식 (4.15)는 다음과 같이 쓸 수 있으며

$$\frac{dc}{dx} + \frac{k}{U}c = 0 \tag{4.16}$$

여기서, $x = 0$에서 $c = c_0$이면 이 식의 해는 다음과 같이 주어진다.

$$c = c_0 e^{-\frac{k}{U}x} \tag{4.17}$$

식 (4.17)은 정상상태의 해로 시간에 대한 농도변화가 없는 상태에서(농도가 일정) 공간에 대한 농도변화를 파악할 수 있으며 거리 x를 속도 U로 나눈 x/U는 시간 t의 의미를 갖으나 식 (4.17)에 나와 있는 x/U는 시간에 대한 변화가 없는 정상상태의 해에서 얻어진 표현이므로 실제 시간 t가 아닌 가상의 시간 t^*로 x/U를 표현하여 이를 식 (4.17)에 대입하여 식 (2.14)와 유사하게 나타내기도 한다.

$$c = c_0 e^{-kt^*} \tag{4.18}$$

Taylor 급수(Taylor series)

Taylor 급수는 한 점에서의 함수 값과 다른 한 점에서의 도함수를 예측하는 방법을 제시하며 다음과 같이 주어진다.

$$f(x_{i+1}) = f(x_i) + f'(x_i)(x_{i+1} - x_i) + \frac{f''(x_i)}{2!}(x_{i+1} - x_i)^2 + \cdots + \frac{f^n(x_i)}{n!}(x_{i+1} - x_i)^n + \cdots$$

Taylor 급수는 오른편에 표시된 각 항을 한 항씩 더하여 살펴보면 이해가 쉽다. 예를 들어 급수의 첫 항으로만 표시된 식은 다음과 같고

$$f(x_{i+1}) \cong f(x_i)$$

이를 0차 근사(zero order approximation)라 하며 이는 새로운 점에서의 함수 값이 그 전의 값과 같음을 의미한다. 이 식은 근사되는 함수가 상수이면 완벽한 추정값을 제공한다. 만약 함수가 구간안에서 변한다면 더 좋은 추정값을 얻기 위하여 항을 추가한다.

$$f(x_{i+1}) \cong f(x_i) + f'(x_i)(x_{i+1} - x_i)$$

추가된 1차 항은 시작점에서의 기울기 $f'(x_i)$에 x_i와 x_{i+1}사이 구간을 곱하는 것으로 표현된다. 1차 근사(first order approximation)인 이 식은 근사되는 함수가 선형이면 완벽한 추정값을 제공하나 곡선과 같이 비선형으로 변하면 곡선변화를 반영하기 위한 고차 항을 다음과 같이 추가한다.

$$f(x_{i+1}) \cong f(x_i) + f'(x_i)(x_{i+1} - x_i) + \frac{f''(x_i)}{2!}(x_{i+1} - x_i)^2$$

이를 2차 근사(second order approximation)라 한다. 더욱 근사된 함수 값을 얻기 위하여 항을 계속 추가할 수 있으며 이와 같은 근사는 수치해석분야에서 중요한 부분을 차지하고 있다. Taylor 급수는 Taylor 정리(Taylor theorem)에서 출발한다.

Exercise 4.3 플러그흐름반응기

위에서 언급한 직사각형반응기($A = 10\text{ m}^2$, L(반응기 길이) $= 100$ m, $U = 100$ m/hr, $k = 2$ /hr, $c_0 = 1$ mg/L)에서 농도를 거리에 따라 나타내고 이 시스템을 2개 및 10개의 연속된 CSTR로 가정한 경우와 결과를 비교하라.

Solution

식 (4.17)에 주어진 값을 대입하면

$$c = 1e^{-\left(\frac{2}{100}\right)x} = e^{-0.02x}$$

$x = 25$ 및 75 m 에서의 농도는 다음과 같다.

$$c(25) = e^{-0.02(25)} = 0.607\text{ mg/L},$$

$$c(75) = e^{-0.02(75)} = 0.223\text{ mg/L}$$

연속된 CSTR의 경우 n번째 CSTR의 농도는 식 (3.9)와 같이 $c_n = \left(\frac{Q}{Q+kV}\right)^n c_0$이다.

2개의 CSTR로 가정한 경우 첫 번째 및 두 번째 반응기의 농도는 다음과 같이 계산되며

$$c(25) = \left(\frac{1{,}000}{1{,}000 + 2\times 500}\right)1 = 0.5\text{ mg/L}$$

$$c(75) = \left(\frac{1{,}000}{1{,}000 + 2\times 500}\right)^2 1 = 0.25\text{ mg/L}$$

마찬가지로 10개의 CSTR로 가정한 경우 $x = 25$ 및 75 m에서의 농도는 다음과 같다.

$$c(25) = \left(\frac{1{,}000}{1{,}000 + 2\times 100}\right)^3 1 = 0.579\text{ mg/L}$$

$$c(75) = \left(\frac{1{,}000}{1{,}000 + 2\times 100}\right)^8 1 = 0.233\text{ mg/L}$$

이상으로부터 CSTR의 개수가 증가하면 할수록 PFR에 근접함을 알 수 있다. 만약 CSTR의 개수를 무한대로 취하면 이 시스템은 PFR과 같아질 것이다.

x(m)	2개 CSTR	10개 CSTR	PFR
25	0.5	0.579	0.607
75	0.25	0.233	0.223

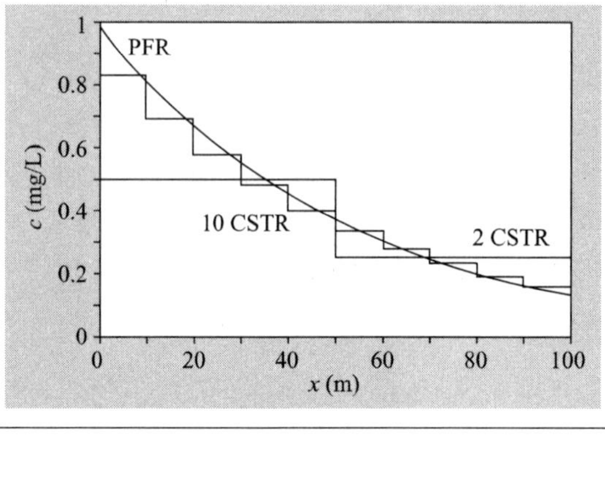

나. CSTR과 PFR의 성능 비교

CSTR과 PFR의 성능은 변환계수(transfer coefficient)를 이용하여 쉽게 비교할 수 있다. 1차 반응물질에 대한 정상상태의 CSTR의 농도는 다음과 같으며

$$c = c_{in}\left(\frac{Q}{Q+kV}\right) \tag{4.19}$$

변환계수는 유입농도와 유출농도의 비이므로 식 (4.19)로부터 다음과 같이 표현되며 이는 시스템의 성능효율(performance efficiency)로 간주할 수 있다.

$$\beta = \frac{c}{c_{in}} = \frac{Q}{Q+kV} \tag{4.20}$$

이 식 오른편의 분모 및 분자를 Q로 나누고 V/Q를 물의 체류시간 즉, τ로 대치한 후 체류시간에 대하여 정리하면 다음과 같다.

$$\tau = \frac{1}{k}\left(\frac{1-\beta}{\beta}\right) \tag{4.21}$$

CSTR의 경우와 마찬가지로 PFR의 변환계수를 다음과 같이 나타낼 수 있다.

$$\beta = \frac{c}{c_{in}} = e^{-\left(\frac{k}{U}\right)x} \tag{4.22}$$

반응기길이가 L인 PFR의 체류시간은 L/U이므로 윗 식을 다시 쓰면 다음과 같고

$$\beta = e^{-k\tau} \tag{4.23}$$

체류시간에 대하여 정리하면 다음 식을 얻는다.

$$\tau = \frac{1}{k}\ln\left(\frac{1}{\beta}\right) \tag{4.24}$$

따라서 식 (4.21)을 (4.24)로 나누면 다음과 같은 CSTR과 PFR의 성능을 비교할 수 있는 식이 유도된다.

$$\frac{\tau_{\mathrm{CSTR}}}{\tau_{\mathrm{PFR}}} = \left(\frac{1-\beta}{\beta}\right)/\ln\left(\frac{1}{\beta}\right) = \left(1-\frac{1}{\beta}\right)/\ln\beta \tag{4.25}$$

다음 그림은 이 식을 가시화하여 나타낸 것으로 1차 반응의 특성을 갖는 오염물질을 처리할 경우 같은 체적의 PFR 및 CSTR에서 PFR이 효율이 좋음을 알 수 있으며($\beta = 0.1$인

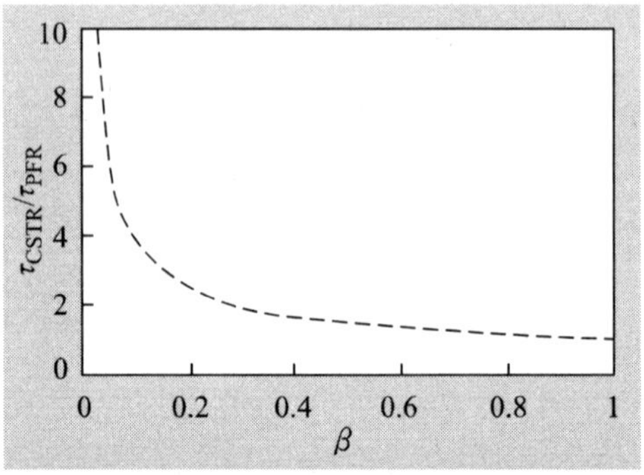

그림 4.9 CSTR과 PFR의 성능 비교

경우 τ_{CSTR}/τ_{PFR}은 약 4로 PFR에 비하여 CSTR의 체적이 약 4배 필요한 것으로 나타남), 이로부터 오염물을 분해하는 산화지 설계 시 플러그흐름반응기로 하는 이유가 설명가능하다.

다. 혼합흐름반응기(MFR : Mixed Flow Reactor)

혼합흐름이란 이송 및 확산기작 모두가 물질의 흐름에 관여하는 것으로 그림 4.10에 보이듯이 초기에 설정한 물질의 형태가 시간이 경과함에 따라 변하면서 이동한다. 플러그흐름반응기에서와 같이 혼합흐름반응기에서 미소체적에 대한 유입 및 유출 질량흐름양은 다음으로 표현된다.

$$J_{in} = Uc - E\frac{\partial c}{\partial x} \tag{4.26}$$

$$J_{out} = U\left(c + \frac{\partial c}{\partial x}\Delta x\right) - E\left[\frac{\partial c}{\partial x} + \frac{\partial}{\partial x}\left(\frac{\partial c}{\partial x}\right)\Delta x\right] \tag{4.27}$$

윗 두 식을 식 (4.10)에 대입하여 정리하면 다음식이 얻어지며

$$\Delta V\frac{\partial c}{\partial t} = -UA\frac{\partial c}{\partial x}\Delta x + EA\frac{\partial^2 c}{\partial x^2}\Delta x - k\Delta V\bar{c} \tag{4.28}$$

플러그흐름반응기에서와 같이 이 식의 양변을 ΔV로 나누고 Δx를 극한을 취하면 ($\Delta x \to 0$) 다음식이 얻어진다.

$$\frac{\partial c}{\partial t} = -U\frac{\partial c}{\partial x} + E\frac{\partial^2 c}{\partial x^2} - kc \tag{4.29}$$

정상상태($\partial c/\partial t = 0$)에서 식 (4.29)는 다음과 같이 쓸 수 있다.

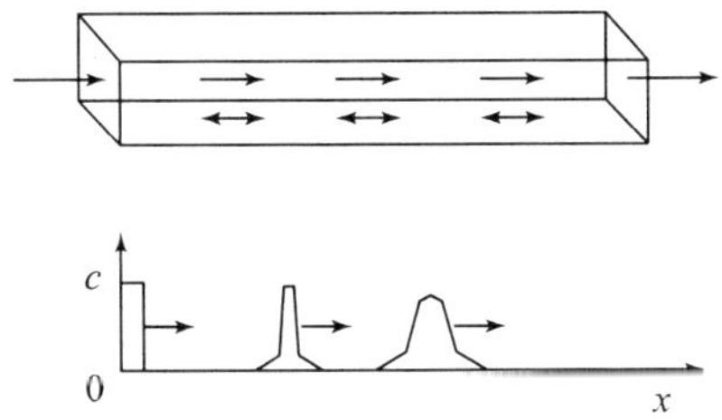

그림 4.10 혼합흐름반응기

$$0 = -U\frac{dc}{dx} + E\frac{d^2c}{dx^2} - kc \tag{4.30}$$

2계 제차 선형 상미분방정식(homogeneous linear second-order ordinary differential equation)인 위 식은 여러 방법으로 해석해를 구할 수 있는데 특성방정식(characteristic equation) 또는 보조방정식(auxiliary equation)을 이용하여 구하는 방법을 소개하면 다음과 같다. 이와 같은 방정식은 경험에 의하면 다음과 같은 형의 해를 갖는다.

$$c = e^{\lambda x} \tag{4.31}$$

이 식을 식 (4.30)에 대입하여 정리하면 다음과 같은 특성방정식이 얻어진다.

$$E\lambda^2 - U\lambda - k = 0 \tag{4.32}$$

λ의 값은 이 식으로부터 다음과 같으며

$$\begin{matrix}\lambda_1 \\ \lambda_2\end{matrix} = \frac{U}{2E}\left(1 \pm \sqrt{1 + \frac{4kE}{U^2}}\right) \tag{4.33}$$

식 (4.33)의 서로 다른 두 실근을 갖는 방정식의 해는 다음으로 얻을 수 있다.

$$c = Fe^{\lambda_1 x} + Ge^{\lambda_2 x} \tag{4.34}$$

여기서, F 및 G는 적분상수(constants of integration)이다. 이 적분상수는 반응기의 조건에 따라 결정되는 값으로 두 개의 미지수는 두 개의 독립된 방정식을 필요로 한다. 그림 4.7과 같은 반응기에서 두 개의 방정식은 경계조건(boundary conditions) 즉, 유입 및 유출 조건에 의해서 구할 수 있다. 유입입구에서 물질수지방정식은 다음과 같이 확산만을 고려하여 표현할 수 있으며

$$Qc_{in} = Qc(0) - EA\frac{dc(0)}{dx} \tag{4.35}$$

식 (4.34)를 식 (4.35)에 대입하여 정리하면 다음과 같은 식이 얻어진다.

$$(U - E\lambda_1)F + (U - E\lambda_2)G = Uc_{in} \tag{4.36}$$

또 다른 식은 반응기 끝 지점에서 농도변화가 없다는 가정하에 다음과 같은 농도구배가 존재하지 않는 식을 세울 수 있으며

$$\frac{dc(L)}{dx} = 0 \tag{4.37}$$

식 (4.34)를 식 (4.37)에 대입하여 정리하면 다음과 같은 두 번째 식이 얻어진다.

$$(\lambda_1 e^{\lambda_1 L})F + (\lambda_2 e^{\lambda_2 L})G = 0 \tag{4.38}$$

식 (4.36) 및 (4.38)로부터 적분상수값을 구하면 식 (4.39) 및 (4.40)과 같고 이 값을 식 (4.34)에 대입하면 정상상태에서의 농도 값을 구할 수 있다. 이와 같은 경계조건은 영국의 화공학자 P. V. Danckwerts가 제안하였으므로 Danckwerts 조건이라 한다.

$$F = \frac{Uc_{in}\lambda_2 e^{\lambda_2 L}}{(U - E\lambda_1)\lambda_2 e^{\lambda_2 L} - (U - E\lambda_2)\lambda_1 e^{\lambda_1 L}} \tag{4.39}$$

$$G = \frac{Uc_{in}\lambda_1 e^{\lambda_1 L}}{(U - E\lambda_2)\lambda_1 e^{\lambda_1 L} - (U - E\lambda_1)\lambda_2 e^{\lambda_2 L}} \tag{4.40}$$

그림 4.7의 반응기와는 다르게 열려있는 반응기(open reactor)에서 유입입구에서 물질수지방정식은 Danckwerts 조건과 같은 닫혀있는 반응기(closed reactor)와는 다르게 이송만이 고려되어 다음과 같은 표현이 가능하며

$$Qc_{in} = Qc(0) \tag{4.41}$$

식 (4.34)를 식 (4.41)에 대입하면 다음과 같은 식이 얻어진다.

$$F + G = c_{in} \tag{4.42}$$

유출지점의 경계조건은 Danckwerts 조건과 같이 농도구배가 존재하지 않는 상태를 고려하면 식 (4.38)이 유효하여 식 (4.38)과 식 (4.42)를 연립하여 풀면 다음과 같은 적분상수를 구할 수 있어 이 조건에서 정상상태 반응기의 농도를 파악할 수 있다. 이 조건에서 식 (4.43) 및 (4.44)로 주어지는 적분상수는 Danckwerts 조건에서 구한 적분상수 식 (4.39) 및 (4.40)에서 확산이 고려되지 않은 경우와 같음을 알 수 있다.

$$F = \frac{c_{in}\lambda_2 e^{\lambda_2 L}}{\lambda_2 e^{\lambda_2 L} - \lambda_1 e^{\lambda_1 L}} \tag{4.43}$$

$$G = \frac{c_{in}\lambda_1 e^{\lambda_1 L}}{\lambda_1 e^{\lambda_1 L} - \lambda_2 e^{\lambda_2 L}} \tag{4.44}$$

2계 제차 상미분방정식의 해

실수의 상수계수 a 및 b를 갖는 2계 제차 상미분방정식은 다음과 같은 형태를 취하며

$$\frac{d^2y}{dx^2} + a\frac{dy}{dx} + by = 0$$

특성방정식은 다음으로 표시된다.

$$\lambda^2 + a\lambda + b = 0$$

이 특성방정식의 해는 다음과 같으며

$$\begin{matrix}\lambda_1 \\ \lambda_2\end{matrix} = \frac{-a \pm \sqrt{a^2 - 4b}}{2}$$

분자에 있는 근호안의 부호에 따라 세 가지 경우로 구분된다. 따라서 주어진 미분방정식은 위와 같은 세 가지 경우에 따라 서로 다른 형태의 일반해를 갖는다.

경우 1 (서로 다른 두 실근 : $a^2 - 4b > 0$)

이 경우는 $\lambda_1 \neq \lambda_2$이므로 임의의 구간에서 두 근으로 주어지는 y_1 및 y_2는 기저를 형성하며 y_1/y_2가 상수가 되지 않는 1차 독립이므로 다음과 같은 일반해를 갖는다.

$$y = c_1 e^{\lambda_1 x} + c_2 e^{\lambda_2 x}$$ 여기서, c_1 및 c_2는 적분상수이다.

경우 2 (실수의 중근 : $a^2 - 4b = 0$)

이 경우 중근은 $\lambda = \lambda_1 = \lambda_2 = -a/2$이며 일반해는 다음과 같다.

$$y = (c_1 + c_2 x)e^{\lambda x}$$

경우 3 (두 공액복소근 : $a^2 - 4b < 0$)

두 공액복소근은 다음과 같이 쓸 수 있으며

$$\begin{matrix}\lambda_1 \\ \lambda_2\end{matrix} = -\frac{a}{2} \pm i\frac{\sqrt{4b - a^2}}{2} = \alpha \pm i\beta$$

일반해는 다음으로 주어진다.

$$y = e^{\alpha x}(c_1 \cos\beta x + c_2 \sin\beta x)$$

Exercise 4.4 혼합흐름반응기

예제 4.3에 주어진 반응기에서 확산계수(E)가 2,000 및 10,000 m^2/hr일 경우 혼합흐름반응기로 가정한 반응기 농도와 CSTR 및 PFR로 가정한 반응기 농도를 해석해를 이용하여 비교하라.

Solution

CSTR에서 농도 값은 식 (3.7)로 주어지고 다음으로 계산되며

$$c = \left(\frac{Q}{Q + kV}\right) c_0 = \left(\frac{1{,}000}{1{,}000 + 2 \times 1{,}000}\right) 1 = 0.333 \text{ mg/L}$$

각 경우에 해당하는 계수를 표로 정리하여 나타내면 다음과 같다.

x(m)	E= 0(PFR)	E=2,000	E=10,000	$E=\infty$(CSTR)
λ_1	∞	0.0653	0.02	0.0
λ_2	−0.02	−0.0153	−0.01	0.0
F	0	5.66×10^{-5}	0.0126	0.1667
G	1	0.7656	0.5063	0.1667

다음 그림은 각 경우의 거리에 대한 농도변화를 보여주고 있으며 확산계수가 증가하면 PFR은 CSTR에 근접하며 반대로 확산계수가 감소하면 CSTR은 PFR에 가까워짐을 나타낸다.

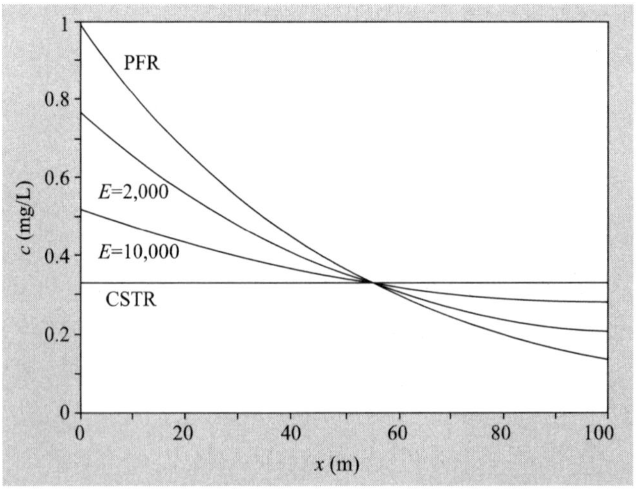

4.2.2 강에서 PFR의 이용 (PFR 모델)

가. 점오염원(point source)

오염물이 주로 이송(advection)에 의해서 이동하는 하천의 경우 농도는 식 (4.17)을 따르며 점오염원 유입에 의한 하천에서의 초기농도(c_0)는 다음 그림에서와 같이 유입되는 지점에서 완전혼합이 발생한다는 가정하에 물질수지방정식을 이용하여 구할 수 있다.

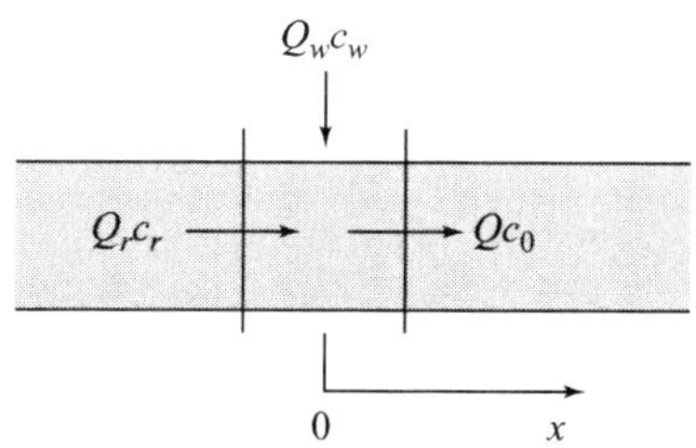

그림 4.11 플러그흐름에서 점오염원으로 인한 초기농도계산

그림 4.11과 같은 통제된 체적 안에서 완전한 혼합 즉, 수직 및 수평방향 농도가 일정하다면 다음과 같은 물질수지방정식을 세울 수 있으며

$$0 = Q_w c_w + Q_r c_r - (Q_w + Q_r) c_0 \tag{4.45}$$

초기농도는 다음과 같이 주어진다.

$$c_0 = \frac{Q_w c_w + Q_r c_r}{Q_w + Q_r} \tag{4.46}$$

Exercise 4.5 점오염원(하천)

1차 반응속도상수(k)가 0.8 /d인 오염물질이 다음과 같은 특성을 갖는 하천에 점오염원으로 유입될 경우 다음을 계산하라
($Q_r = 12\times10^6$ m³/d, $c_r = 1$ mg/L, $Q_w = 0.5\times10^6$ m³/d, $c_w = 400$ mg/L, $A = 2{,}500$ m²).

a) 완전혼합으로 가정한 하천의 초기농도
b) 점오염원 유입지점으로부터 8 km 유하지점의 하천농도

Solution

a) 식 (4.46)으로부터

$$c_0 = \frac{0.5\times 10^6(400)+12\times 10^6(1)}{0.5\times 10^6+12\times 10^6} = 16.96\ \mathrm{mg/L}$$

b) 하천의 평균유속은 다음과 같으며

$$U = \frac{Q}{A} = \frac{12.5\times 10^6}{2{,}500} = 5\ \mathrm{km/d}$$

식 (4.17)에 대입하여 $x = 8$ km 지점에서의 농도를 계산하면 다음과 같다.

$$c = 16.96\,e^{-\frac{0.8}{5}x} = 16.96\,e^{-\frac{0.8}{5}8} = 4.72\ \mathrm{mg/L}$$

나. 비점오염원(non-point source)

비점오염원의 하나인 균일 분산오염원(S_d, uniform distributed source)은 하천을 따라 유입하는 것으로 이를 그림으로 도시하면 다음과 같고 그림에 보이듯이 차원은 [$ML^{-3}T^{-1}$]이다.

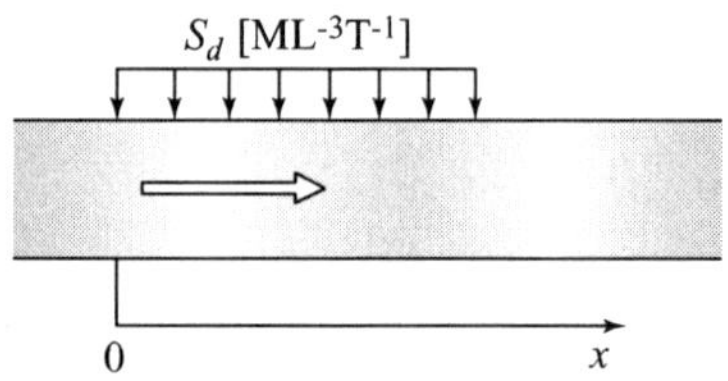

그림 4.12 균일 분산오염원

분산오염원을 플러그흐름에서 정상상태의 물질수지방정식에 연결하면 다음으로 주어지며

$$0 = -U\frac{dc}{dx} - kc + S_d \tag{4.47}$$

$x = 0$에서 $c = c_0$인 초기조건을 이용하면 다음의 해석해가 얻어진다.

$$c = c_0 e^{-\frac{k}{U}x} + \frac{S_d}{k}(1 - e^{-\frac{k}{U}x}) \tag{4.48}$$

Exercise 4.6 균일 분산오염원(하천)

예제 4.5의 조건을 갖는 하천에서 점오염원 이외에 균일 분산오염원이 유하지점 8 km부터 16 km까지 16 $g/m^3 \cdot d$로 유입될 때 유하지점 24 km 지점에서의 농도를 구하라. 단, 균일분산오염원 유입에 인한 하천의 유량증가는 무시할 정도로 작으며, 유하지점 8 km부터 24 km까지 하천의 단면적은 3,000 m^2로 확대된다.

Solution

8 km까지의 농도변화는 예제 4.5에서와 같은 식으로 변한다.

$$c = 16.96\, e^{-\frac{0.8}{5}x} \ \mathrm{mg/L}$$

8 km 이하의 구간에서 유속은 다음으로 변하며

$$U = \frac{Q}{A} = \frac{12.5\times 10^6}{3{,}000} = 4.167 \ \mathrm{km/d}$$

이 구간에서 농도변화는 식 (4.48)로 주어진다.

$$c = c_0 e^{-\frac{k}{U}x} + \frac{S_d}{k}(1 - e^{-\frac{k}{U}x}) = 4.72 e^{-\frac{0.8}{4.167}(x-8)} + \frac{16}{0.8}[1 - e^{-\frac{0.8}{4.167}(x-8)}]$$

윗 식으로부터 $x = 16$ km에서의 농도는 16.71 mg/L로 산정되며 이를 이용하여 24 km 지점에서의 농도가 다음과 같이 계산된다.

$$c = 16.71\, e^{-\frac{0.8}{4.167}(x-16)} = 16.71\, e^{-\frac{0.8}{4.167}(24-16)} \cong 3.60 \ \mathrm{mg/L}$$

다음 그림은 거리에 따른 농도변화를 보여주고 있으며 분산오염원이 유입하는 구간에서 해는 일반해와 특수해의 합으로 나타난다.

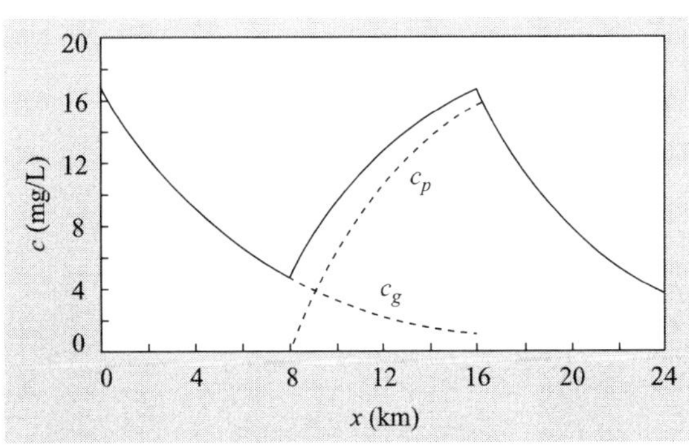

4.2.3 하구에서 MFR의 이용(MFR 모델)

가. 점오염원(point source)

하구에서는 이송과 확산에 의하여 오염물질이 이동하며 점오염원에 의한 하구의 농도변화는 MFR로 가정한 식 (4.34)로 해석가능하며 적분상수는 하구의 조건에 따라 결정된다. 그림 4.13과 같은 하구에서 일반해는 MFR에서 언급한 바와 같이 다음으로 주어진다.

$$c = Fe^{\lambda_1 x} + Ge^{\lambda_2 x} \tag{4.34}$$

여기서, $$\begin{matrix}\lambda_1 \\ \lambda_2\end{matrix} = \frac{U}{2E}\left(1 \pm \sqrt{1+\frac{4kE}{U^2}}\right) \tag{4.33}$$

다음에 주어진 경계조건을 윗 식에 대입하면

$$c = 0 \quad @ \quad x = -\infty \tag{4.49}$$

$$c = 0 \quad @ \quad x = \infty \tag{4.50}$$

다음과 같이 구간에 따라 두개의 식으로 나타낼 수 있다.

$$c_1 = c_0\, e^{\lambda_1 x} \quad @ \quad x \le 0 \tag{4.51}$$

$$c_2 = c_0\, e^{\lambda_2 x} \quad @ \quad x \ge 0 \tag{4.52}$$

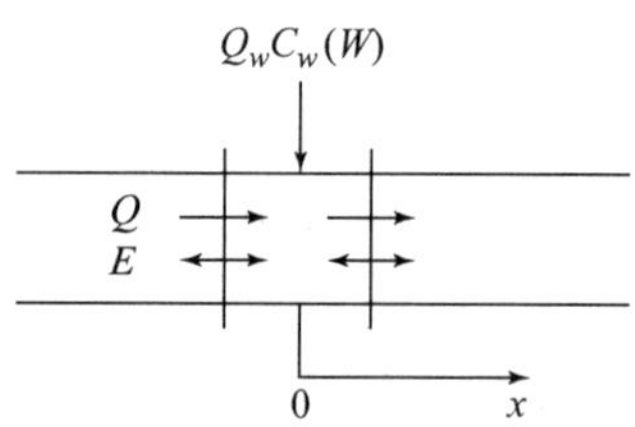

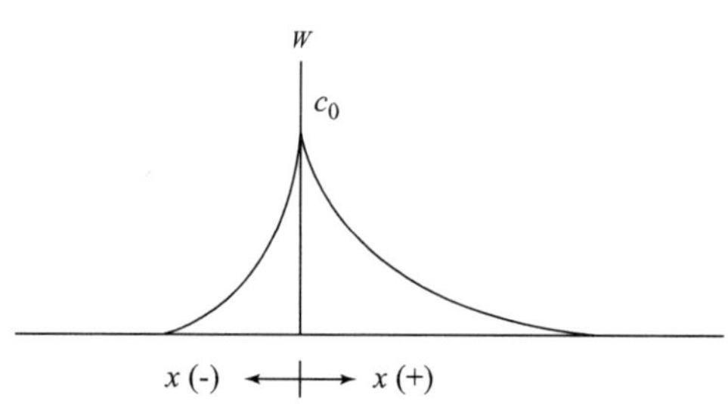

그림 4.13 혼합흐름에서 점오염원에 의한 농도 변화

초기농도 c_0는 하구에서 점오염원으로 인한 계획된 구간 안에서의 물질수지방정식을 이용하여 구할 수 있으며 오염부하량에 의한 하구의 유량변화가 무시할 정도이면 물질수지방정식은 다음과 같다.

$$W + Qc_1(0) - EA\frac{dc_1(0)}{dx} - Qc_2(0) + EA\frac{dc_2(0)}{dx} = 0 \tag{4.53}$$

식 (4.51) 및 (4.52)를 식 (4.53)에 대입하면 다음이 얻어지고

$$W + Qc_0 - EA\lambda_1 c_0 - Qc_0 + EA\lambda_2 c_0 = 0 \tag{4.54}$$

이 식을 정리하면 초기농도를 구할 수 있다.

$$c_0 = \frac{W}{Q}\frac{1}{\sqrt{1+\dfrac{4kE}{U^2}}} = \frac{W}{Q\alpha} \tag{4.55}$$

여기서, $\alpha = \sqrt{1+4kE/U^2}$ 이며 항상 1보다 큰 값을 가지므로 오염물 유입지점농도는 항상 W/Q보다 작을 것임을 알 수 있다. 관련된 식을 식 (4.51) 및 (4.52)에 대입하면 다음과 같이 하구에서의 농노식이 유도된다. 점오염원 유입 상류지역에서의 식 (4.56)의 지수는 점오염원 유입 하류지역에서의 식 (4.57)의 지수보다 크므로 그림 4.13과 같이 점오염원 유입 하류지역의 농도분포가 점오염원 유입 상류지역의 농도분포보다 급하게 나타날 것이다.

$$c = \frac{W}{Q\alpha} e^{\frac{U}{2E}(1+\alpha)x} \quad @ \quad x \le 0 \tag{4.56}$$

$$c = \frac{W}{Q\alpha} e^{\frac{U}{2E}(1-\alpha)x} \quad @ \quad x \ge 0 \tag{4.57}$$

1) 점오염원($E, k > 0$, $U = 0$)

흐름이 존재하지 않는($U = 0$) 하구에서 점오염원 유입에 의한 물질수지방정식은 식 (4.30)에서 이송항이 생략된 형태로 주어지며

$$0 = E\frac{d^2c}{dx^2} - kc \tag{4.58}$$

식 (4.58)의 특성방정식은 다음과 같고

$$E\lambda^2 - k = 0 \tag{4.59}$$

λ값은 다음으로 계산된다.

$$\begin{matrix}\lambda_1 \\ \lambda_2\end{matrix} = \pm\sqrt{\frac{k}{E}} \tag{4.60}$$

초기농도 c_0는 식 (4.54)에서 유량이 고려되지 않은 상태에서 구할 수 있으며 식 (4.51) 및 (4.52)의 농도식은 다음과 같이 표현된다.

$$c_1 = \frac{W}{A\sqrt{4kE}} e^{\sqrt{\frac{k}{E}}x} \quad @ \quad x \le 0 \tag{4.61}$$

$$c_2 = \frac{W}{A\sqrt{4kE}} e^{-\sqrt{\frac{k}{E}}x} \quad @ \quad x \ge 0 \tag{4.62}$$

식 (4.61) 및 (4.62)에서 농도분포는 오염물 유입지점에서 초기 농도 $c_0 = W/(A\sqrt{4kE})$를 최고점으로 하여 좌·우 대칭 형태로 나타남을 알 수 있다.

점오염원 유입(U=0)에서 초기농도

식 (4.61) 및 (4.62)에서 초기농도는 다음과 같이 표현가능하며

$$c_0 = \frac{W}{A\sqrt{4kE}} = \frac{W}{Q\left(\frac{1}{Q/A}\right)\sqrt{4kE}} = \frac{W}{Q\sqrt{\frac{4kE}{U^2}}} \tag{B4.1}$$

식 (B4.1)은 이송이 고려된 경우 초기농도 식 (4.55)와 유사하게 나타남을 알 수 있다. 일반적으로 이송을 고려하지 않으면 유량이 존재하지 않으므로 W, k 및 E가 동일한 조건에서 조차 식 (B4.1)과 식 (4.55)의 직접적인 비교는 불가능하다. 그러나 유속이 미미한($U \cong 0$) 하구 즉, 유량이 다소나마 존재하는 상태에서 식 (B4.1)로 주어지는 초기농도는 이송을 고려한 초기농도 식 (4.55)보다 다소 커질 것임을 알 수 있다.

2) 점오염원(E, $U > 0$, $k = 0$)

오염물질이 보전성이면 반응속도상수 $k = 0$이며 따라서 $\alpha = 1$이 되어 식 (4.56) 및 (4.57)은 다음과 같이 표현된다.

$$c = \frac{W}{Q} e^{\frac{U}{E}x} \quad @ \quad x \le 0 \tag{4.63}$$

$$c = \frac{W}{Q} \qquad @ \quad x \geq 0 \tag{4.64}$$

$\alpha = 1$이므로 초기농도 $c_0 = W/Q$는 비보전성 물질 초기농도 보다 커지고, 점오염원 유입 지점 하류 부분에서 농도는 일정하게 나타남을 알 수 있다. 하구 및 점 오염원 특성에 따른 하구에서의 오염물질 농도분포가 그림 4.14에 나타나 있다.

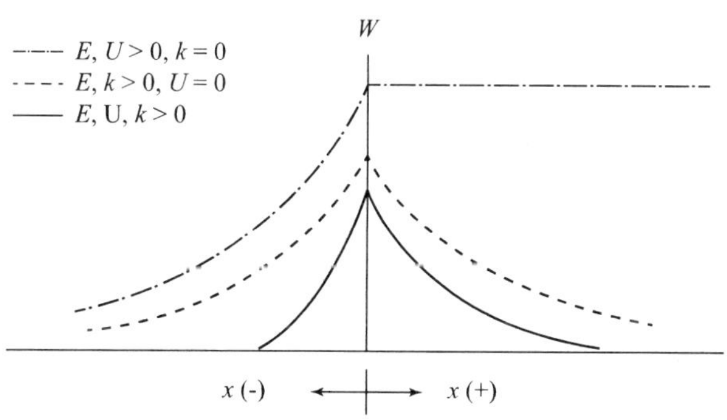

그림 4.14 하구에서의 농도 분포

한 개의 점오염원과 함께 다수의 점오염원이 지점을 달리하여 하구에 유입할 경우 해석해는 그림 4.13과 같이 나타나는 한 개의 점오염원에 대한 일반해를 각 점오염원에 대하여 적용하고 2장에서 언급한 중첩의 원리를 적용하면 구할 수 있다. 일반적으로 확산계수가 0에 접근하면 MFR 식이 PFR 식과 같아져야 하는데 이를 다음에 설명한다.

MFR의 PFR화 (확산계수 = 0)

확산계수가 0이면 식 (4.56) 및 (4.57)은 무한대의 값을 갖는다. 이는 의미가 없으므로 이를 해결하는 방안의 하나로 다른 근의 공식을 사용한다.
근의 공식의 또 다른 해는 다음과 같으며

$$x = \frac{-2c}{b \pm \sqrt{b^2 - 4ac}}$$

이 식을 식 (4.32)로 주어진 특성방정식에 적용하면 근을 구할 수 있으며

$$\begin{matrix}\lambda_1 \\ \lambda_2\end{matrix} = \frac{2k}{-U\left(1 \mp \sqrt{1 + \dfrac{4kE}{U^2}}\right)} = -\frac{k}{U}\left(\frac{2}{1 \mp \sqrt{\alpha}}\right)$$

하구에서 점오염원유입 하류지점에서의 농도식 (4.52)는 다음과 같이 주어진다.

$$c = \frac{W}{Q\alpha} e^{-\frac{k}{U}\left(\frac{2}{1+\sqrt{\alpha}}\right)x} \quad @ \ x \geq 0$$

확산계수(E)가 0이면 α가 1의 값을 갖고 따라서 위 식은 다음과 같이 표시되며 이 식은 PFR 식과 같음을 알 수 있다.

$$c = \frac{W}{Q} e^{-\frac{k}{U}x} \quad @ \ x \geq 0$$

Exercise 4.7 점오염원(하구)

다음과 같은 특성을 갖는 하구에 1차 반응속도상수(k)가 0.2 /d인 점오염원이 유입될 경우 오염물 유입지점의 농도가 10 g/m^{3}이 되기 위한 유입 오염부하량[kg/yr]을 계산하라. 그리고 동일 오염부하량이 유입되고 오염물이 1차 반응과 함께 침강속도(v) 1 m/d로 하강할 경우 유입지점 농도를 계산하라.

확산계수 (m^2/d)	80×10^6
유량 (m^3/d)	12×10^3
폭 (m)	0.5
깊이 (m)	8

Solution

하구의 평균유속은 다음과 같고

$$U = \frac{12 \times 10^3}{0.5 \times 8} = 3{,}000 \text{ m/d}$$

식 (4.55)를 사용하여 오염부하량을 계산한다.

$$W = Qc_0\sqrt{1 + \frac{4kE}{U^2}} = 12 \times 10^3 (10)\sqrt{1 + \frac{4(0.2)80 \times 10^6}{3{,}000^2}} = 341{,}760 \text{ g/d}$$

단위를 바꾸면 다음과 같다.

$$W = 341{,}760 \frac{\text{g}}{\text{d}} \frac{365 \text{ d}}{\text{yr}} \frac{\text{kg}}{10^3 \text{g}} = 124{,}742 \frac{\text{kg}}{\text{yr}}$$

식 (4.55)에 침강속도를 포함하여 오염물 유입지점 농도를 계산한다.

$$c_0 = \frac{W}{Q\sqrt{1 + \frac{4(k + \frac{v}{H})E}{U^2}}} = \frac{341{,}760}{12 \times 10^3 \sqrt{1 + \frac{4(0.2 + \frac{1}{8})80 \times 10^6}{3{,}000^2}}} = 8.04 \text{ g/m}^3$$

침강속도에 의해 오염물질 초기농도는 약 20% 감소하는 것으로 나타난다.

나. 비점오염원(non-point source)

정상상태의 하천에서 비점오염원을 고려한 식 (4.47)과 같이 정상상태의 하구에서 비점오염원을 고려한 식은 다음과 같다

$$0 = E\frac{d^2c}{dx^2} - U\frac{dc}{dx} - kc + S_d \tag{4.65}$$

식 (4.65)의 해석해는 상미분방성식의 경우와 같이 일반해와 특수해의 합으로 주어지며 해석해 유도과정의 복잡성으로 고위학습과정으로 미룬다.

4.3 불완전혼합시스템(비정상상태)

4.3.1 PFR 모델

플러그흐름에서 물질수지방정식은 앞에서 언급한 바와 같이 다음과 같고

$$\frac{\partial c}{\partial t} = -U\frac{\partial c}{\partial x} - kc \tag{4.15}$$

식 (4.15)는 다음의 두 상미분방정식과 동일하며

$$\frac{dc}{dt} = -kc \tag{4.66}$$

$$\frac{dx}{dt} = U \tag{4.67}$$

식 (4.66) 및 (4.67)의 해는 다음과 같다.

$$c = c_0 e^{-kt} \quad @ \quad t = x/U \tag{4.68}$$

해를 나음과 같이 다르게 표현하기도 한다.

$$c = c_0 e^{-\frac{k}{U}x} \quad @ \quad x = Ut \tag{4.69}$$

비정상상태의 해 식 (4.69)는 정상상태의 해 식 (4.17)과 유사하나 물리적인 의미는 다르다. 다음의 플러그흐름의 해에서 두 식의 물리적인 차이를 설명한다.

플러그흐름의 해

두 독립변수 x와 t의 함수인 오염물질(c)의 물질수지방정식은 전미분(total differential)으로 표현할 수 있다. 전미분 dc는 다음과 같이 쓸 수 있으며

$$dc = \frac{\partial c}{\partial t}dt + \frac{\partial c}{\partial x}dx$$

양변을 dt로 나누면 다음과 같다.

$$\frac{dc}{dt} = \frac{\partial c}{\partial t} + \frac{\partial c}{\partial x}\frac{dx}{dt}$$

흐름이 일정한 하천에서 상미분으로 표시되는 dx/dt은 유속(U)을 의미하며 이를 위 식에 대입하면 다음 식이 얻어진다.

$$\frac{dc}{dt} = \frac{\partial c}{\partial t} + \frac{\partial c}{\partial x}U$$

이 식의 물리적인 의미는 동력이 없는 배 즉, 하천의 흐름과 같이 흘러가면서 배에 앉아 시간에 대한 하천의 농도변화를 파악하는 것이라 할 수 있으며 이를 실도함수(substantial derivative : Dc/Dt)라 한다. 편미분으로 표시되는$\partial c/\partial t$의 의미는 하천의 어떤 고정된 지점에서의 시간에 대한 농도변화로 볼 수 있다.

이 식을 물질수지방정식 (4.15)에 대입하면 다음의 상미분방정식이 얻어지며 이 식의 해는 식 (4.68)과 같다.

$$\frac{dc}{dt} = -kc$$

이와 같이 편미분방정식을 상미분방정식으로 변환하여 해를 구하는 방법이 공학 분야에서 다양하게 이용되고 있다. 식 (4.68)에서 농도 변화는 $dx/dt = U$를 따라 파악하므로 이를 특성곡선(characteristic curve)이라 한다. 이 값이 일정하면 독립변수 x와 t의 평면에서 직선의 형태를 취하며 일정하지 않으면 곡선의 형태를 취하는데 후자의 물리적인 의미는 동력이 있는 배에 승선하여 자유자재로 움직이는 경우이다. 결론적으로 하천의 오염물질 농도는 동력이 없는 또는 동력이 있는 배의 흐름에 따라 변하게 된다.

Exercise 4.8 **플러그흐름**

보전성 오염물질 5 kg이 5분 동안 하천($A=10\ \text{m}^2$, $Q=2\ \text{m}^3/\text{s}$)에 충격유입(spill)될 경우 이 지점의 농도 및 하류 상수원수 취수지점 4.32 km까지 도달하는데 걸리는 시간을 구하라.

Solution

충격유입으로 인한 부하량은 다음과 같이 계산된다.

$$W_{\text{spill}}=\frac{5\,\text{kg}}{5\,\text{min}}\frac{1{,}000\,\text{g}}{\text{kg}}\frac{1{,}440\,\text{min}}{\text{d}}=1.44\times10^6\ \text{g/d}$$

$$Q=2\frac{\text{m}^3}{\text{s}}\frac{86{,}400\,\text{s}}{\text{d}}=0.1728\times10^6\ \text{m}^3/\text{d}$$

보전성 오염물질이 유입할 경우 α는 1이며 초기농도는 다음으로 계산된다.

$$c_0=\frac{W_{\text{spill}}}{Q}=\frac{1.44\times10^6}{0.1728\times10^6}=8.33\ \text{g/m}^3$$

유속은 $Q/A=0.2\ \text{m/s}$ 이므로 상수원수 취수지점까지 오염물질이 도달하는 시간은 다음과 같다.

$$t=\frac{4{,}320\,\text{m}}{0.2\,\text{m/s}}\frac{\text{hr}}{3{,}600\,\text{s}}=6\ \text{hrs}$$

6시간 후에 오염물이 도달하여 5분 후에 취수점을 모두 통과한다.

4.3.2 충격유입(순간유입)모델 (Spill Models)

충격유입(spill or dump)으로 인한 시스템의 응답은 다양한 물리 및 화학적인 조건(확산, 이송/확산, 이송/확산/반응)에 따라 다르게 나타난다.

가. 확산 (diffusion)

이송 및 반응이 없고 확산만 존재하는 시스템에서 물질수지방정식은 다음과 같다.

$$\frac{\partial c}{\partial t}=E\frac{\partial^2 c}{\partial x^2} \tag{4.70}$$

이 식의 해는 $x=0$인 지점에 충격유입이 있을 경우 이를 중심으로 종(鐘)의 형태를 취하는 다음 식으로 주어진다.

$$c(x,t) = \frac{M/A}{2\sqrt{\pi E t}} e^{-\frac{x^2}{4Et}} \tag{4.71}$$

여기서, M은 충격유입량 [M]이며 M/A는 면적부하(plane source) [ML^{-2}]이다. 식 (4.71)은 확률밀도함수와 비슷하며 확산정도를 나타내는 표준편차는 다음과 같이 주어진다.

$$\sigma = \sqrt{2Et} \tag{4.72}$$

정규확률밀도함수(normal probability density function)

평균이 μ이고 분산이 σ^2인 확률변수(random variable) X의 정규확률밀도함수는 다음과 같이 주어진다.

$$f(x) = \frac{1}{\sqrt{2\pi}\,\sigma} e^{-\frac{(x-\mu)^2}{2\sigma^2}} \qquad -\infty < x < \infty$$

따라서 이 식을 (4.71)과 비교하면 식 (4.72)와 같은 표준편차식이 얻어지며 X가 평균 μ로부터 $\pm\sigma$, $\pm 2\sigma$, $\pm 3\sigma$의 사이에 있을 확률은 다음과 같다.

$$P[\mu-\sigma \leqq X \leqq \mu+\sigma] = 68.27\%$$

$$P[\mu-2\sigma \leqq X \leqq \mu+2\sigma] = 95.45\%$$

$$P[\mu-3\sigma \leqq X \leqq \mu+3\sigma] = 99.73\%$$

정규확률밀도함수의 분포함수(distribution function)는 다음과 같다.

$$F(x) = \int_{-\infty}^{\infty} \frac{1}{\sqrt{2\pi}\,\sigma} e^{-\frac{(x-\mu)^2}{2\sigma^2}} dx = 1$$

정규분포는 이산형확률분포인 이항분포(binomial distribution)에서 시행횟수를 무한히 취할 때에 나타난다.

정규확률밀도함수를 새로운 변수 즉, 표준확률변수(standarized random variable) Z를 사용하여 나타나는 평균 $\mu=0$이고 분산 $\sigma^2=1$인 표준정규확률밀도함수(standarized normal probability density function)는 다음으로 주어진다.

$$f(z) = \frac{1}{\sqrt{2\pi}} e^{-\frac{z^2}{2}} \qquad -\infty < z < \infty$$

여기서, 확률변수와 표준확률변수와의 관계는 다음으로 표시된다.

$$Z = \frac{X-\mu}{\sigma}$$

나. 이송/확산(advection/diffusion)

반응이 없고 이송 및 확산이 존재하는 시스템에서 물질수지방정식은 다음과 같다.

$$\frac{\partial c}{\partial t} = -U\frac{\partial c}{\partial x} + E\frac{\partial^2 c}{\partial x^2} \tag{4.73}$$

이 식의 해는 확산만을 고려한 경우와 같이 $x=0$인 지점에 충격유입이 있을 경우 다음과 같다.

$$c(x,t) = \frac{M/A}{2\sqrt{\pi E t}}\, e^{-\frac{(x-Ut)^2}{4Et}} \tag{4.74}$$

이 식의 평균 μ는 Ut이고 표준편차 σ는 확산의 경우와 같이 $\sqrt{2Et}$ 임을 알 수 있다.

다. 이송/확산/반응(advection/diffusion/reaction)

이송, 확산 및 반응이 모두 존재하는 시스템에서 물질수지방정식은 식 (4.29)와 같다.

$$\frac{\partial c}{\partial t} = -U\frac{\partial c}{\partial x} + E\frac{\partial^2 c}{\partial x^2} - kc \tag{4.29}$$

위의 경우와 같이 $x=0$인 지점에 충격유입이 있을 경우 이 식의 해는 다음과 같다.

$$c(x,t) = \frac{M/A}{2\sqrt{\pi E t}}\, e^{-\frac{(x-Ut)^2}{4Et} - kt} \tag{4.75}$$

충격유입으로 인한 하구의 비정상상태 응답은 주어진 조건에 따라 파악할 수 있으나 일정유입에 의한 비정상상태의 응답 즉, 해석해는 비점오염원 유입에 의한 정상상태 경우와 같이 해 유도과정의 복잡성으로 고위학습과정으로 미룬다.

Exercise 4.9 **이송/확산/반응**

예제 4.8에서 확산계수(E)가 0.2 m^2/s, 반응속도상수(k)가 1 /d일 때 이송/확산 및 이송/확산/반응 모두를 고려할 경우 농도의 변화를 파악하라. 단, 충격유입으로 인한 면적부하가 순간적으로 발생한다고 가정한다.

Solution

경우 1 : 이송/확산만 고려한 경우

$$c(x,t) = \frac{5\times 10^3/10}{2\sqrt{\pi(0.2)t}}\, e^{-\frac{(x-0.2t)^2}{4(0.2)t}}$$

경우 2 : 이송/확산/반응 모두를 고려한 경우

$$c(x,t) = \frac{5\times 10^3/10}{2\sqrt{\pi(0.2)t}}\, e^{-\frac{(x-0.2t)^2}{4(0.2)t}-t/86,400}$$

다음 표와 그림은 주어진 시간에서 거리에 따른 농도변화를 보여주고 있다. 이송/확산/반응 모두를 고려한 경우가 이송/확산만 고려한 경우보다 최고농도가 작으며 종형태의 면적도 작음을 알 수 있다.

경 우	최고 농도 (mg/L)		
	$t=3$ hrs	$t=6$ hrs	$t=9$ hrs
1	3.04	2.15	1.75
2	2.68	1.67	1.20

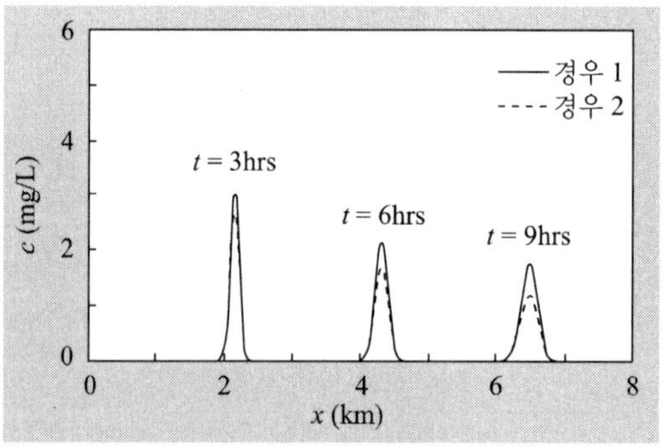

4.4 불완전혼합시스템의 수치해석

완전혼합시스템의 수치해석분야에서 언급한 것처럼 실제 수환경(비이상적인 오염부하량 유입, 계수의 변이, 복합시스템 및 비선형 반응 등)을 이상적인 상태로 가정하여 해석해로 분석하고 평가하는 것은 환경시스템의 포괄적 응답을 파악하는 장점은 있으나 미시적인 한계가 존재한다. 따라서 컴퓨터의 도움을 받아 실제적인 환경영향을 예측하고 효율적인 수질관리 방안을 모색하는 것은 환경적으로 건전하고 지속적인 발전을 가능하게 하는데 매우 필수적이다. 유한체적법 및 유한차분법의 두 가지 기본적인 수치해석법을 소개하면 다음과 같다.

4.4.1 유한체적법(control volume, finite segment, finite volume method) : 정상상태

유한체적법은 불완전혼합시스템을 구획화 또는 유한체적화하여 구획화한 각 부분을 완전혼합시스템으로 가정하여 해석하는 방법으로 블록 중심 방법(block centered method)이라고도 한다. 유한체적법은 학문 분야에 따라 다양하게 명명되고 있으며 그림 4.15는 유한체적법 적용을 위하여 시스템을 구획화한 것을 보여준다. 오염물질의 이송, 확산 및 반응을 고려한 유한체적 i에서의 물질수지방정식은 다음과 같다.

$$0 = W_i + Q_{i-1,i}c_{i-1,i} - Q_{i,i+1}c_{i,i+1} + \acute{E}_{i-1,i}(c_{i-1} - c_i) + \acute{E}_{i,i+1}(c_{i+1} - c_i) - k_i V_i c_i \tag{4.76}$$

여기서, $c_{i-1,i}$ 및 $c_{i,i+1}$은 유한체적이 경계하는 부분에서의 농도이다.

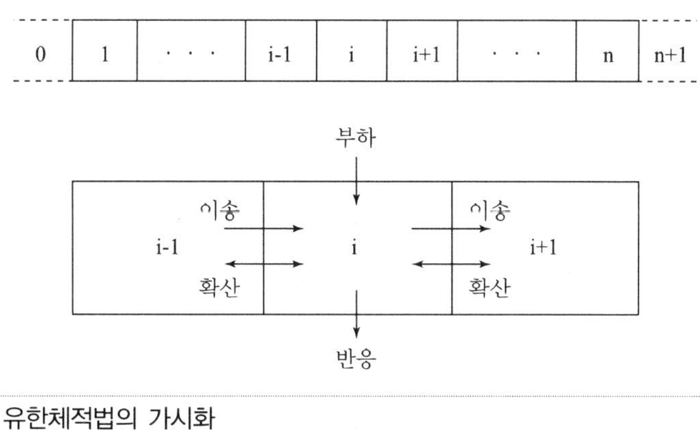

그림 4.15 유한체적법의 가시화

가. 후방차분법(backward difference method)

식 (4.76)에서 유한체적 경계면에서의 농도 $c_{i-1,i}$ 및 $c_{i,i+1}$은 c_{i-1}, c_i 및 c_{i+1}이외의 미지수이므로 계산의 편의를 위하여 후방에 위치한 값으로 대치하면 다음과 같은 표현이 얻어지며

$$0 = W_i + Q_{i-1,i}c_{i-1} - Q_{i,i+1}c_i + \acute{E}_{i-1,i}(c_{i-1} - c_i) + \acute{E}_{i,i+1}(c_{i+1} - c_i) - k_i V_i c_i \tag{4.77}$$

이를 정리하면 다음과 같은 식이 얻어진다.

$$-(Q_{i-1,i} + \acute{E}_{i-1,i})c_{i-1} + (Q_{i,i+1} + \acute{E}_{i-1,i} + \acute{E}_{i,i+1} + k_i V_i)c_i - (\acute{E}_{i,i+1})c_{i+1} = W_i \tag{4.78}$$

이를 다시 다음과 같이 선형대수방정식으로 나타낼 수 있으며 이를 후방차분법이라 한다.

$$a_{i,i-1}c_{i-1} + a_{i,i}c_i + a_{i,i+1}c_{i+1} = W_i \tag{4.79}$$

여기서,

$$a_{i,i-1} = -Q_{i-1,i} - \acute{E}_{i-1,i} \tag{4.80}$$

$$a_{i,i} = Q_{i,i+1} + \acute{E}_{i-1,i} + \acute{E}_{i,i+1} + k_i V_i \tag{4.81}$$

$$a_{i,i+1} = -\acute{E}_{i,i+1} \tag{4.82}$$

나. 경계조건(boundary conditions)

식 (4.79)로 표시된 식을 1부터 n까지 모든 유한체적에 대하여 적용하면 n개의 방정식이 세워지며 $n+2$개의 미지수가 연루되어 있다. 미지수의 값을 결정하기 위하여 2개의 방정식이 더 필요하며 경계조건에서 이 방정식들을 유도할 수 있다. 경계조건은 크게 농도를 지정하는 Dirichlet 조건과 농도의 구배를 지정하는 Neumann 조건으로 구분하며 이를 혼합하여 사용하는 Cauchy 조건이 있다. 그림 4.15에 있는 시스템 입구 유한체적에서의 물질수지방정식은 닫혀있는 반응기(closed reactor)의 경계조건 식 (4.35)와 같이 그림 4.16 (a)에서 얻을 수 있으며 이 조건을 적용하면 다음과 같다.

$$0 = W_1 + Q_{0,1}c_0 - Q_{1,2}c_1 + \acute{E}_{1,2}(c_2 - c_1) - k_1 V_1 c_1 \tag{4.83}$$

이 식은 식 (4.79)와 같은 표현으로 나타낼 수 있다.

$$a_{1,1}c_1 + a_{1,2}c_2 = \acute{W}_1 \tag{4.84}$$

여기서, $\acute{W}_1 = W_1 + Q_{0,1}c_0$ (4.85)

$$a_{1,1} = Q_{1,2} + \acute{E}_{1,2} + k_1 V_1 \tag{4.86}$$

$$a_{1,2} = -\acute{E}_{1,2} \tag{4.87}$$

입구 유한체적과 마찬가지로 출구 유한체적에서 물질수지방정식은 그림 4.16(b)의 경계조건을 대입하여 세울 수 있으며

$$0 = W_n + Q_{n-1,n}c_{n-1} - Q_{n,n+1}c_n + \acute{E}_{n-1,n}(c_{n-1} - c_n) - k_n V_n c_n \tag{4.88}$$

이 식을 정리하면 다음과 같다.

$$a_{n,n-1}c_{n-1} + a_{n,n}c_n = W_n \tag{4.89}$$

여기서, $a_{n,n-1} = -Q_{n-1,n} - \acute{E}_{n-1,n}$ (4.90)

$$a_{n,n} = Q_{n,n+1} + \acute{E}_{n-1,n} + k_n V_n \tag{4.91}$$

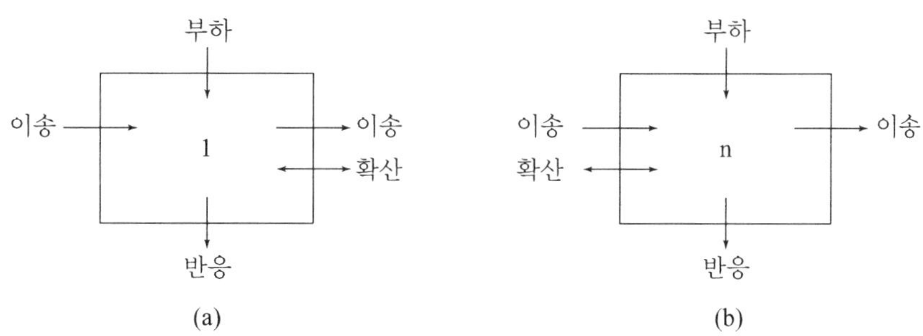

그림 4.16 입구 유한체적 경계조건 (a) 및 출구 유한체적 경계조건 (b)

입구 및 출구 유한체적에서 물질수지방정식들은 농도값이 연루되어 있으므로 Dirichlet 조건이 반영된 것이며 만약 경계에서 농도변화가 없는 즉, 도함수가 필요한 상태이면 이는 Neumann 조건으로 고려해 주어야 한다. 위에 언급한 선형대수방정식을 다음과 같이 행렬로 나타낼 수 있다.

$$[A]\{c\} = \{W\} \tag{4.92}$$

$$
\text{여기서,}\quad [\mathbf{A}] = \begin{bmatrix} a_{11} & a_{12} & 0 & \cdot & \cdot & \cdot & 0 \\ a_{21} & a_{22} & a_{23} & \cdot & \cdot & \cdot & 0 \\ 0 & a_{31} & a_{32} & a_{33} & \cdot & \cdot & 0 \\ & & & \vdots & & & \\ 0 & \cdot & \cdot & 0 & a_{n-1,n-2} & a_{n-1,n-1} & a_{n-1,n} \\ 0 & \cdot & \cdot & \cdot & 0 & a_{n,n-1} & a_{n,n} \end{bmatrix}
$$

$$
\{\mathbf{c}\} = \begin{Bmatrix} c_1 \\ c_2 \\ c_3 \\ \vdots \\ c_{n-1} \\ c_n \end{Bmatrix} \text{ 및 } \{\mathbf{W}\} = \begin{Bmatrix} W_1 \\ W_2 \\ W_3 \\ \vdots \\ W_{n-1} \\ W_n \end{Bmatrix} \text{ 이다.}
$$

[A]와 {W}에 관련된 모든 요소는 주어진 시스템의 조건에서 구할 수 있으며 {c}의 요소만이 미지수로 남는다. 따라서 n개의 {c} 미지수는 식 (4.92)의 n개의 방정식을 사용하여 구할 수 있다. 선형대수방정식을 푸는 다양한 수치방법이 적용가능하며 이에 대한 자세한 설명은 수치해석과목으로 미룬다.

다. 중앙차분법(centered difference method)

후방차분법은 유한체적 경계면에서의 농도 $c_{i-1,\,i}$ 및 $c_{i,\,i+1}$를 계산의 편의를 위하여 후방에 위치한 유한체적 농도 c_{i-1} 및 c_i로 대치한다. 이 방법이외에 유한체적 경계면에서의 농도를 인접해 있는 두개의 유한체적 농도의 산술평균으로 적용할 수 있다. 이를 중앙차분법이라 하고, 식 (4.76)을 중앙차분법으로 다시 쓰면 다음과 같고

$$
\begin{aligned} 0 = \;& W_i + Q_{i-1,i}\frac{c_{i-1}+c_i}{2} - Q_{i,i+1}\frac{c_i+c_{i+1}}{2} + \acute{E}_{i-1,i}(c_{i-1}-c_i) \\ & + \acute{E}_{i,i+1}(c_{i+1}-c_i) - k_i V_i c_i \end{aligned} \tag{4.93}
$$

이 식을 정리하면 식 (4.79)와 같이 주어진다.

$$
a_{i,i-1}c_{i-1} + a_{i,i}c_i + a_{i,i+1}c_{i+1} = W_i \tag{4.79}
$$

$$
\text{여기서,}\quad a_{i,i-1} = -\frac{Q_{i-1,i}}{2} - \acute{E}_{i-1,i} \tag{4.94}
$$

$$a_{i,i} = -\frac{Q_{i-1,i}}{2} + \frac{Q_{i,i+1}}{2} + \acute{E}_{i-1,i} + \acute{E}_{i,i+1} + k_i V_i \tag{4.95}$$

$$a_{i,i+1} = -\acute{E}_{i,i+1} + \frac{Q_{i,i+1}}{2} \tag{4.96}$$

Exercise 4.10 유한체적법의 이용

예제 4.3에서 ($A = 10\ \text{m}^2$, L(반응기 길이)$= 100$ m, $U = 100$ m/hr, $k = 2$ /hr, $c_0 = 1$ mg/L) 확산계수(E)가 2,000 m^2/hr일 때 유한체적법($n = 5$)으로 거리에 따른 농도변화를 파악하라.

Solution

해석해는 식 (4.34)로 주어지며 적분상수 및 특성치는 예제 4.4에 나와 있다.

$c = 5.66 \times 10^{-5} e^{0.0653x} + 0.7656 e^{-0.0153x}$

a) 후방차분법

주어진 시스템에서 유한체적법을 사용하여 나타나는 선형대수식은 다음과 같다.

$$\begin{bmatrix} 2400 & -1000 & 0 & 0 & 0 \\ -2000 & 3400 & -1000 & 0 & 0 \\ 0 & -2000 & 3400 & -1000 & 0 \\ 0 & 0 & -2000 & 3400 & -1000 \\ 0 & 0 & 0 & -2000 & 2400 \end{bmatrix} \begin{Bmatrix} c_1 \\ c_2 \\ c_3 \\ c_4 \\ c_5 \end{Bmatrix} = \begin{Bmatrix} 1000 \\ 0 \\ 0 \\ 0 \\ 0 \end{Bmatrix}$$

b) 중앙차분법

$$\begin{bmatrix} 1900 & -500 & 0 & 0 & 0 \\ -1500 & 2400 & -500 & 0 & 0 \\ 0 & -1500 & 2400 & -500 & 0 \\ 0 & 0 & -1500 & 2400 & -500 \\ 0 & 0 & 0 & -1500 & 1900 \end{bmatrix} \begin{Bmatrix} c_1 \\ c_2 \\ c_3 \\ c_4 \\ c_5 \end{Bmatrix} = \begin{Bmatrix} 1000 \\ 0 \\ 0 \\ 0 \\ 0 \end{Bmatrix}$$

해석해와 수치해를 비교하면 다음과 같다.

거리 (m)	c (mg/L) 후방차분	c (mg/L) 중앙차분	c (mg/L) 해석해
0			0.76563
10	0.60919	0.65338	0.65700
30	0.46206	0.48284	0.48401
50	0.35261	0.35748	0.35753
70	0.27476	0.26741	0.26760
90	0.22897	0.21111	0.21319
100			0.20441

이 표로부터 중앙차분법 해가 후방차분법 해보다 해석해에 더욱 가까움을 알 수 있다. 중앙차분법이 후방차분법 보다 해석해에 근접한 것은 오차의 크기가 상대적으로 작기 때문이며 이에 대한 자세한 설명은 수치해석과목으로 미룬다. 만약 유한체적의 수가 증가하면 수치해는 해석해에 점점 가까워 질 것이다.

4.4.2 유한차분법(finite difference method) : 비정상상태

유한차분법은 Taylor 급수에서 고차항을 절삭한 수학적 표현을 이용하여(일반적으로 1차 근사식을 주로 사용) 편미분방정식을 해석하는 방법으로 양해법(explicit method)과 음해법(implicit method)으로 크게 구분하며 해석이 비교적 간편한 양해법을 각 물리적 조건에 따라 소개하면 다음과 같다.

가. 확산

비정상상태에서 확산만을 고려한 식은 다음과 같다.

$$\frac{\partial c}{\partial t} = E\frac{\partial^2 c}{\partial x^2} \tag{4.97}$$

양해법에서 시간에 대한 도함수는 전방으로 유한차분화 하고 거리에 대해서는 중앙에서 유한차분화 하여 식 (4.97)로 주어지는 지배방정식을 근사화한다.

그림 4.17의 양해법 계산격자에서 시간 및 공간에 대한 도함수는 Taylor 급수에서 다음과 같이 근사화한다.

$$\frac{\partial c}{\partial t} \cong \frac{c_i^{n+1} - c_i^n}{\Delta t} \tag{4.98}$$

$$\frac{\partial^2 c}{\partial x^2} \cong \frac{c_{i+1}^n - 2c_i^n + c_{i-1}^n}{\Delta x^2} \tag{4.99}$$

여기에서 아래첨자는 공간계산 격자지점을, 위첨자는 시간계산 격자지점을 의미한다. 이 식들을 식 (4.97)에 대입하여 정리하면 다음 식이 얻어진다.

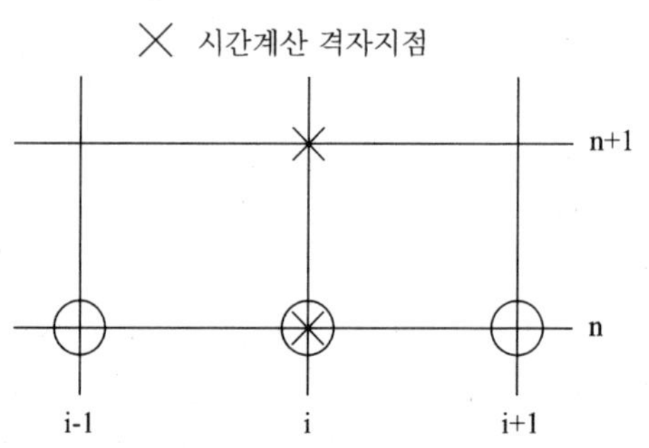

그림 4.17 양해법 계산격자

$$c_i^{n+1} = \lambda c_{i-1}^n + (1-2\lambda)c_i^n + \lambda c_{i+1}^n \tag{4.100}$$

여기서, $\lambda = E\Delta t / \Delta x^2$로 확산수(diffusion number)라 한다. 식 (4.100)의 의미는 기지의 값 즉, $t = n\,(t^n)$에서의 c를 이용하여 미지 $t = n+1(t^{n+1})$에서의 c값을 계산하게 됨을 말한다. 다시 말하여 t^n에서 세 지점의 농도 $c(c_{i-1}^n,\ c_i^n$ 및 $c_{i+1}^n)$가 t^{n+1}에서 하나의 농도 $c(c_i^{n+1})$ 계산을 위하여 사용된다. 확산수는 수치해의 안정성(stability)을 평가하는데 유용하게 사용된다. 안정성이란 계산이 진행되면서 오차가 증폭되지 않는 경우로 위와 같은 식 (4.100)에서 다음의 조건을 만족해야 한다.

$$\lambda < \frac{1}{2} \tag{4.101}$$

그러나 이러한 조건에서 오차는 증폭되지 않지만 진동(oscillation)하는 경우가 있어 $\lambda < 1/4$일 때 오차의 진동도 제거되는 것으로 알려져 있다. 식 (4.101)에 확산수를 대입하면 다음의 수치해 안정조건이 얻어진다.

$$\Delta t < \frac{1}{2}\frac{\Delta x^2}{E} \tag{4.102}$$

식 (4.102)를 만족하는 시스템에서 만약 Δx를 반으로 줄이면 Δt는 4분의 1로 줄어들어야 하므로 계산시간은 기존보다 8배가 늘어나며 이를 2차원 모델로 확장하면 16배의 계산시간이 필요하다. 이는 양해법의 단점으로 지적되지만 코딩하기에 매우 간편하므로 수질관리에 유용하게 쓰이고 있다. 식 (4.100)을 계산의 전영역에서 사용하기 위해서는 유한체적법에서와 같이 경계조건이 필요하다.

간단하게 음해법에 대하여 언급하면 공간에 대한 도함수를 기지의 값 이외에 미지의 값 또는 미지의 값만을 사용하므로 식 (4.100)과 같이 간단하게 해를 구할 수 없고 전 계산영역에 대한 식이 선형대수방정식으로 표현되어 유한체적법에서와 같이 여러 선형대수방정식을 푸는 방법을 동원하여야 한다.

나. 이송/확산

이송/확산식은 다음과 같다.

$$\frac{\partial c}{\partial t} = -U\frac{\partial c}{\partial x} + E\frac{\partial^2 c}{\partial x^2} \tag{4.103}$$

여기에서 1계 공간 도함수는 다음과 같이 쓸 수 있으며

$$\frac{\partial c}{\partial x} \cong \frac{c_{i+1}^n - c_{i-1}^n}{2\Delta x} \tag{4.104}$$

식 (4.98), (4.99) 및 (4.104)를 식 (4.103)에 대입하여 정리하면 다음식이 얻어진다.

$$c_i^{n+1} = (\lambda + \frac{u}{2}\frac{\Delta t}{\Delta x})c_{i-1}^n + (1-2\lambda)c_i^n + (\lambda - \frac{u}{2}\frac{\Delta t}{\Delta x})c_{i+1}^n \tag{4.105}$$

이 식도 해의 안정성을 위하여 다음의 안정조건이 만족되어야 한다.

$$u\frac{\Delta t}{\Delta x} < 1 \tag{4.106}$$

식 (4.106)의 좌편을 Courant 수(Courant number)라 한다. 음해법을 사용하면 대개 이러한 제약조건은 극복되지만 반복계산의 경우 오차가 누적되기도 한다.

2계 편미분방정식은 형태에 따라 타원(elliptic), 포물선(parabolic) 및 쌍곡선(hyperbolic)으로 구분되며 식 (4.97)과 같은 식은 포물선 형태를 취하고 식 (4.103)은 포물선 및 쌍곡선형태를 취한다. 식 (4.103)은 2개의 특성이 다른 형태가 관여하므로 일반적인 수치해법에서는 특별한 흐름 즉, 이송에 의한 오염물이동이 확산에 의한 것보다 크면서($u\Delta x/E > 10$) 급격한 경사를 갖는 오염물분포의 이동을 해석할 경우 경사의 시작과 끝지점에서 심한 진동이 계산된다. 실제 자연환경에서 이와 같은 현상은 오염물의 순간유입 등으로 자주 발생하므로 이를 해결하기위한 연구가 수치해석의 큰 분야를 이루고 있다. 참고로 $u\Delta x/E$를 Peclet 수(Peclet number : Pe, 이송과 확산의 비)라 하며 위와 같이 Pe > 10이면 PFR로 Pe < 0.1이면 CSTR로 가정할 수 있다.

유한차분법과 같이 유한체적법으로 비정상상태를 해석할 수 있다. 그림 4.15에서 양해법을 사용하여 중앙차분법으로 비정상상태의 물질수지방정식을 다시 쓰면 다음과 같다.

$$\begin{aligned} V_i\frac{c_i^{n+1} - c_i^n}{\Delta t} &= W_i + Q_{i-1,i}\frac{c_{i-1}^n + c_i^n}{2} - Q_{i,i+1}\frac{c_i^n + c_{i+1}^n}{2} \\ &+ E_{i-1,i}^{'}(c_{i-1}^n - c_i^n) + E_{i,i+1}^{'}(c_{i+1}^n - c_i^n) - k_i V_i c_i^n \end{aligned} \tag{4.107}$$

식 (4.105)와 같이 c_i^{n+1}에 대하여 정리할 수 있으며 현 시간에서의 기지의 값을 이용하여 전방 시간에서의 농도를 계산할 수 있다. 자세한 사항은 고위과정으로 미룬다.

제4장 연습문제

4.1 다음 그림과 같이 완전혼합을 가정할 수 있는 만이 수로를 통하여 무한히 넓은 바다와 연결되어 있고 제원은 다음과 같다. 만에 100 kg의 보전성물질이 $t = 0$ d에서 충격 유입되어 시간에 따른 농도변화가 다음과 같을 때 물음에 답하라.

t (d)	20	40	60	80	100	120
c (ppb)	32	29	23	20	17	16

	만	수로
길이(m)	1,000	100
폭 (m)	500	10
깊이(m)	5	2

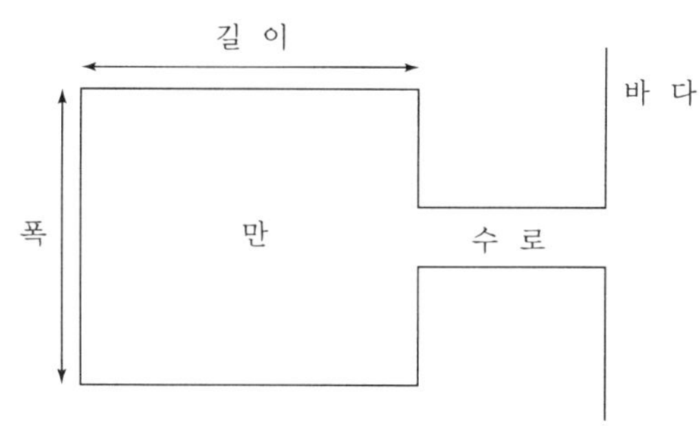

a) 만과 바다사이의 확산계수(m^2/d)는 얼마인가?

b) 만의 정상상태 농도가 1 ppm이 되기 위한 $k = 0.02$ /d인 반응성물질의 유입부하량 [kg/d]은 얼마인가? 단, 바다에서 보전성물질 및 반응성물질의 농도는 거의 무시할 수 있으며 수로에서의 체류시간은 만에서의 체류시간과 비교해 볼 때 또한 거의 무시할 수 있다.

4.2 다음 그림과 같이 하천에 연결된 호소에 $t = 0$에서 10 g의 보전성 오염물질이 순간유입될 경우 다음을 계산하라. 단, 강 및 수로는 플러그흐름으로 가정할 수 있으며 강 유량은 5,000 m^3/hr에서 2,000 m^3/hr가 호소로 분기하여 C지점에서 다시 5,000 m^3/hr가 되며, 수로의 제원은 폭(B) 2 m, 깊이(H) 1 m, 길이(L) 1 km이다. 호소는 완전혼합을 가정할 수 있으며 체적(V)은 2,000 m^3이다.

a) 시간에 따른 A, B 및 C지점에서의 농도변화($\mu g/L$, ppb)를 보여라.
b) C지점의 강의 농도가 10 ppb를 넘지 않기 위한 호소에서의 오염물질 순간유입양은 얼마인가?

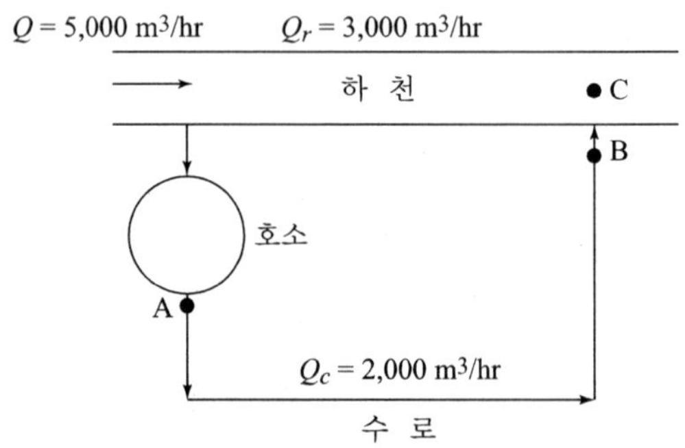

4.3 오염되지 않은 하천에 다음 그림과 같이 1 km 하천변을 따라 비점오염원 오염물질이 1.2 $kg/m^3 \cdot d$로 유입할 경우 20 km 하류지점에서의 오염물질농도를 계산하라. 단, 하천의 유량(Q) = 5 m^3/s, 단면적(A) = 25 m^2 및 반응속도상수(k) = 0.4 /d이다.

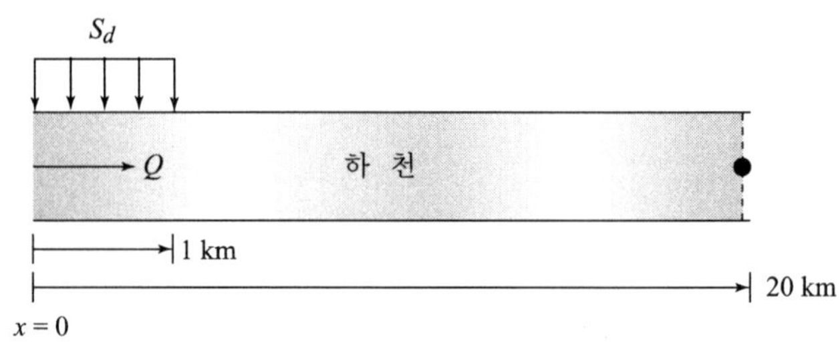

4.4 예제 4.10에서 유한체적을 10개($n = 10$)를 취하여 계산하고 유한체적 5개를 고려한 예제 4.10 및 해석해와 결과를 비교하라.

5
CHAPTER

하천(강)
(Stream ; River)

When some great sorrow, like a mighty river,
Flows through your life with peace-destroying power
And dearest things are swept from sight forever,
Say to your heart each trying hour:
"This, too, shall pass away."

When ceaseless toil has hushed your song of gladness,
And you have grown almost too tired to pray,
Let this truth banish from your heat its sadness,
And ease the burdens of each tring day:
"This, too, shall pass away."

When fortune smiles, and, full of mirth and pleasure,
The days are flitting by without a care,
Lest you should rest with only earthly treasure,
Let these few words their fullest import! bear:
"This, too, shall pass away."

When earnest labor brings you fame and glory,
And all earth's noblest ones upon you smile,
Remember that life's longest, grandest story
Fills but a moment in earth's little while:
"This, too, shall pass away."

Lanta Wilson Smith

5.1 수리학적 특성

5.1.1 유량 및 유속 측정

하천의 수리학적 특성(유량, 평균수심 및 평균유속 등)을 파악하는 것은 하천의 수질관리를 효과적으로 수행하기 위하여 기본적으로 필요하다. 이를 위해 여기에서 두 가지 방법을 소개한다.

가. 점측정법 (point estimates)

하천의 단면적 임의의 지점에서 유속을 조사하고 이를 기본으로 하천단면에 걸친 수리학적 특성을 계산하는 것으로 순서를 살펴보면 다음과 같다.

1. 단면적을 되도록이면 총 유량의 10% 이하가 흘러가는 구간으로 분할한다.
2. 각 지점의 수심을 측정한다.
3. 유속계(current meter)를 사용하여 각 지점의 유속을 측정한다.
4. 2 및 3번의 자료를 이용하여 수리학적 특성을 파악한다.

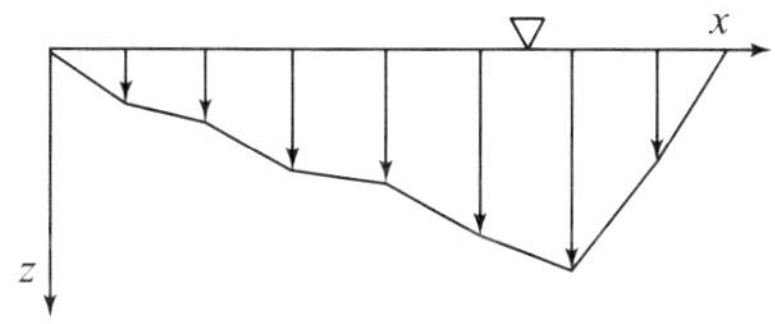

그림 5.1 점 측정법 (단면분할 및 유속측정)

그림 5.1은 점측정법을 가시화한 것으로 위의 3번에 언급된 유속측정 시 일반적으로 수심이 약 0.6 m (약 2 ft)보다 크면 2점법을, 작으면 1점법을 사용한다. 2점법은 수심의 20% 및 80% 되는 지점에서 유속을 재고 산술평균하여 그 지점의 평균유속으로 하는 것이며, 1점법은 수심의 60%지점(수면으로부터의 거리)의 유속을 평균유속으로 취하는 방법이다. 먼저 평균단면적은 다음과 같이 계산할 수 있으며

$$A_c = \int_0^B z(x)\,dx \tag{5.1}$$

여기서, B는 하천 폭 [L], A_c는 단면적 [L^2], x는 하천단면에 따른 거리 [L] 및 z는 수심 [L]이다. 식 (5.1)로 주어지는 단면적은 점측정법이 경우 수심자료를 사용한 수치적분으로 정확한 값이 아닌 근사 값으로 쉽게 산정할 수 있다. 수치적분방법은 여러 가지(사다리꼴 공식, Simpson의 1/3 공식 및 3/8 공식 등)가 있지만 자세한 설명은 수치해석과목으로 미룬다. 식 (5.1)을 사용하여 평균수심($\overline{z}$)을 얻을 수 있다.

$$\overline{z} = \frac{A_c}{B} \tag{5.2}$$

유량은 각 지점의 평균유속을 사용하여 다음과 같이 구하며

$$Q = \int_0^B \overline{U}(x)\,z(x)\,dx \tag{5.3}$$

단면적 전체에 걸친 평균유속은 다음 식으로 계산된다.

$$\overline{U} = \frac{Q}{A_c} \tag{5.4}$$

Exercise 5.1 하천의 수리특성계산

다음과 같이 하천 지점별 유속 자료를 유속계를 사용하여 얻었다. a) 면적, b) 평균수심, c) 유량 및 d) 평균유속을 계산하라.

x(m)	0	4	8	12	16	20
z (m)	0	0.4	1	1.5	0.2	0
$U_{0.2}$ (m/s)	0		0.2	0.3		0
$U_{0.6}$ (m/s)	0	0.05			0.07	0
$U_{0.8}$ (m/s)	0		0.12	0.2		0
$\overline{U}$ (m/s)	0	0.05	0.16	0.25	0.07	0
$\overline{U}z$ (m²/s)	0	0.02	0.16	0.375	0.014	0

Solution

a) 면적은 거리 x가 등구간이므로 Simpson의 1/3 및 3/8 공식을 사용하여 다음과 같이 구한다.

$$A_c = (8-0)\frac{0+4\times 0.4+1}{6} + (20-8)\frac{1+3(1.5+0.2)+0}{8} = 12.617\ \mathrm{m}^2$$

b) 평균수심은 식 (5.2)를 사용한다.

$$\bar{z} = \frac{12.617}{20} = 0.6308\ \mathrm{m}$$

c) 유량은 a)와 같이 Simpson의 1/3 및 3/8 공식을 사용하여 다음과 같이 구한다.

$$Q = (8-0)\frac{0+4\times 0.02+0.16}{6} + (20-8)\frac{0.16+3(0.375+0.014)+0}{8} = 2.3105\ \mathrm{m}^3/\mathrm{s}$$

d) 평균유속은 식 (5.4)를 사용하여 다음과 같이 얻어진다.

$$\overline{U} = \frac{2.3105}{12.617} = 0.1831\ \mathrm{m/s}$$

예제 5.1과 같이 하천의 정해진 지점에서 수리학적 특성을 구하고 다른 지점에서도 위와 같은 방법을 사용하여 유량 및 평균유속 등을 계산한다. 이를 하천의 길이를 따라 나타내면 수리학적 특성이 비슷한 구간을 설정할 수 있으며 각 구간에 대한 수리학적 특성 평균값을 결정할 수 있다.

나. 구간측정법(reach estimates)

구간측정법은 수심의 변화보다 하폭의 변화가 미미하여 구간의 수리학적 특성 변화를 무시할 수 있는 하천의 경우 간단하게 이용할 수 있는 방법으로 염료를 사용하여 다음과 같이 평균유속을 구한다.

$$\overline{U} = \frac{x}{t} \tag{5.5}$$

여기서, x는 구간길이 [L] 및 t는 염료의 도달시간 [T]이다. 구간 끝 지점에서 점측정법 또는 유량측정자료를 사용하여 단면적을 구하며

$$A_c = \frac{Q}{U} \tag{5.6}$$

평균수심은 점측정법과 같이 식 (5.2)로부터 구한다. 부표를 사용하여 평균유속을 산정할 경우 식 (5.5)는 다음과 같이 주어진다.

$$\overline{U} = \frac{x}{1.2t_{float}} \quad \text{또는} \quad \overline{U} = 0.8\frac{x}{t_{float}} \tag{5.7}$$

여기서, t_{float}는 부표의 도달시간 [T]이다. 일반적으로 얕은 하천의 경우 구간측정법이, 깊은 하천의 경우 점측정법이 주로 사용된다.

5.1.2 기준유량 또는 저유량

하천의 유량은 오염물질 유입부하량(W)과 하천수질(c) 사이의 관계를 나타내는 식 (1.9) 또는 (2.25)에서 환경용량으로 주어지는 매개변수 a의 구성성분의 하나로 수질과 반비례 관계가 있다. 따라서 하천의 유량을 정하는 것은 하천의 수질관리를 위하여 매우 중요하며 안전율을 반영한 보수적인 수질관리를 위하여 수질이 악화된 하천상태를 나타낼 수 있는 유량 조건, 즉 기준유량 또는 저유량을 정하여 단위유역별 오염부하량을 평가·할당하고 이를 근거로 다양한 수질관리 방안을 수립한다. 우리나라 수질오염총량관리제도의 경우 10년 평균 저수량(10년간의 저수량들을 평균한 유량)을 기준유량으로 사용한다.

미국은 통계학적 개념을 도입한 $7Q10$을 저유량으로 사용하는데 이는 10년간에 7일 평균최소유량(the minimum average 7-day flow once every 10 year)을 의미한다. $7Q10$을 획득하기 위해서는 먼저 모델링 대상지역의 임의의 지점에서 장기간에 걸친 7일 최소유량 자료가 매년 필요하다. 이 7일 최소유량자료를 작은 수치에서부터 큰 수치로 나열하고 순서(rank, m)를 매긴 후 누가확률(cummulative probability, p)을 다음과 같이 구한다.

$$p = \frac{m}{N+1} \tag{5.8}$$

여기시, N은 총 자료개수이다. 재현기간(recurrence interval, T)은 다음과 같이 계산된다.

$$T = \frac{1}{p} \tag{5.9}$$

확률지에 누가확률과 해당 7일평균최소유량을 표시하고 확률이 0.1(10%)일 때 즉, $T=10$년에서의 유량을 주어진 자료를 적합시킨 선형회귀식에서 구하면 이것이 $7Q10$이 되는 것이다. 확률변수와 누가확률을 선형그래프 용지에 나타내고 원하는 재현기간에 대한 확률변수

값을 얻을 수 있지만 회귀식을 구하는 것이 쉽지 않으므로 선형으로 회귀하기 위하여 확률지가 이용되며 이를 사용하면 선형회귀식으로 쉽게 적합하여 원하는 확률변수를 얻게 된다.

하천유량

저수량은 1년 동안 매일 측정한 하천의 수량 자료를 기준으로 1년 365일 중에서 275일(약 9개월 : 1년의 75%) 이상은 이 이하로 내려가지 않는 유량(Q_{275}), 갈수량은 1년 365일 중에서 355일 이상은 이 이하로 내려가지 않는 유량(Q_{355}), 평수량은 1년 365일 중에서 185일(약 6개월 : 1년의 50%) 이상은 이 이하로 내려가지 않는 유량(Q_{185}), 풍수량은 1년 365일 중에서 95일(약 3개월 : 1년의 25%) 이상은 이 이하로 내려가지 않는 유량(Q_{95}), 고수량은 매년 1~2회 나타나는 정도의 유량, 홍수량은 3~4년에 한 번 나타나는 정도의 유량, 최대 홍수량은 과거의 기록이나 기억에 의해 알려진 최대 유량, 최저 갈수량은 과거의 기록이나 기억에 의해 알려진 최저 유량 및 연평균 유량은 총 유출량을 연간 평균한 유량을 각각 의미한다.

우리나라 수질오염총량관리제도와 같은 미국의 TMDL(Total Maximum Daily Load)은 그림 B5.1과 같은 유량지속곡선(flow duration curve : 유황곡선)을 사용하여 유량을 구분한다. 유량지속곡선의 수평축은 유량지속 기간을, 수직축은 유량을 나타내며 유량지속 기간 0~10%는 고유량(high flow), 10~40%는 습기(moist conditions), 40~60%는 중간유량(mid-range flow), 60~90%는 건기(dry conditions), 90~100%는 저유량(low flow) 영역이다. 유량지속 기간 60%에 해당하는 유량은 총 기간 동안 발생하는 유량 가운데 대상 기간(유량지속 기간) 동안 발생하는 유량이 60% 이상임을 의미하며 유량지속 기간 75%에 해당하는 유량은 우리나라 수질오염총량관리제도의 저수량과 유사하다. 우리나라 저수량 조건은 유량지속곡선 건기의 중앙값(약 75%)에 해당하며, 평수량은 중간유량의 중앙값(약 50%), 풍수량은 습기의 중앙값(약 25%)에 해당함을 알 수 있다.

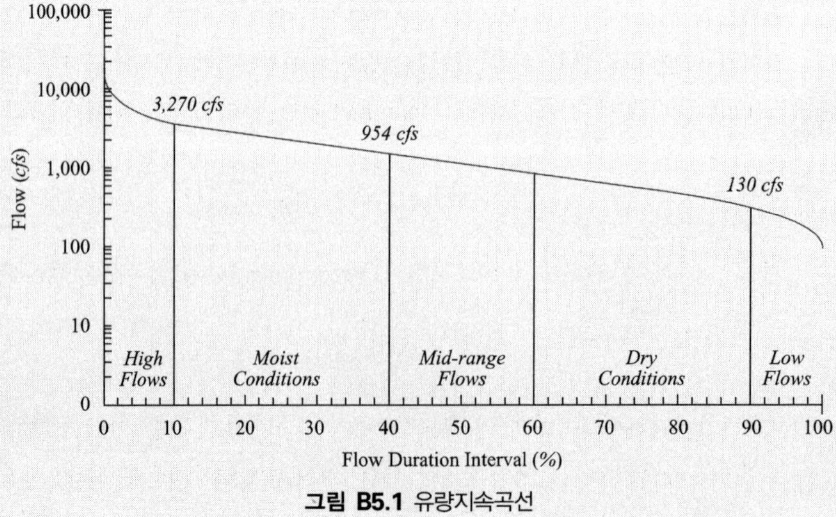

그림 B5.1 유량지속곡선

Exercise 5.2 7Q10의 계산

다음은 해당년도 7일 평균최소유량으로 이 자료를 사용하여 7Q10을 계산하라.

1971	1.72	1976	4.23	1981	4.48	1986	5.39
1972	3.03	1977	4.11	1982	3.03	1987	3.00
1973	2.76	1978	1.92	1983	2.84	1988	2.50
1974	1.65	1979	2.14	1984	3.66	1989	2.47
1975	2.00	1980	1.48	1985	1.87	1990	3.07

Solution

이 자료를 작은 수치부터 큰 수치로 나열하여 확률지에 그리면 다음과 같다.

Rank	Flow	Prob.	Re. Int.	Rank	Flow	Prob.	Re. Int.
1	1.48	4.76	21.00	11	2.84	52.38	1.91
2	1.65	9.52	10.50	12	3.00	57.14	1.75
3	1.72	14.29	7.00	13	3.03	61.90	1.62
4	1.87	19.05	5.25	14	3.03	66.67	1.50
5	1.92	23.81	4.20	15	3.07	71.43	1.40
6	2.00	28.57	3.50	16	3.66	76.19	1.31
7	2.14	33.33	3.00	17	4.11	80.96	1.24
8	2.47	38.10	2.63	18	4.23	85.71	1.17
9	2.50	42.86	2.33	19	4.48	90.48	1.11
10	2.76	47.62	2.10	20	5.39	95.24	1.05

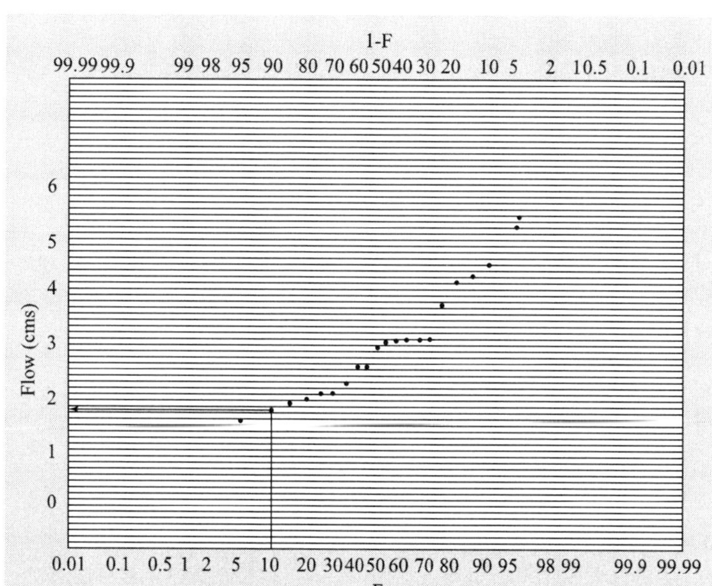

이 그림으로부터 7Q10이 대략 1.66 cms임을 알 수 있다.

5.1.3 유량, 수심 및 유속

하천의 흐름은 수심이 시간에 따라 변함이 없는 경우 정상류(steady flow), 변함이 있는 경우 비정상류 또는 부정류(unsteady flow)라 하며, 수심이 수로구간내의 모든 단면에서 동일한 경우 즉, 공간적으로 변하지 않는 경우 등류(uniform flow), 동일하지 않은 경우 부등류(non-uniform flow)라 한다. 위에서 언급한 4가지 경우의 조합 가운데 실제 정상등류(steady uniform flow), 정상부등류(steady non-uniform flow) 및 부정부등류(unsteady non-uniform flow)는 발생하나 부정등류(unsteady uniform flow)는 발생하지 않는다(그림 5.2). 홍수는 부정부등류이며 하천에서 도수 및 수리강하로 나타나는 흐름은 점변류(gradually varied flow) 및 급변류(rapidly varied flow) 등의 정상부등류이다.

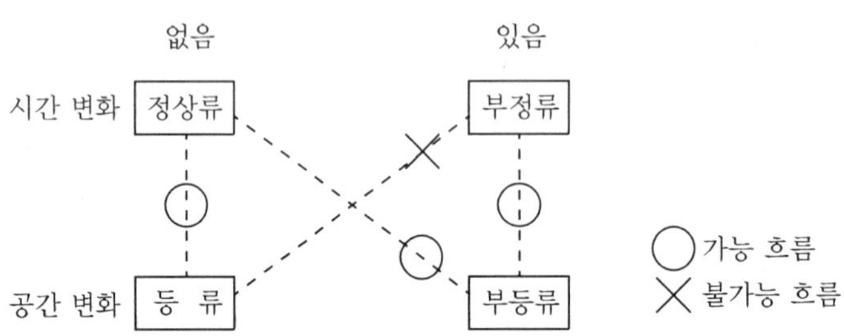

그림 5.2 하천의 흐름 분류

정상류(steady flow)에서 유량은 연속방정식에 의해서 유속과 단면적의 곱으로 표시된다.

$$Q = \overline{U} A_c \tag{5.10}$$

이 식의 의미는 폭이 일정할 때 유량은 유속과 수심의 관계로 나타남을 말한다. 세 변수의 상대적인 관계를 다양한 실험 및 관측을 통하여 수립하였는데 다음과 같이 크게 두 가지로 구분가능하다.

가. 유량계수(discharge coefficients)

다량의 수위-유량 관계곡선(stage-discharge rating curve)을 통하여 다음과 같은 관계식(power equation)을 유도하였다.

$$\overline{U} = aQ^b \tag{5.11}$$

$$H = \alpha Q^\beta \tag{5.12}$$

여기서, H는 평균수심이며 a, b, α 및 β는 수리학적 특성을 나타내는 계수이다. 실제로 이와 같은 관계식은 이미 개발한 수질관리 모델에 유용하게 이용되고 있다.

수위-유량 관계곡선

표 B5.1은 안성대교에 위치한 안성수위표 지점 2010 및 2011년 자료의 수위-유량 관계곡선식을, 그림 B5.1은 수위-유량 관계곡선도를 보여주고 있다. 관계곡선식은 식 (5.12)와 같이 수심과 유량의 멱함수관계로 나타남을 알 수 있으며 수위-유량 관계곡선식으로부터 임의 수위에 대한 유량을 파악할 수 있다.

표 B5.1 안성 수위관측소 수위-유량 관계곡선식

적용수위	수위-유량 관계곡선식	비 고		
$0.03 \leq H \leq 0.30$	$Q=38.650(H-0.030)^{1.870}$	0.1 m 이하 외삽	보 개방	저수위
$0.03 < H \leq 1.30$	$Q=69.500(H-0.120)^{1.770}$		보 개방	중수위1
$1.30 < H \leq 6.20$	$Q=94.485(H-0.300)^{1.770}$	1.75 m 이상 외삽	보 개방	고수위
$1.11 \leq H \leq 1.39$	$Q=1{,}650.000(H-1.110)^{2.100}$	0.23 m 이상 외삽	보 폐쇄	중수위2
$1.39 < H \leq 6.20$	$Q=94.485(H-0.300)^{1.770}$	1.75 m 이상 외삽	보 폐쇄	고수위

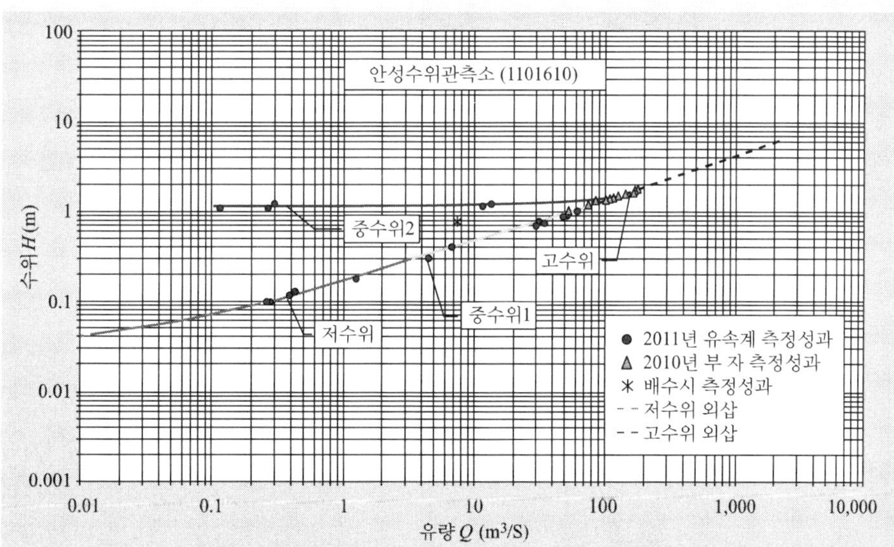

그림 B5.1 안성 수위관측소 수위-유량 관계곡선도

나. Manning 공식

이 공식으로 하천의 수리특성인 평균유속을 산정할 수 있으며 유럽과 미국에서 널리 이용하고 있다.

$$\overline{U} = \frac{1}{n} R^{2/3} S_e^{1/2} \tag{5.13}$$

여기서, n은 Manning의 조도계수, R은 동수반경(hydraulic radius)으로 단면적 나누기 윤변이며 [L], S_e는 하천의 에너지선 기울기이다. 흐름이 등류(uniform flow)이면 S_e는 하상경사와 일치한다. 유량은 연속방정식을 사용하여 다음과 같이 계산된다.

$$Q = \frac{1}{n} A_c R^{2/3} S_e^{1/2} \tag{5.14}$$

5.1.4 종이산(longitudinal dispersion)

하천의 경우 확산은 주로 흐름에 의해서 발생하는 종이산(longitudinal dispersion)으로부터 야기되며 이는 그림 4.5에도 나타나 있다. 종이산을 결정하기 위한 다양한 경험식 및 이론식이 제안되었는데 Fisher 등(1979)의 식은 다음과 같다.

$$E = 0.011 \frac{U^2 B^2}{H U^*} \tag{5.15}$$

여기서, 각 변수의 단위 E는 [m²/s], U는 [m/s], B는 [m], H는 [m]이며 U^*는 전단속도 [m/s]이다. 전단속도는 다음과 같이 주어진다.

$$U^* = \sqrt{g H S_0} \tag{5.16}$$

여기서, g는 중력가속도 [LT^{-2}] 및 S_0는 하상 또는 하천의 경사이다. McQuivey 및 Keefer (1974)는 하천의 유량이 35~33,000 cfs, Froude 수(Froude number, $F = U/\sqrt{gH}$)가 0.5보다 작은 경우의 하천에 대하여 다음의 식을 제안하였다.

$$E = 0.05937 \frac{Q}{S_0 B} \tag{5.17}$$

여기서, Q의 단위는 [m³/s]이다.

혼합거리(laterial mixing length)

점오염원이 실제 하천에 유입될 경우 유입되는 즉시 완전혼합이 발생하는 것이 아니라 수리학적 특성에 의하여 이송·확산되면서 완전혼합을 가정할 수 있는 지점에 다다르게 되며 (그림 5.3) 이와 같은 혼합거리 추정은 하천의 수질관리에 매우 중요하다. Yotsukura(1986)는 하천의 측면 점오염원 유입에 대하여 다음의 경험식을 제안하였다.

$$L_m = 8.52\,U\frac{B^2}{H} \tag{5.18}$$

여기서, L_m은 혼합거리 [m]이며 각 변수의 단위 U는 [m/s], B는 [m] 및 H는 [m]이다. 만약 하천의 중심에서 점오염원이 유입되면 혼합거리는 반으로 감소하며 이 혼합거리는 유속 및 하폭의 제곱에 비례하고 수심에 반비례함을 알 수 있다.

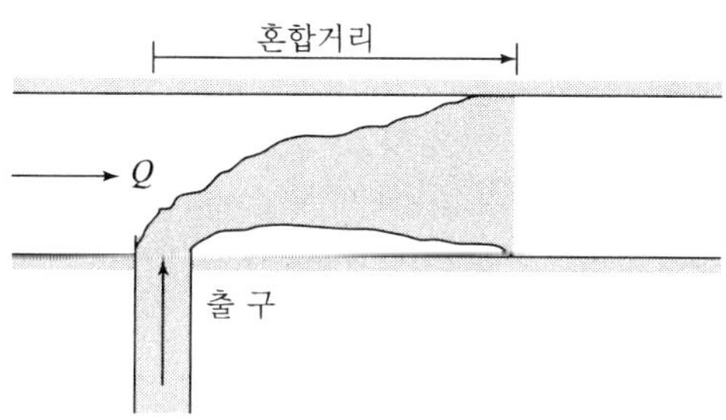

그림 5.3 혼합거리 가시화

5.2 하도추적 (River Routing)

하천의 흐름이 등류일 경우 Manning의 공식은 수리학적 특성을 파악하는데 긴요하게 이용되며 부등류(non-uniform flow)에도 사용된다. 그러나 실제 하천에서는 시간에 대한 변화를 고려해 주어야 할 경우가 다반사이다. 예를 들어 농경지 유역에서 농업용수의 취수로 인한 급격한 유량의 감소 또는 발전용저수지에서 나오는 배수로 인한 유량의 증가가 하천의 흐름을 등류로 해석하기에는 많은 어려움이 있다. 하도추적(河道追跡)의 방법은 수문학적 및 수리학적 추적방법 등이 있지만 시간에 대한 수리학적 특성파악이 수질관리의 측면에서 중요하므로 수리학적 추적방법이 주로 사용되고 있다.

5.2.1 수추적(routing water)

시간에 대한 흐름의 변화는 부정부등류(unsteady non-uniform flow)로 분류할 수 있으며 이를 대상으로 하는 학문분야인 동수역학에서 연속방정식(continuity equation)과 운동량 방정식(momentum equation)으로 흐름을 나타낸다. St. Venant 식에 기초를 두고 있는 두 식 중 연속방정식은 물질수지에서 운동량방정식은 운동량보전에서 유도되며 측면흐름 및 바람에 의한 영향을 무시한 일차원식은 다음과 같다.

$$\frac{\partial A}{\partial t} + \frac{\partial Q}{\partial x} = 0 \tag{5.19}$$

$$\frac{1}{A}\frac{\partial Q}{\partial t} + \frac{1}{A}\frac{\partial}{\partial x}\left(\frac{Q^2}{A}\right) + g\frac{\partial z}{\partial x} - g(S_0 - S_e) = 0 \tag{5.20}$$

식 (5.19)가 연속방정식이며 식 (5.20)이 운동량방정식이다. 운동량방정식의 각 항은 특별한 의미가 있으며 수질관리 하천의 조건에 따라 해석의 간략화를 위하여 항을 삭제하기도 한다 (1항 : 국부가속항(local acceleration term), 2항 : 이송가속항(convective acceleration term), 3항 : 압력항(pressure force term), 4항 : 중력항(gravity force term), 5항 : 마찰력항(friction force term)). 운동량방정식을 간략화한 표현이 그림 5.4에 나타나 있다.

$$\frac{1}{A}\frac{\partial Q}{\partial t} + \frac{1}{A}\frac{\partial}{\partial x}\left(\frac{Q^2}{A}\right) + g\frac{\partial z}{\partial x} - g(S_0 - S_e) = 0$$

- 운동파(kinematic wave)
- 확산파(diffusion wave)
- 준정동역학파(quasi-steady dynamic wave)
- 동역학파(dynamic wave)

그림 5.4 운동량방정식의 간략화

이 두 식이 3개의 수리학적 특성가운데 2개를 결정하는데 사용되며 이 식의 해석해를 구하는 것은 거의 불가능하므로 다양한 수치해석 방법이 적용된다. 특히 식 (5.20)은 선형이 아닌 비선형(non-linear)이므로 비선형 수치해법이 요구된다.

5.2.2 오염물추적(routing pollutants)

부정부등류에서 오염물 이동은 4장에서 언급한 이송-확산방정식을 그대로 사용할 수 없다. 이 경우 보전성물질의 물질수지방정식은 다음과 같다.

$$\frac{\partial(Ac)}{\partial t} = -\frac{\partial(Qc)}{\partial x} + \frac{\partial}{\partial x}\left(AE\frac{\partial c}{\partial x}\right) - kAc \tag{5.21}$$

흐름이 변함이 없는 즉, 일정한 단면과 유속을 갖는 하천에서 식 (5.21)은 식 (4.29)가 된다. 식 (5.21)에서 농도를 구하기 위해서는 하천의 수리학적 특성자료가 필요하므로 식 (5.19)와 (5.20)의 해를 구하여 대입하거나 3개의 식을 동시에 적용하여 구하기도 한다.

동수역학의 자세한 설명은 고위과정으로 미루고 산악지형인 우리나라의 경우 일정한 수리학적 특성 값으로 오염물거동을 해석하는 기법은 많은 제약이 있으므로 이에 대한 연구가 계속 진행되어야 할 것으로 판단한다.

5.2.3 오염부하량 할당

수질오염총량관리제도에서 하천을 포함한 유역은 말단부에 목표수질(c_0)을 설정하고, 그 목표수질을 달성·유지하기 위한 허용부하량(W_0)을 산정하여, 해당 유역내에서 배출되는 오염물질의 총량을 허용부하량 이내로 관리하여야 한다. 그림 5.5와 같이 허용부하량 산정에는 기준유량(Q_0)이 적용된다. 배수구역에서 오염물질의 총량을 허용부하량 이내로 관리하기 위하여 오염부하량을 할당하여야 하며 소배수구역 또는 배출원간의 형평성과 오염부하삭감의 효율성을 고려하여 할당량을 정한다. 오염부하량 할당 방법은 모든 배출자에게 발생량 대비 일정비율의 삭감량을 할당하는 동일삭감율 할당법, 모든 배출업소에 대해 배출수 농도를 동일하게 적용하는 동일농도 배출법 및 오염물질의 단위처리비용이 동일하도록 삭감량을 할당하는 동일비용 할당법 등이 있다.

오염부하량 할당에는 유달율이 적용된다. 오염원으로부터 배출된 오염물질이 수체의 특정지점에 도달하는 비율을 유달율이라 하며 소배수구역별 또는 오염원별로 산정 가능하다. 다시 말하여 유달율은 수계로 유입하는 배출부하량과 유역 말단부 지점의 유량과 농도의 곱으로 나타나는 유달부하량으로부터 얻어진다. 유달율은 소배수구역별 배출부하량에 따라 달라지는 부하량의 함수로 주어지며 유량이 일정하면서 농도가 변하는 부하량 유입의 경우 유달율은 항상 일정하지만 반대로 유량이 변하면서 농도가 일정한 부하량의 경우 유달율은 변한다.

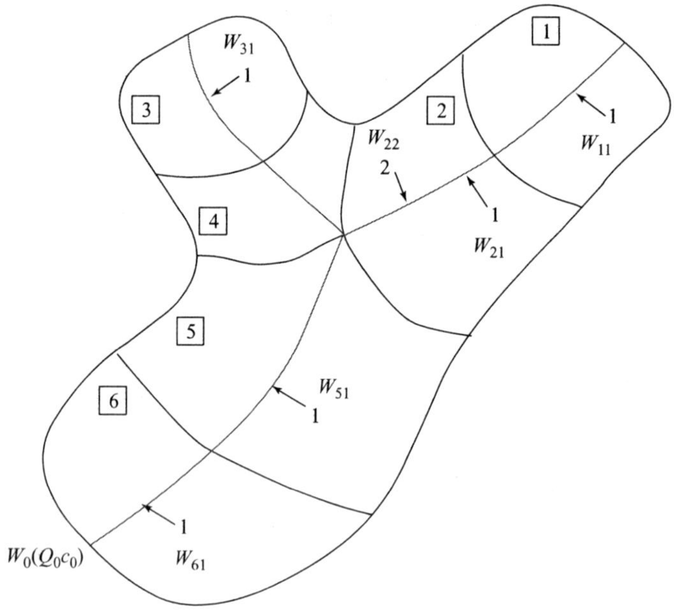

그림 5.5 배수구역 구분

$$R_{ij} \neq f(W_{ij}) = Q_{ij} f(c_{ij}) \text{이면} \qquad R_{ij} = \text{일정} \tag{5.22}$$

$$R_{ij} = f(W_{ij}) = c_{ij} f(Q_{ij}) \text{이면} \qquad R_{ij} \neq \text{일정} \tag{5.23}$$

여기서, R은 유달율, i는 소배수구역 및 j는 점 또는 비점오염원을 의미한다. 그림 5.5의 배수구역에서 소배수구역은 6개, 점오염원은 소배수구역 2에서 2개의 점오염원 등 총 6개가 고려된 경우이다.

따라서 배출부하량이 유량이 변하면서 하천으로 유입하는 경우 하천 수리특성의 변화로 유달율이 달라지므로 하천의 수리학적 특성을 명확히 파악하여 오염부하량을 할당하여야 한다. 또한 가용 자료의 한계 및 모델의 불확실성 등을 반영하여 안전율(margin of safety)을 고려한 오염부하량 할당을 수행하여야 한다.

허용부하량 산정

경안천 목표수질 설정지점은 말단부에 위치한 서하보이며 BOD 5.5 mg/L이다. 광주시의 경우 오염물질 삭감방안, 토지이용변경 및 인구 증가율 등을 고려한 6가지 시나리오를 구성하여 배출부하량과 서하보 지점 유달부하량의 농도로 나타나는 6개의 수질모의 결과를 활용하여 그림 B5.2에 나타난 바와 같은 서하보 지점 목표수질 BOD 5.5 mg/L에 해당하는 허용부하량 3,133.0 kg/d을 파악하였다. 그림 B5.2에 사용된 회귀분석식은 멱함수로 다음과 같다.

$$W = \alpha c^{\beta} \tag{B5.1}$$

여기서, α 및 β는 상수로 각각 213.10476 및 1.57675이다.

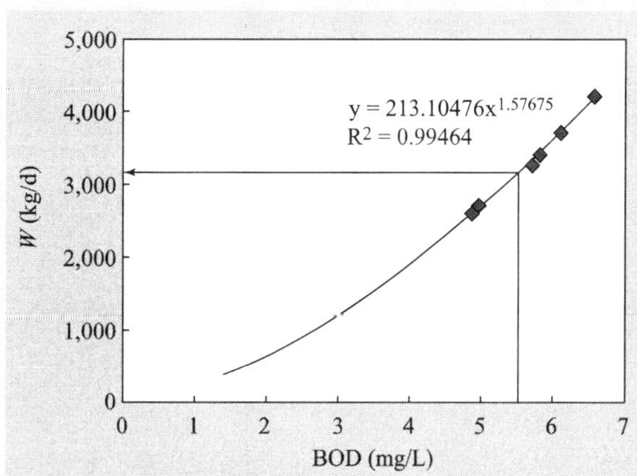

그림 B5.2 경안천 오염부하량 할당

제5장 연습문제

5.1 다음과 같은 특성을 갖는 하천의 종이산(longitudinal dispersion)을 구하라.
(U = 0.4 mps, B = 20 m, H = 0.3 m, S_0 = 0.004, Q = 1.8 cms).

5.2 다음과 같은 사다리꼴형태를 갖는 하천의 경우 Manning 공식을 사용하여 수심(H), 단면적(A_c) 및 유속(U)을 구하라. 단, 유량(Q) = 6.05 cms, 하상경사(S_0) = 0.0002, 하저폭(b) = 10 m, 측면경사(z) = 2, 조도계수(n) = 0.03이며, 사다리꼴 하천의 단면적 및 윤변은 각각 $A_c = (b + zH)H$ 및 $P = b + 2H\sqrt{1+z^2}$로 주어진다.

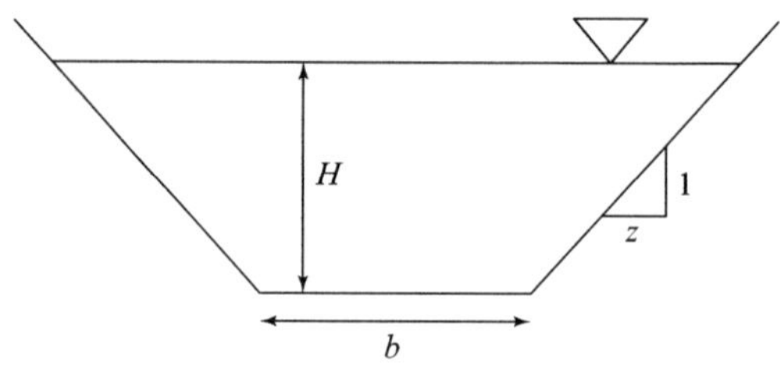

5.3 다음 표에 주어진 6가지 시나리오 자료를 멱함수 회귀분석하여 경안천 서하보 지점 BOD 5.5 mg/L에 해당하는 허용부하량 3,133.0 kg/d을 파악하였다. 허용부하량은 선형회귀분석으로 구할 수도 있으며 이 결과를 멱함수 회귀분석으로 구한 결과와 비교하고 두 방법가운데 어느 방법이 실제 상황에 더욱 적합한지 간단히 설명하라.

시나리오	BOD 배출부하량 (kg/d)	서하보 수질 c(mg/L)
1	2,708.6	4.98
2	3,404.8	5.84
3	4,213.8	6.57
4	3,709.0	6.12
5	3,278.8	5.73
6	2,627.5	4.91

6
CHAPTER

하 구
(Estuary)

> 네가 자꾸 쓰러지는 것은
> 네가 꼭 이룰 것이 있기 때문이야
>
> 네가 지금 길을 잃어버린 것은
> 네가 가야만할 길이 있기 때문이야
>
> 네가 다시 울며 가는 것은
> 네가 꽃피워 낼 것이 있기 때문이야
>
> 힘들고 앞이 안 보일 때는
> 너의 하늘을 보아
>
> 네가 하늘처럼 생각하는
> 너를 하늘처럼 바라보는
>
> 너무 힘들어 눈물이 흐를 때는
> 가만히 네 마음의 가장 깊은 곳에 가 닿는
>
> 너의 하늘을 보아
>
> 너의 하늘을 보아
> 박노해

6.1 수리학적 특성

하구는 만(bay)과 감조하천(tidal river)의 사이에 존재하는 부분으로 염도의 분포가 바다와 하천의 영향으로 변이를 보이고 있는 유역이다. 제 4 장 불완전혼합시스템에서 언급한 바와 같이 하구를 혼합흐름반응기(MFR : **M**ixed **F**low **R**eactor)로 가정하여 해석할 수 있다. 하구는 하천에 의한 이송과 더불어 주로 달과 태양의 위치에 따라 발생하는 조석의 힘이 작용한다(조석은 약 400개 정도의 요소가 영향을 미쳐 나타나는 것으로 파악하고 있으며 약 37개의 요소를 적용하여 해석함). 조석은 달과 태양의 다양한 조합으로부터 다음과 같이 반일주조석(semidiurnal tides), 일주조석(diurnal tides) 및 장기조석(long-period tides)으로 구분한다. 반일주조석은 하루 동안 2번의 고조와 저조가 출현하는 것으로 잇단 고조 및 저조의 높이는 거의 비슷하며 일주조석은 1번의 고조와 저조가 나타나는 조석을 의미한다. 일주조석 특성과 반일주조석 특성이 같이 나타나는 조석을 혼합형 조석이라 한다. 달에 의한 만조와 태양에 의한 만조가 일치했을 때 간만의 차이가 가장커서 대조(大潮, 한사리)라 하며 반대로 두 위상차가 직교하여 서로 상쇄되었을 때 간만의 차이가 가장적어 소조(小潮, 조금)라 한다. 표 6.1에 조석의 주요 분조(分潮)가 나타나 있으며 분조 중에서도 진폭이 크고 조석 변동에 영향을 크게 미치는 분조를 주요 4분조라 하며 M_2, S_2, K_1 및 O_1이 여기에 해당한다. 그림 6.1은 아산만에 위치한 평택 조위관측소 지점(북위 36.9, 동경 126.8도)의 조위 변화를 나타낸 것으로 반일주조석에 기반한 혼합형의 형태를 나타내고 있으며 혼합형은 일반적으로 해양의 형태, 크기 및 수심의 차이로 인해 정형화 되어 있지 않다(연습문제 6.1 참조).

표 6.1 조석의 주요 분조

종 류	기호	주기(hrs)	진폭(M_2=100)	비 고
반일주조석	M_2	12.42	100.0	주태음반일주조 (主太陰半日周潮) (main lunar constituent)
	S_2	12.00	46.6	주태양반일주조 (主太陽半日周潮) (main solar constituent)
	N_2	12.66	19.1	주태음타원조 (主太陰楕圓潮) (lunar constituent due to monthly variation in moon's distance)
	K_2	11.97	12.7	일월합성반일주조 (日月合成半日周潮) (soli-lunar constituent due to changes in declination of sun and moon throughout their orbit of cycle)
일주조석	K_1	23.93	58.4	일월합성일주조 (日月合成日周潮) (soli-lunar constituent)
	O_1	25.82	41.5	주태음일주조 (主太陰日周潮) (main lunar constituent)
	P_1	24.07	19.3	주태양일주조 (主太陽日周潮) (main solar constituent)
장기조석	M_1	327.86 (13.7 일)	17.2	태음반월주조 (太陰半月周潮) (moon's fortnightly constituent)

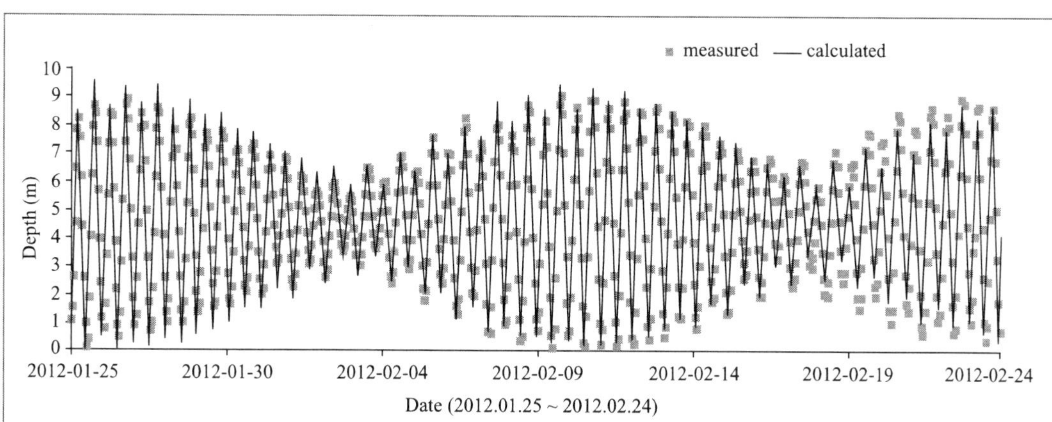

그림 6.1 평택 조위관측소 조석 곡선

6.1.1 순하구유량(net esturine flow)

하구 수문학에서 중요한 변수는 조석주기동안 하구를 통과하는 순유량의 산정이다. 순하구유량은 하구 밖으로 순수하게 빠져나가는 유량으로 물질의 이동에 관여하므로 하구 수질파악에 매우 중요하다. 순유량을 추정하기 위하여 실측 유량자료를 사용하거나 또는 정현변동(sinusoidal variation)을 가정한 밀물(flood)과 썰물(ebb)의 유량을 추정하여 사용한다. 그림 6.2는 정현변동을 가정한 경우의 조석흐름 및 부호를 보여주고 있다.

그림 6.2의 조건에서 하구유량은 썰물과 밀물의 경우 다음과 같이 표시할 수 있다.

$$Q = q_e \sin\left[\frac{\pi(t-\theta)}{T_e}\right] \qquad \text{for} \quad 0 \le t' \le T_e \tag{6.1}$$

$$Q = q_f \sin\left[\pi + \frac{\pi(t-\theta-T_e)}{\tau - T_e}\right] \qquad \text{for} \quad T_e \le t' \le \tau \tag{6.2}$$

여기서, 첨자 e는 썰물을 f는 밀물을 의미하며 $t' = t - \theta$이다. 순하구유량을 구하기 위하여 식 (6.1) 및 (6.2)를 적분하고 흐름기간 τ 로 나누면 다음의 순 민물유량식(net fresh-water flow)을 얻을 수 있다.

$$Q_n = \frac{2}{\pi}\frac{q_e T_e - q_f T_f}{\tau} \tag{6.3}$$

이 방법은 하천유량이 정현변동으로 나타나는 썰물의 식 (6.1)로 대표될 때 이용가능하며 하구의 주변을 따라 다량의 유입량이 존재할 경우 이용이 불가능하다.

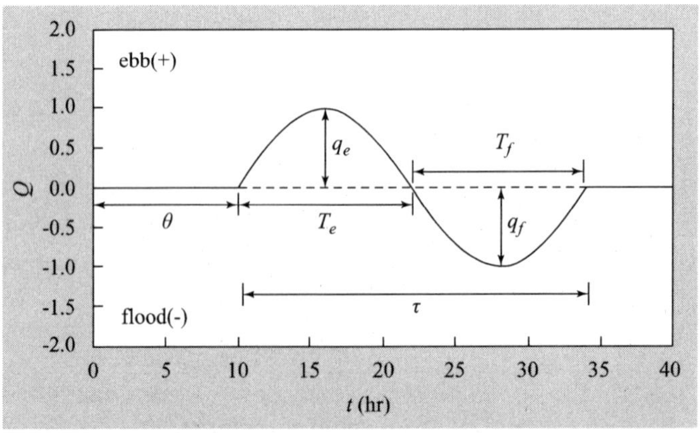

그림 6.2 정현조석흐름 및 부호

6.1.2 하구확산계수

하구에서 염도의 분포를 이용하여 확산계수를 구하는 두 가지 방법을 소개한다.

가. 일정계수법(constant parameter analysis)

이 방법은 하구에서 확산계수가 일정할 수 있음을 가정하여 해석하는 방법으로 하구 지점별 수리특성의 변화로 실제와는 거리가 있지만 확산계수 산정의 개념정립에 도움을 주고 있다. 그림 6.3과 같은 하구에서 정상상태의 물질수지방정식은 다음과 같다.

$$0 = -U\frac{ds}{dx} + E\frac{d^2s}{dx^2} \tag{6.4}$$

s는 염의 농도이다. 이 식의 일반해는 다음과 같이 식 (4.34)와 같으며

$$s = Fe^{\lambda_1 x} + Ge^{\lambda_2 x} \tag{6.5}$$

여기서, λ는 다음과 같이 주어진다.

$$\lambda_1 = \frac{U}{E} \tag{6.6}$$

$$\lambda_2 = 0 \tag{6.7}$$

그림에서와 같이 다음의 두 경우의 경계조건을 대입하면

$$s = s_0 \qquad @ \quad x = 0 \tag{6.8}$$

$$s = 0 \qquad @ \quad x = -\infty \tag{6.9}$$

적분상수를 구할 수 있으며($F = s_0$, $G = 0$) 해석해를 얻을 수 있다.

$$s_1 = s_0 e^{\frac{U}{E}x} \qquad @ \quad x \leq 0 \tag{6.10}$$

$$s_2 = s_0 \qquad @ \quad x > 0 \tag{6.11}$$

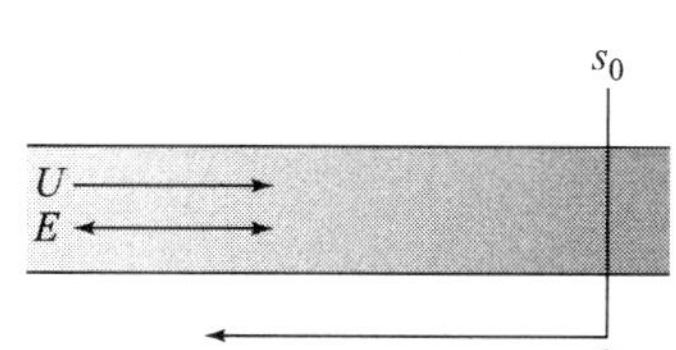

그림 6.3 확산계수산정을 위한 하구의 일반화

확산계수를 산정하기 위하여 식 (6.10)의 양변에 자연로그(natural logarithm)를 취하면 다음 식이 얻어지며

$$\ln\left(\frac{s_1}{s_0}\right) = \left(\frac{U}{E}\right)x \tag{6.12}$$

하구의 거리(x)에 대한 농도 값($\ln(s_1/s_0)$)에서 기울기를 산정할 수 있다. 이 값은 U/E이므로 유속을 알면 확산계수를 파악할 수 있다.

Exercise 6.1 **확산계수산정(일정계수법)**

일차원으로 가정할 수 있는 하구(폭 = 200 m, 깊이 = 3 m, 유량 = 15 cms)에서 거리에 따른 염도분포가 다음과 같다. 확산계수(m^2/s)를 구하라. 단, 거리는 바다로부터 하천으로 나타낸 것이다.

거리(km)	-21	-18	-15	-12	-9	-6	-3	0
염도(ppt)	0.3	0.5	0.9	1.3	2.2	3.7	6.0	10.0

Solution

하구의 유속은 다음과 같다.

$$U = \frac{Q}{A} = \frac{15\,\mathrm{m^3/s}}{200\,\mathrm{m}\cdot 3\,\mathrm{m}}\,\frac{86{,}400\,\mathrm{s}}{\mathrm{d}} = 2{,}160\,\mathrm{m/d}$$

반대수지(semi-log paper)에 식 (6.12)를 도시하고 최소제곱회귀분석(least-square regression)을 하면 회귀식의 기울기를 구할 수 있다.

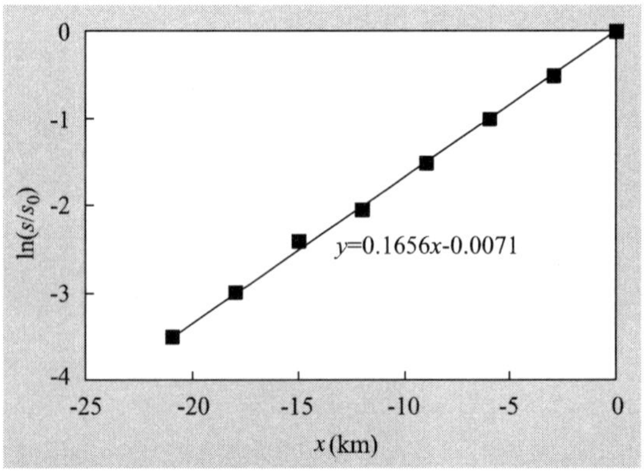

따라서 확산계수 E는 다음과 같이 파악된다.

$$E = \frac{U}{\text{기울기}} = \frac{2{,}160\,\mathrm{m/d}}{0.1656/\mathrm{km}}\,\frac{1{,}000\,\mathrm{m}}{1\,\mathrm{km}}\,\frac{1\,\mathrm{d}}{86{,}400\,\mathrm{s}} = 151\,\mathrm{m^2/s}$$

나. 유한차분법(finite difference analysis)

하구는 구간마다 흐름의 특성이 변하므로 하구 전체를 동일한 확산계수로 적용하는 것은 한계가 있다. 따라서 구간별 확산계수를 구하기 위하여 유한차분법 적용을 설명하면 다음과 같다. 유한차분법 가운데 중앙차분법을 적용한 염도에 대한 정상상태의 물질수지방정식은 다음과 같으며

$$0 = Q_{i-1,i}\frac{s_{i-1}+s_i}{2} - Q_{i,i+1}\frac{s_i+s_{i+1}}{2} + \acute{E}_{i-1,i}(s_{i-1}-s_i) + \acute{E}_{i,i+1}(s_{i+1}-s_i) \quad (6.13)$$

n개의 유한체적에 대하여 $n+1$개의 미지수 즉, 확산계수가 존재하여 해를 구할 수 없으므로 간략한 해석을 위하여 염도가 거의 존재하지 않는 감조하천구역에 위치한 첫 유한체적의 경계면에서의 용적확산계수를 $0\,(\acute{E}_{0,1}=0)$으로 가정하면 1개의 미지수가 해결되어 다른 경계면에서의 용적확산계수를 순차적으로 구할 수 있다. 첫 유한체적에 대한 물질수지방정식은 다음과 같고

$$0 = Q_{0,1}\frac{s_0+s_1}{2} - Q_{1,2}\frac{s_1+s_2}{2} + \acute{E}_{1,2}(s_2-s_1) \quad (6.14)$$

이를 사용하여 용적확산계수 $\acute{E}_{1,2}$를 구한다.

$$\acute{E}_{1,2} = \frac{Q_{0,1}(s_0+s_1) - Q_{1,2}(s_1+s_2)}{2(s_1-s_2)} \quad (6.15)$$

다른 경계면에서의 용적확산계수는 식 (6.15)를 이용하여 구할 수 있으며 이를 유한체적 i에 대하여 일반화한 식은 다음과 같다.

$$\acute{E}_{i,i+1} = \frac{Q_{i-1,i}(s_{i-1}+s_i) - Q_{i,i+1}(s_i+s_{i+1}) + 2\acute{E}_{i-1,i}(s_{i-1}-s_i)}{2(s_i-s_{i+1})} \quad (6.16)$$

확산계수는 혼합거리(l)와 단면적을 이용하여 구한다.

$$E_{i,i+1} = \acute{E}_{i,i+1}\frac{l}{A_c} \quad (6.17)$$

다. 추적물질사용

이 방법은 보전성물질의 염료(Rhodamine ; 염료의 일종)나 방사성추적자와 같은 추적물질을 사용하여 확산계수를 구하는 방법으로 4장에서 언급한 이송-확산식의 해석해인 식

(4.74)를 이용한다.

$$c(x,t) = \frac{M/A}{2\sqrt{\pi E t}} e^{-\frac{(x-Ut)^2}{4Et}} \tag{6.18}$$

식 (6.18)의 양변에 자연로그를 취하여 정리하면 다음과 같으며

$$\ln c = \ln\left(\frac{M/A}{2\sqrt{\pi E t}}\right) - \frac{1}{4Et}(x-Ut)^2 \tag{6.19}$$

주어진 추적물질의 자료를 이용하여 ln(c)와 $(x-Ut)^2$를 선형그래프에 그리고 회귀시켜 기울기인 1/4Et를 결정하여 확산계수를 구하는 방법으로 일정계수법과 매우 비슷한 과정을 거친다.

Exercise 6.2 확산계수산정(유한차분법)

다음과 같은 특성을 갖는 하구에서 확산계수를 구하라.

거리 (km)	유한체적	경계면	단면적 (m^2)	유량 (m^3/s)	염도 (ppt)
	만				11.3
0		7,만	2,600	2.83	
	7				9.0
-3		6,7	2,320	2.72	
	6				7.0
-6		5,6	1,670	2.66	
	5				5.2
-9		4,5	1,400	2.60	
	4				3.5
-12		3,4	1,200	2.55	
	3				2.0
-15		2,3	930	2.41	
	2				1.0
-18		1,2	840	2.35	
	1				0.2
-21		0,1	650	2.29	
	0				0.2

Solution

식 (6.15)를 사용하여 첫 유한체적에서 용적확산계수를 구할 수 있으며

$$E'_{1,2} = \frac{2.29(0.2+0.2) - 2.35(0.2+1)}{2(0.2-1)} = 1.19\ m^3/s$$

따라서 확산계수는 다음과 같다.

$$E_{1.2} = \acute{E}_{1.2}\frac{l}{A_c} = 1.19\,\frac{\mathrm{m}^3}{\mathrm{s}}\,\frac{3\,\mathrm{km}}{840\,\mathrm{m}^2}\,\frac{1{,}000\,\mathrm{m}}{1\,\mathrm{km}} = 4.25\ \mathrm{m}^2/\mathrm{s}$$

다음 유한체적에서 식 (6.16)을 사용하여 용적확산계수를 구하고 위와 같이 확산계수를 구한다.

$$\acute{E}_{2.3} = \frac{2.35(0.2+1)-2.41(1+2)+2(1.19)(0.2-1)}{2(1-2)} = 3.16\ \mathrm{m}^3/\mathrm{s}$$

$$E_{2.3} = 3.15\,\frac{\mathrm{m}^3}{\mathrm{s}}\,\frac{3\,\mathrm{km}}{930\,\mathrm{m}^2}\,\frac{1{,}000\,\mathrm{m}}{1\,\mathrm{km}} = 10.18\ \mathrm{m}^2/\mathrm{s}$$

다음 표는 이를 전 구간에 걸쳐 계산한 값을 나타내고 다음 그림은 거리에 대한 확산계수를 보여주고 있다. 그림에 보이듯이 확산계수는 하구지점에 따라 변하며 하천방향으로는 작으나 하구로 갈수록 증가하는 양상을 나타냄을 알 수 있다.

거리(km)	경계면	$\acute{E}$ (m³/s)	E (m²/s)
0	7,만	12.29	14.18
-3	6,7	10.65	13.77
-6	5,6	8.76	15.74
-9	4,5	6.38	13.68
-12	3,4	4.37	10.92
-15	2,3	3.16	10.18
-18	1,2	1.19	4.25

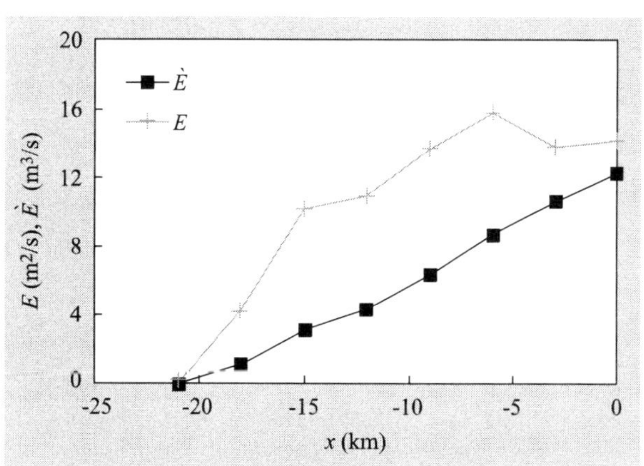

6.1.3 무차원해석(dimensionless analysis)

무차원해석은 수식에 관련된 계수의 상대적인 중요성을 파악하는데 유용하게 이용된다.

가. 하구수(estuary number)

하구에서 이송과 확산의 상대적인 중요성을 나타내는 계수가 하구수(estuary number)이다. 하구에서 물질수지방정식은 다음과 같으며

$$\frac{\partial c}{\partial t} = -U\frac{\partial c}{\partial x} + E\frac{\partial^2 c}{\partial x^2} - kc \tag{6.20}$$

무차원해석(dimensionless analysis)을 위하여 3개의 무차원계수(dimensionless parameter)를 다음과 같이 정의한다.

$$c^* = \frac{c}{c_{in}} \tag{6.21}$$

$$x^* = \frac{kx}{U} \tag{6.22}$$

$$t^* = kt \tag{6.23}$$

이 식들을 식 (6.20)에 대입하여 정리하면 다음의 무차원방정식이 얻어진다.

$$\frac{\partial c^*}{\partial t^*} = n\frac{\partial^2 c^*}{\partial x^{*2}} - \frac{\partial c^*}{\partial x^*} - c^* \tag{6.24}$$

이 식에서 n을 하구수라 하며 다음과 같다.

$$n = \frac{kE}{U^2} \tag{6.25}$$

하구수는 식 (6.24)에 보이듯이 크기에 따라 2계 도함수의 중요성이 평가되며 식 (6.25)와 같이 확산과 이송의 비로 주어진다. 따라서 하구수로부터 이송 및 확산의 상대적인 물리적 중요성을 파악할 수 있으며 하구수의 크기에 따른 지배 물리량이 표 6.2에 정리되어 있다.

표 6.2 하구수

범위	지배 물리량
$n > 10$	확산
$0.1 < n < 10$	이송 및 확산
$n < 0.1$	이송

하구수

식 (6.21), (6.22) 및 (6.23)으로부터 다음의 관계식이 얻어진다.

$$dc = c_{in} dc^* \tag{B6.1}$$

$$dx = \frac{U}{k} dx^* \tag{B6.2}$$

$$dt = \frac{1}{k} dt^* \tag{B6.3}$$

식 (B6.1), (B6.2) 및 (B6.3)을 식 (6.20)에 대입하고 정리하면 다음과 같고

$$kc_{in}\frac{\partial c^*}{\partial t^*} = -kc_{in}\frac{\partial c^*}{\partial x^*} + E\frac{k}{U}\frac{\partial}{\partial x^*}\left(\frac{kc_{in}}{U}\frac{\partial c^*}{\partial x^*}\right) - kc_{in}c^* \tag{B6.4}$$

식 (B6.4)의 각 항을 kc_{in}으로 나누고 정리하면 다음식이 얻어지고 무차원수인 하구수를 나타내는 식 (6.25)를 얻을 수 있다.

$$\frac{\partial c^*}{\partial t^*} = \frac{kE}{U^2}\frac{\partial^2 c^*}{\partial x^{*2}} - \frac{\partial c^*}{\partial x^*} - c^* \tag{B6.5}$$

나. Peclet 수(Peclet number)

무차원해석에서 나타나는 또 다른 계수가 Peclet 수이며, 4장에서 언급한 정상상태의 물질수지방정식에서 유도된다.

$$0 = -U\frac{dc}{dx} + E\frac{d^2c}{dx^2} - kc \tag{6.26}$$

다음의 무차원계수를 식 (6.26)에 대입하고

$$c^* = \frac{c}{c_{in}} \tag{6.27}$$

$$x^* = \frac{x}{L} \tag{6.28}$$

정리하면 다음의 식이 얻어진다.

$$0 = \frac{1}{\mathrm{Pe}}\frac{d^2c^*}{dx^{*2}} - \frac{dc^*}{dx^*} - \mathrm{Da}c^* \tag{6.29}$$

여기서, Pe 및 Da를 Peclet 수 및 Damkohler 수(Damkohler number)라 한다.

$$\mathrm{Pe} = \frac{LU}{E} \tag{6.30}$$

$$\mathrm{Da} = \frac{kL}{U} \tag{6.31}$$

Peclet 수는 다르게 표현된 이송과 확산의 비이며 Damkohler 수는 반응과 이송의 비이다.

제6장 연습문제

6.1 표 6.1에 주어진 반일주조석 M_2 및 S_2의 주기 및 진폭을 반영하여 두 분조를 합성할 경우 15일간의 조위변화를 도시하라. 단, 초기 시간 0일에서 두 분조의 조위는 위상변화가 없는 0에서 시작하여 시간이 지나면서 증가하며 100으로 주어진 M_2의 진폭은 2 m로 가정한다. 여기에 반일주조석 M_2 및 S_2와 같이 초기 시간 0일에서 위상변화가 없으면서 시간이 지나면서 증가하는 일주조석 K_1 및 O_1이 더해질 경우 동일한 15일간의 조위변화를 파악하라.

6.2 다음 그림과 같이 완전히 막힌 포구로 감조하천이 유입되고 있다(Q(유입량) = 100 m^3/s, c_0 (유입농도) = 10 mg/L, E'_{01}= 0 m^3/s, E'_{12}= 100 m^3/s, $V_1 = V_2 = 10^8$ m^3). 포구에서는 높은 기온 때문에 물이 증발하고 유량의 분기(Q_D)가 포구의 체적을 일정하게 유지하기 위하여 존재한다. 다음을 계산하라.

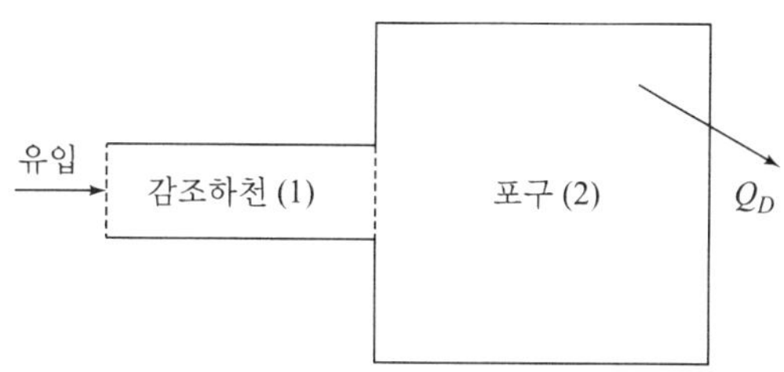

a) 포구의 증발량이 0일 때 감조하천 및 포구 농도는?
b) 포구의 증발량이 40 m^3/s일 때 감조하천 및 포구 농도는?
c) (a)조건에서 감조하천과 포구 사이의 확산교환으로 이동하는 부하량(g/s)은?
d) (b)조건에서 감조하천과 포구 사이의 확산교환으로 이동하는 부하량(g/s)은?

6.3 CBOD가 하구로 방출되고 있지만 부하량을 알 수가 없다. 그러나, 방출지점으로부터 10 km 하류지점에서의 CBOD 농도가 0.15 mg/L로 파악되었다. 순하구유량이 100 m^3/s, 확산계수가 200 m^2/s, 단면적이 1×10^4 m^2 및 CBOD 소멸계수가 0.1 /day 일 때 방출부하량(kg/day)을 계산하라.

6.4 다음과 같은 염도를 갖는 하구가 있다.

거리 (km)	-20	-16	-13	-8	-4	0
염도 (ppt)	0.4	0.7	1.4	2.7	5.2	10.0

수심(H) = 4.5 m

단면적(A_c) = 1,000 m^2

유량(Q) = 10 cms

바다에서부터 하천 방향으로 10 km 지점에서 침강속도가 0.2 m/d인 오염물질이 유입된다.

a) 확산계수는 얼마인가?

b) 하구수(estuary number)는 얼마인가? 단, 하구수는 오염물질이 침강하는 특성이 있으므로 kE/U^2 대신 $(v/H)E/U^2$로 주어진다.

c) 오염물질의 최대허용농도가 10 ppm 일 때 유입 오염부하량은 얼마인가?

7

CHAPTER

온 도

(Temperature)

Nel mezzo del cammin di nostra vita
mi ritrovai per una selva oscura
chè la diritta via era smarrita
Ah quanto a dir qual era è cosa dura
esta selva selvaggia e aspra e forte
che nel pensier rinova la paura!

우리네 인생길 반 고비에
올바른 길을 잃고서
어두운 숲 속에 처해 있던 나.
아, 거칠고 사납던 이 숲이
어떠했노라 말하기 너무 무서워
생각만 하여도 공포가 새로워지거늘!

La Divina Commedia
Dante Alighieri

온도의 변화는 물의 밀도를 변화시켜 물의 흐름과 화학 및 생물학적 반응에 영향을 미치며, 또한 수중생태계의 변화에 직·간접으로 영향을 주고 있다. 온도는 수질관리에 필요한 중요한 수질항목 중의 하나로 적절한 온도를 갖는 물은 농작물의 최적성장에 필수적이며 여름에 성층화된 호수에서 농업용수를 위해 사용하는 방류수의 수온은 농산물수확에 영향을 미친다. 그리고 산업현장에서 배출되는 온배수는 수중생태계에 영향을 미쳐 종분포의 변화와 더불어 어떤 종에 대해서는 직접적인 치사를 유발하기도 한다. 따라서 온도를 오염물과 같이 취급하여 관리하는 것이 필요하다. 표 7.1은 물고기 종류에 대한 생리학적인 최적온도(optimum temperature), 치사온도(lethal temperature) 및 물고기집단의 성장과 생식을 유지하기 위한 한계주평균온도(maximum weekly average temperature)를 나타내고 있으며, 송어의 최적온도는 약 15℃로 매우 낮음을 알 수 있다.

표 7.1 물고기 종류에 따른 온도변화

종류	최적온도(℃)	극한온도(℃)	한계주평균온도(℃)
송어(Brook T.)	14.5	25.5	18.2
청어(Lake H.)	16.0	27.7	19.2
블루길	22.0	33.8	25.9
배스(Smallmouth B.)	27.3	35.0	29.9
메기(Channel C.)	30.0	38.0	32.7

7.1 온도모델

7.1.1 열과 온도

오염물 관리를 위하여 물질수지방정식이 사용된 것 같이 수온을 관리하기 위해서는 열수지방정식(heat balance equation)이 필요하다. 물질수지방정식과 열수지방정식을 비교하면 그림 7.1과 같다. 그림에 있는 각 성분의 단위는 표 7.2와 같으며 열과 온도의 관계는 다음으로 주어진다. 열은 일의 차원과 같으므로 $[ML^2T^{-2}]$로 주어진다.

$$T = \frac{H}{\rho C_p V} \tag{7.1}$$

물질		열
질량(mass)	←-----→	열(heat)
농도(concentration)	←-----→	온도(temperature)
$c = \frac{M}{V}$	←-----→	$T = \frac{H}{\rho C_p V}$

그림 7.1 물질 및 열수지방정식의 관계

표 7.2 각 성분의 단위

성분	기호	MKS	CGS	English
온도(temperature)	T	℃	℃	°F
열(heat)	H	Joules	calories	BTU
밀도(density)	ρ	kg/m^3	g/cm^3	lb/ft^3
비열(specific heat)	C_p	J/kg·℃	cal/g·℃	BTU/lb·°F

Exercise 7.1 온도와 열

다음과 같은 자료를 이용하여 $1\ m^3$의 물질은 1℃ 상승시키기 위한 열을 구하라. 이 자료는 T= 20℃에서 주어진 값이다.

물 질	밀도(kg/m^3)	비열(J/kg·℃)
건조공기(dry air)	1.164	1,012
물	998.2	4,182
벽돌	1,800	840
주철(cast iron)	7,272	420

Solution

건조공기에 대하여 필요한 열을 구해보면 다음과 같다.

$$H = \rho C_p VT = 1.164\frac{\text{kg}}{\text{m}^3}\times 1{,}012\frac{\text{J}}{\text{kg}\,℃}\times 1\text{m}^3\times 1℃ = 1{,}178\ \text{J}$$

각 물질에 대한 열은 다음과 같다.

물 질	열(J)
건조공기(dry air)	1,178
물	4.174×10^6
벽돌	1.512×10^6
주철(cast iron)	3.054×10^6

공기는 밀도가 작아 필요로 하는 열이 상대적으로 적으며, 물은 비열이 높아 다량의 열이 요구됨을 알 수 있다.

7.1.2 열수지

그림 7.2와 같은 완전혼합을 가정한 시스템에서 시스템내의 온도변화는 물질수지방정식에서와 같이 열의 이동으로 다음과 같이 나타낼 수 있다.

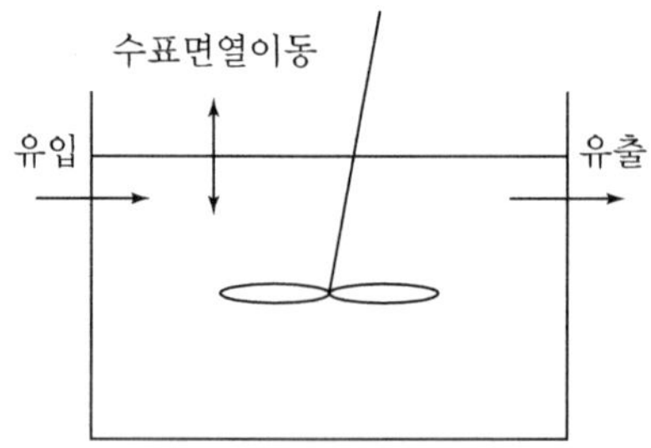

그림 7.2 열수지방정식을 위한 완전혼합시스템

$$\text{축적(accumulation)} = \text{유입(inflow)} - \text{유출(outflow)} \pm \text{수표면열이동(surface heat exchange)} \quad (7.2)$$

열수지방정식은 물질수지방정식과 다르게 반응(reaction) 및 침강(settling)에 의한 영향이 존재하지 않으므로 이들 항이 나타나 있지 않고 대기와의 열 이동으로 인한 수표면 교환(surface heat exchange)항이 고려되어 있다는 점이다.

가. 축적(Accumulation)

일정한 기간에 열의 변화는 다음으로 주어진다.

$$\text{축적} = \frac{\Delta H}{\Delta t} = \frac{\Delta(\rho C_p VT)}{\Delta t} \tag{7.3}$$

완전혼합시스템에서 온도의 변화로 인한 밀도 및 비열의 변화가 무시할 수 있을 정도로 적고 시스템의 체적이 시간에 대하여 일정하다고 가정하면 ρ, C_p 및 V는 시간변화에 무관하고 Δt를 매우 작게 즉, 극한을 취하면 다음 식이 얻어진다.

$$\text{축적} = \rho C_p V \frac{dT}{dt} \tag{7.4}$$

이 식의 차원은 $[ML^2T^{-3}]$으로 [J/d]의 단위를 나타낼 수 있으며, 온도가 증가($dT/dt > 0$)하면 축적이 양의 값이 되어 축적되는 열의 양이 증가하고 반대로 온도가 감소하면 축적되는 열이 감소함을 의미한다.

나. 유입(Inflow) 및 유출(Outflow)

시스템의 온도변화에 영향을 미치는 열유입원은 다음과 같이 표시할 수 있으며 다수의 유입원이 있을 경우 하나로 묶어 표현할 수도 있다.

$$\text{유입} = Q\rho C_p T_{in}(t) \tag{7.5}$$

이 식의 차원도 식 (7.4)와 같이 $[ML^2T^{-3}]$이다. 시스템을 빠져나가는 열유출양은 식 (7.5)와 유사하게 주어진다.

$$\text{유출} = Q\rho C_p T \tag{7.6}$$

다. 수표면 열이동(Surface heat exchange)

수표면 열이동은 단위 시간 및 면적 당 열(ΔH : $[MT^{-3}]$) 즉, 열흐름양 $[J/m^2 \cdot d]$에서 구할 수 있다. 주의해야 할 것은 열흐름양 ΔH는 식 (7.3)에 있는 ΔH와는 기호가 같으면서 차원이 다른 점인데 일반적으로 열흐름양을 ΔH로 쓰기 때문에 여기서도 그대로 사용한다.

$$\text{수표면 열이동} = A\,\Delta H \tag{7.7}$$

여기서, A는 수표면적 $[L^2]$이다. 식 (7.4)부터 (7.7)까지의 식을 식 (7.2)에 대입하여 정리하면 다음의 열수지방정식이 얻어진다.

$$\frac{dT}{dt} = \frac{Q}{V} T_{in}(t) - \frac{Q}{V} T \pm \frac{A}{\rho C_p V} \Delta H \tag{7.8}$$

식 (7.8)로부터 유입온도 및 수표면 열이동이 시간에 대한 변화가 없이 일정하면 다음의 해석해가 얻어지며

$$T = T_0 e^{-\frac{Q}{V}t} + \left(T_{in} \pm \frac{A}{\rho C_p Q} \Delta H\right)\left(1 - e^{-\frac{Q}{V}t}\right) \tag{7.9}$$

정상상태에서 식 (7.9)는 다음으로 주어진다.

$$T = T_{in} \pm \frac{A}{\rho C_p Q} \Delta H \tag{7.10}$$

Exercise 7.2 열수지

다음과 같은 특성을 갖는 호수(V= 50,000 m^3, A = 25,000 m^2, 평균수심 = 2 m, 유입유량 = 유출유량 = 7,500 m^3/d)에서 유입수의 온도가 20℃, 수표면 열흐름양이 200 cal/cm^2· d 일 경우 정상상태의 호수 온도를 구하라.

Solution

ΔH를 구하면

$$\Delta H = 200 \frac{\text{cal}}{\text{cm}^2 \cdot \text{d}} \times \frac{10{,}000\text{cm}^2}{\text{m}^2} \times \frac{\text{J}}{0.2388\text{cal}} = 8.375 \times 10^6 \text{ J/m}^2 \cdot \text{d}$$

식 (7.10)에 대입하여 계산하면 정상상태의 온도를 얻는다.

$$T = T_{in} + \frac{A}{\rho C_p Q} \Delta H = 20^\circ\text{C} + \frac{25{,}000\text{m}^2 \cdot 8.375 \times 10^6 \text{J/m}^2 \cdot \text{d}}{7{,}500\text{m}^3/\text{d} \cdot 998.2\text{kg/m}^3 \cdot 4{,}182\text{J/kg} \cdot {}^\circ\text{C}} = 26.7\text{℃}$$

이 호수는 수표면 열이동에 의해 온도가 6.7℃ 상승함을 알 수 있다.

7.1.3 수표면 열이동

수표면 열이동 즉, 열흐름양은 그림 7.3과 같이 크게 5가지로 구성되어 있으며, 이 가운데 복사와 관련된 항이 3개 비복사와 관련된 항이 2개로 구분된다. 또한 수표면 열이동은 대기와 물의 온도차에 의해 발생하는 수종속항과 태양의 복사에너지에 의해서 발생하는 항으로 구분할 수 있다. 다음 식은 이를 나타낸 것으로 양의 값은 유입을 음의 값은 유출을 의미한다.

$$\Delta H = H_{sn} + H_{an} - (H_{br} + H_c + H_e) \tag{7.11}$$

여기서, H_{sn}는 순태양단파복사(net solar shortwave radiation)로 수중으로 유입되는 태양단파복사에서 수표면에서 반사되는 양을 뺀 것이며, H_{an}는 순대기장파복사(net atmospheric longwave radiation)로 수중으로 유입되는 대기장파복사에서 수표면에서 반사되는 양을 뺀 것이며, H_{br}은 수장파복사(water longwave radiation), H_c는 전도(conduction) 및 H_e는 증발(evaporation)에 의한 열이동이다. 복사는 전자기파(electromagnetic wave)의 형태로 에너지가 전달되므로 전달되는 물질의 재질에 영향을 받지 않으며 전도와 증발은 재질 즉, 분자운동에 의해 영향을 받는다. 각 항을 정량화하기 위한 다양한 이론 및 경험식 중에서 일반적으로 많이 사용하는 식이 다음에 나타나며 이 식들을 이해하기 위해서는 다음의 기본지식이 필요하다.

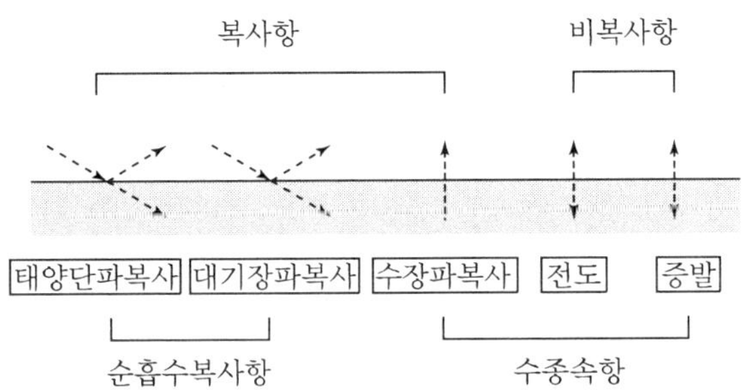

그림 7.3 수표면 열이동

가. Stefan-Boltzmann의 법칙

절대온도 0°K 이상의 물체는 항상 복사열을 발산하며 복사량은 물체의 온도가 상승하면 할수록 많아지며 파장은 짧아지는 것으로 알려져 있다. 오스트리아의 두 과학자인 Stefan과 Boltzman은 이론과 실험을 통하여 이를 다음과 같이 나타내었다.

$$H = \epsilon \sigma T^4 \tag{7.12}$$

여기서, ϵ는 물체의 방사율(emissivity of the radiating body), σ는 Stefan-Boltzmann 상수(4.9×10^{-3}) [$J/m^2 \cdot d \cdot {}^oK^4$] ($11.70\times10^{-8}$ [$cal/cm^2 \cdot d \cdot {}^oK^4$]) 및 T는 절대온도 [°K] 이다. 방사율이 1이면 완전한 복사열을 내는 물체임을 의미한다.

나. 대기 중의 수분

열의 이동과 관련 있는 대기 및 물의 밀도와 비열은 예제 7.1에 나와 있듯이 다르므로 대기 중의 수분함량은 열의 이동에 중요한 영향을 미친다. 대기 중의 수분함량을 나타내는 것이 상대습도(relative humidity)이며 다음과 같다.

$$R_h = \frac{e_a}{e_s} \times 100 \tag{7.13}$$

여기서, e_a는 대기증기압(vapor pressure of the air) [mmHg] 및 e_s는 포화증기압(saturation vapor pressure) [mmHg]이다. Raudkivi(1979)는 온도에 대한 포화증기압을 다음 식으로 제안하였다.

$$e_s = 4.596\, e^{\frac{17.27T}{237.3+T}} \tag{7.14}$$

때로 기상자료는 노점온도(T_d, dew point temperature)를 포함하기도 하므로 이를 이용하여 식 (7.15)와 같이 대기증기압을 산출하기도 한다. 그림 7.4는 온도 및 대기증기압을 상대습도에 따라 나타낸 것으로 식 (7.15)가 설명가능하다.

$$e_a = 4.596\, e^{\frac{17.27T_d}{237.3+T_d}} \tag{7.15}$$

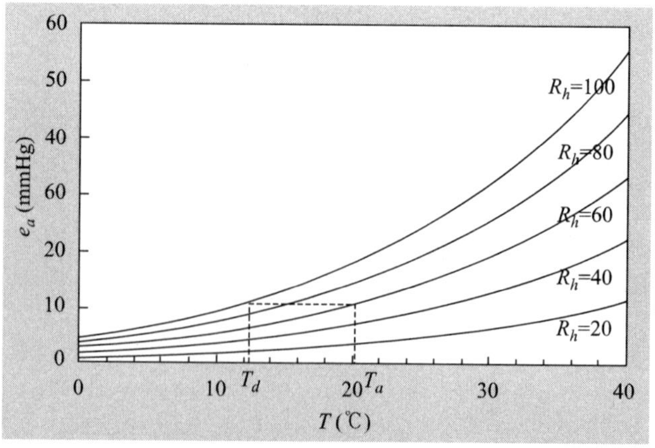

그림 7.4 대기증기압 및 상대습도

다. 순흡수복사(net absorbed radiation)

순흡수복사열은 태양에서 직접 야기되는 단파복사열과 대기에서 비롯되는 장파복사열로 구분할 수 있다. 태양단파복사열은 일사량계(pyrheliometer)로 직접 측정하거나 경·위도 및 태양의 기울기 등을 이용하는 경험식을 이용한다. 단파복사열의 반사는 태양의 고도(sun's altitude)에 따라 다른 값을 갖으며 고도가 큰 여름의 경우 반사되는 율은 겨울보다 작은 수치를 갖는다. 또한 반사는 수면의 상태에 따라 다른 값을 갖는데 이를 수면의 알비도(surface's albedo)라 한다. 순태양단파복사열(H_{sn})은 태양단파복사열(H_s)에서 수표면에서 반사되는 복사열(H_{sr})을 뺀 것이다.

순대기장파복사열(H_{an})은 다음과 같이 주어진다.

$$H_{an} = \sigma (T_a + 273)^4 (A + 0.031 \sqrt{e_a})(1 - R_L) \tag{7.16}$$

여기서, T_a는 대기온도 [℃], A는 청정하늘에서 복사열을 고려한 계수(0.5~0.7), e_a는 대기증기압 [mmHg] 및 R_L은 반사율(reflection rate(0.03) : 0은 무반사 1은 완전반사)이다. 이 식은 방사율이 1인 Stefan-Boltzmann 식에 대기의 조건이 고려된 식임을 알 수 있다.

라. 수종속항(water-dependent terms)

수장파복사열은 다음과 같이 주어진다.

$$H_{br} = \epsilon \sigma (T_s + 273)^4 \tag{7.17}$$

여기서, ϵ는 물의 방사율(0.97) 및 T_s는 수온 [℃]이다.

전도에 의한 열의 이동은 온도차를 나타내는 두 물체의 경계면에서 분자운동에 의하여 발생하며 다음과 같이 표시된다.

$$H_c = c_1 f(U_w)(T_s - T_a) \tag{7.18}$$

여기서, c_1은 Bowen의 계수(0.47) [mmHg/℃] 및 $f(U_w)$은 수표면 위 7 m 지점에서 측정된 유속 U_w [m/s]으로 다음과 같이 주어진다.

$$f(U_w) = 19 + 0.95 U_w^2 \tag{7.19}$$

식 (7.18)에 보이듯이 수온이 대기온도보다 크면 양의 값 즉, 열이 수중에서 대기로 이동하게 되며 반대로 수온이 대기온도보다 작으면 열이 대기에서 수중으로 이동하게 된다.

증발에 의한 열이동은 다음과 같다.

$$H_e = f(U_w)(e_s - e_a) \tag{7.20}$$

여기서, e_s는 수표면에서 포화증기압 [mmHg]이다. e_s 및 e_a는 수온과 대기온도로 표시할 수 있으므로 식 (7.18)과 비슷한 식이 된다. H_c 및 H_e 단위는 [cal/cm^2· d]으로 주어진다.

7.1.4 온도모델

가. 호수

위에서 언급한 모든 항을 식 (7.11)에 대입하고 이를 열수지방정식에 대입하면 다음 식이 얻어진다.

$$\rho C_p V \frac{dT_s}{dt} = Q\rho C_p T_{in} - Q\rho C_p T_s + A[H_{sn} + \sigma(T_a + 273)^4(A + 0.031\sqrt{e_a})$$
$$(1 - R_L) - \epsilon\sigma(T_s + 273)^4 - c_1 f(U_w)(T_s - T_a) - f(U_w)(e_s - e_a)] \tag{7.21}$$

이 식은 비선형이므로 해석해를 구하기가 쉽지 않지만 상미분방정식을 푸는 수치해석법을 이용하면 쉽게 해를 구할 수 있다. 정상상태에서 이 식은 다음과 같이 표시된다.

$$0 = \frac{Q\rho C_p}{A} T_{in} - \frac{Q\rho C_p}{A} T_s + H_{sn} + \sigma(T_a + 273)^4(A + 0.031\sqrt{e_a})(1 - R_L)$$
$$- \epsilon\sigma(T_s + 273)^4 - c_1 f(U_w)(T_s - T_a) - f(U_w)(e_s - e_a) \tag{7.22}$$

Exercise 7.3 수표면 열이동

다음과 같은 특성을 갖는 호수(V= 250,000 m^3, A = 25,000 m^2, 유입유량 = 유출유량 = 7,500 m^3/d)에서 유입수의 온도가 10℃, H_{sn} = 300 cal/cm^2· d, T_a = 25℃, T_d = 16.7℃, U_w = 3 m/s일 때 정상상태의 호수 온도를 구하라.

Solution

유입

$$\frac{Q\rho C_p}{A}T_{in} = \frac{7{,}500\times10^6\text{cm}^3/\text{d}\cdot0.998\,\text{g/cm}^3\cdot1\,\text{cal/g}\cdot℃}{25{,}000\times10^4\text{cm}^2}\cdot10℃ = 299\frac{\text{cal}}{\text{cm}^2\cdot\text{d}}$$

유출

$$-\frac{Q\rho C_p}{A}T_s = -\frac{7{,}500\times10^6\text{cm}^3/\text{d}\cdot0.998\,\text{g/cm}^3\cdot1\,\text{cal/g}\cdot℃}{25{,}000\times10^4\text{cm}^2}\cdot T_s = -29.95\,T_s\frac{\text{cal}}{\text{cm}^2\cdot\text{d}}$$

대기장파복사

$A=0.6$이라 가정하고 대기증기압은 다음과 같이 구해지며 대기장파복사가 계산된다.

$$e_a = 4.596\,e^{\frac{17.27\,T_d}{237.3+T_d}} = 4.596\,e^{\frac{17.27\cdot16.7}{237.3+16.7}} = 14.3\text{ mmHg}$$

$$\sigma(T_a+273)^4(A+0.031\sqrt{e_a})(1-R_L)$$

$$=11.70\times10^{-8}\frac{\text{cal}}{\text{cm}^2\cdot\text{d}\cdot{}^\circ\text{K}^4}(25+273)^4(0.6+0.031\sqrt{14.3})(1-0.03)=642\frac{\text{cal}}{\text{cm}^2\cdot\text{d}}$$

수장파복사

$$-\epsilon\sigma(T_s+273)^4 = -0.97(11.70\times10^{-8})(T_s+273)^4 = -11.35\times10^{-8}(T_s+273)^4$$

전도

$f(U_w)$ 및 전도로 인한 열이동은 다음으로 계산된다.

$$f(U_w) = 19+0.95\,U_w^2 = 19+0.95\times3^2 = 27.55$$

$$-c_1 f(U_w)(T_s-T_a) = -0.47\times27.55(T_s-25) = -12.95(T_s-25)$$

증발

$$-f(U_w)(e_s-e_a) = -27.55(4.596\,e^{\frac{17.27\,T_s}{237.3+T_s}}-14.3)$$

위에 있는 모든 항을 식 (7.22)에 대입하면 다음으로 주어지며

$$0=1{,}241-29.95\,T_s-11.35\times10^{-8}(T_s+273)^4-12.95(T_s-25)$$

$$-27.55(4.596e^{\frac{17.27\,T_s}{237.3+T_s}}-14.3)$$

시행오차법(시산법, 試算法) 또는 수치적으로 해를 구하면 $T_s=17.31$℃가 구해진다.

나. 간단한 호수모델

Edinger 등(1974)은 다음과 같이 간단히 열유입과 열유출로 수계에서의 열수지방정식을 제안하였다.

$$\frac{dT}{dt} = \frac{\Delta H}{\rho C_p H} \tag{7.23}$$

여기서, ΔH는 순열유 · 출입량 [J/m^2· d] 및 H는 수심 [m]이다. ΔH는 다음으로 주어지며

$$\Delta H = K(T_e - T) \tag{7.24}$$

여기서, T_e는 평형온도(equilibrium temperature) [℃] 및 K는 총열교환계수(overall heat exchange coefficient) [J/m^2· d · ℃ = 86,400 W/m^2· ℃]이다. 평형온도는 다음의 경험식으로 표시하며

$$T_e = T_d + \frac{H_s}{K} \tag{7.25}$$

식 (7.24) 및 (7.25)를 (7.23)에 대입하면 간단한 열수지식이 얻어진다.

$$\frac{dT}{dt} = \frac{K(T_d - T) + H_s}{\rho C_p H} \tag{7.26}$$

여기서, $K = 4.5 + 0.05T + \beta f(U_w) + 0.47 f(U_w)$ [W/m^2· ℃] (7.27)

$$\beta = 0.35 + 0.015T_m + 0.0012T_m^2 \quad \text{[mmHg/℃]} \tag{7.28}$$

$$T_m = \frac{T + T_d}{2} \tag{7.29}$$

$$f(U_w) = 9.2 + 0.46U_w^2 \quad \text{[W/m}^2\text{· mmHg]} \tag{7.30}$$

U_w의 단위는 [m/s]이다. 식 (7.24)를 식 (7.23)에 대입하여 구한 해석해는 4장에서 언급한 바와 같이 일반해와 특수해의 합으로 다음과 같이 주어지고 이 식으로부터 시간에 대한 온도변화를 파악할 수 있다.

$$T = T_o e^{-\frac{K}{\rho C_p H}t} + T_e\left(1 - e^{-\frac{K}{\rho C_p H}t}\right) \tag{7.31}$$

온도변화는 식 (7.31) 또는 식 (7.26)을 사용하여 간단하게 파악할 수 있지만 실제수계 즉, 열오염원이 다양하게 분포하는 곳에서는 수온이 시간이 경과함에 따라 평형온도에 도달하는 것이 아니라 시시각각으로 변할 수 있으므로 이 식을 적용하는 것은 한계가 있다.

다. 하천 및 하구

이송 및 확산이 존재하는 하천 및 하구에서 점 및 분산열유입이 존재하지 않는 경우 열수지 방정식은 다음과 같이 표시된다.

$$\frac{\partial T}{\partial t} + U\frac{\partial T}{\partial x} = E\frac{\partial^2 T}{\partial x^2} \pm \frac{A}{\rho C_p V}\Delta H \tag{7.32}$$

이 식은 ΔH항에 비선형식을 포함하므로 해석해를 구하기가 힘들지만 수치적으로 쉽게 해를 구할 수 있으며 정상상태의 경우 다음과 같이 주어진다.

$$E\frac{d^2 T}{dx^2} - U\frac{dT}{dx} \pm \frac{A}{\rho C_p V}\Delta H = 0 \tag{7.33}$$

이 식은 비선형상미분방정식으로 만약 ΔH항을 선형화할 수 있다면 쉽게 해를 구하여 온도파악 등 수질관리에 이용할 수 있다. 수치해석 및 선형화하여 식 (7.32) 및 (7.33)을 해석하는 방법 등은 고위 과정으로 미룬다. 호수에서와 같이 이송만을 고려한 하천 즉, PFR시스템에서는 간단하게 다음의 열수지방정식을 이용하여 열오염관리를 할 수 있다.

$$U\frac{dT}{dx} = \frac{K}{\rho C_p H}(T_e - T) \tag{7.34}$$

식 (7.34)의 해석해는 다음과 같고 이 식으로부터 하천의 온도는 하류로 유하하면서 평형온도 T_e에 근접해 감을 알 수 있다.

$$T = T_o e^{-\frac{K}{\rho C_p H U}x} + T_e\left(1 - e^{-\frac{K}{\rho C_p H U}x}\right) \tag{7.35}$$

Exercise 7.4 하천 수온

온배수가 유입하는 다음과 같은 특성을 갖는 하천(U = 5 cm/s, H = 1 m, ρ = 1 g/cm^3, C_p = 1 cal/g·℃)에서 10 km 떨어진 A지점의 온도를 측정한 결과 25.5℃일 때 총열교환계수(K)를 산정하라. 단, 평형온도(T_e)는 하천의 온도 25℃와 같다.

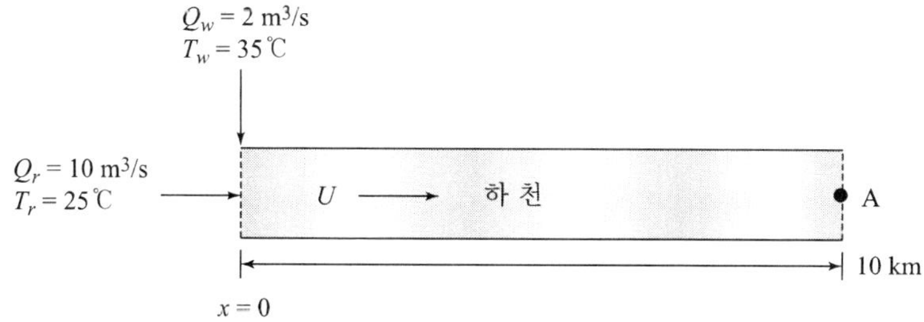

Solution

온배수가 유입하는 하천지점의 초기수온 T_0는 다음과 같다.

$$T_0 = \frac{2\,\text{m}^3/\text{s} \times 35℃ + 10\,\text{m}^3/\text{s} \times 25℃}{10\,\text{m}^3/\text{s} + 2\,\text{m}^3/\text{s}} = 26.7\,℃$$

식 (7.35)에서 $\frac{K}{\rho C_p HU} = \lambda$라 하고 이 식을 정리하면 $\lambda = -\frac{1}{x}\ln\frac{T - T_e}{T_0 - T_e}$가 얻어지며

$$\lambda = -\frac{1}{10\,\text{km}}\ln\frac{25.5 - 25}{26.7 - 25} = 0.122\,/\text{km}$$

따라서

$$\begin{aligned} K = \lambda\rho C_p HU &= 0.122\frac{1}{\text{km}} \times 1\frac{\text{g}}{\text{cm}^3} \times 1\frac{\text{cal}}{\text{g}\cdot℃} \times 1\,\text{m} \times 5\frac{\text{cm}}{\text{s}} \times \frac{\text{km}}{1{,}000\text{m}} \times 86{,}400\frac{\text{s}}{\text{d}} \\ &= 52.7\,\text{cal}/\text{cm}^2\cdot\text{d}\cdot℃ \end{aligned}$$

온배수가 유입하는 지점의 하천 수온 26.7℃는 하천 거리를 유하하면서 52.7 $\text{cal/cm}^2\cdot\text{d}\cdot℃$ 열교환을 통하여 25℃로 근접해 간다.

7.2 성층화 호수

물은 4℃에서 최대의 밀도를 나타내므로 사계절이 뚜렷한 우리나라와 같은 기후대에 존재하는 호수에서는 가을과 봄에 전도(turn over)현상 즉, 호수의 저수층(hypolimnion)과 표수층(epilimnion)의 물이 완전히 혼합되게 된다. 이를 더욱 자세히 설명하면 수직온도분포가 일정한 초기 호수상태에서 대기온도 및 복사량이 증가하는 여름기간에 표수층의 온도는 상승하나 저수층의 온도는 미미하게 변한다. 이는 높은 밀도를 갖는 물이 저수층에 존재하여 위, 아래 혼합이 발생하지 않으며 가을에는 복사량의 감소로 표수층의 온도가 하락하고 점점 표수층과 저수층의 온도가 같아지는 시기까지 진행되어 이 순간에 바람에 의한 영향 등 물리적인 힘이 가해지면 위, 아래 혼합이 발생하게 된다. 겨울에는 표수층의 온도가 4℃보다 낮게 분포하며 봄이 되어 해빙이 되면서 다시 4℃의 표수층이 생겨 전도현상이 한 번 더 일어나게 된다. 성층화되는 조건 즉, 전도현상에 따라 호수를 구분하면 다음과 같다.

- 한대 단전도 호수(Cold monomictic lake)
  일 년을 주기로 여름에 한 번 전도되는 호수 (수온 ≤ 4℃)
- 복전도 호수(Dimictic lake)
  일 년을 주기로 봄 및 가을로 두 번 전도되는 호수
- 온대 단전도 호수(Warm monomictic lake)
  일 년을 주기로 겨울에 한 번 전도되는 호수 (수온 ≥ 4℃)
- 빈전도 호수(Oligomictic lake)
  전도가 거의 일어나지 않는 열대지방의 호수 (수온 ≫ 4℃)

호수가 유체의 이동으로 혼합이 발생하는지 아니면 반대로 정체되어 있는지 파악하는 것은 호수수질관리에 매우 중요하다. Richardson 수(Richardson's number)는 호수의 안정 및 혼합정도를 나타내는 무차원수이다. 성층으로 인한 수온의 안정상태는 에너지와 수질관리대상항목의 연직교환을 억제하는 부력으로 또한 호수의 혼합상태는 흐름으로 발생하는 전단력으로 정량화할 수 있으며 무차원수인 Richardson 수는 다음과 같이 부력과 전단력의 비이다.

$$\mathrm{Ri} = \frac{\text{부력}}{\text{전단력}} = \frac{\dfrac{g}{\rho}\dfrac{\partial \rho}{\partial z}}{\left(\dfrac{\partial u}{\partial z}\right)^2} \tag{7.36}$$

여기서, g는 중력가속도 $[LT^{-2}]$, z는 수표면에서부터 호수 바닥으로 표시하는 수심 [L] 및 u는 유속 $[LT^{-1}]$이다. $\mathrm{Ri} > 0.25$이면 수체는 안정되어 있으며, $\mathrm{Ri} < 0.25$ 이면 혼합이 발생한다고 한다.

7.2.1 성층화 호수 모델

성층화된 호수를 관리하기 위한 모델은 혼합층 모델(mixed layer model)과 난류 또는 와확산 모델(eddy diffusion model)로 대별할 수 있다. 각각을 소개하면 다음과 같다.

가. 혼합층 모델(mixed layer model)

수리학적 특성이 비슷한 영역을 CSTR로 가정하여 해석하는 방법으로 2개의 혼합층 즉, 2층 모델(two-layers model)이 일반적으로 많이 사용된다. 그림 7.5와 같이 성층화된 호수에서 CSTR로 가정한 각 층에 대한 열수지방정식은 다음과 같이 주어진다.

$$V_e \rho C_p \frac{dT_e}{dt} = Q\rho C_p T_{in}(t) - Q\rho C_p T_e \pm A_s \Delta H + v_t A_t \rho C_p (T_h - T_e) \tag{7.37}$$

$$V_h \rho C_p \frac{dT_h}{dt} = v_t A_t \rho C_p (T_e - T_h) \tag{7.38}$$

여기서, A_s는 수표면적 [L^2], A_t는 표수층과 저수층이 만나는 접촉면적 [L^2] 및 v_t는 수온약층 또는 열층(metalimnion or thermocline)에서의 열전달계수(heat transfer coefficient) [LT^{-1}]이며 아래첨자 h 및 e는 저수층 및 표수층을 나타낸다. 실제 호수에서는 표수층과 저수층 사이에 수온약층 또는 열층이 존재하며 그림 7.5에서와 같이 급격한 온도변화를 보이고 이 구간에서 확산은 다음과 같이 표시된다.

$$E_t = z_t v_t \tag{7.39}$$

여기서, E_t는 수직확산계수(vertical diffusion coefficient) [L^2T^{-1}] 및 z_t는 열층의 두께 [L]이다. Snodgrass(1974)는 여러 호수의 자료를 이용하여 E_t는 호수의 평균수심($\bar{z}$)과 일정한 관계가 있고 대략 0.003~2.4 cm^2/s의 범위에 존재함을 밝혔으며 다음의 식을 제안하였다.

$$E_t = 7.07 \times 10^{-4}\ \bar{z}^{\,1.1505} \tag{7.40}$$

여기서, E_t 및 $\bar{z}$의 단위는 각각 [cm^2/s] 및 [m] 이다.

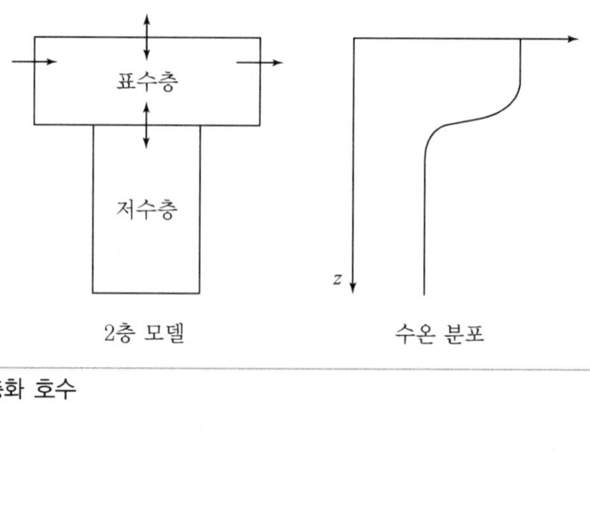

그림 7.5 성층화 호수

열전달계수는 표수층 및 저수층에서 측정한 수온자료를 이용하여 구할 수도 있으며 식 (7.38)을 다시 쓰면 다음과 같다.

$$\frac{dT_h}{dt} + \lambda_h T_h = \lambda_h \overline{T}_e \tag{7.41}$$

여기서, $\lambda_h = v_t A_t / V_h$ 이며 $\overline{T}_e$는 성층이 발생하는 기간에서 일정한 값으로 가정한 표수층 평균온도이다. 만약 성층이 지속되는 기간의 시작점에서 저수층의 온도를 $T_{h,i}$라면 식 (7.41)의 해는 다음으로 주어진다.

$$T_h = T_{h,i} e^{-\lambda_h t} + \overline{T}_e (1 - e^{-\lambda_h t}) \tag{7.42}$$

성층이 시작되고 일정기간의 시간(t_s)이 경과한 후 저수층의 온도를 $T_{h,s}$라면 이를 식 (7.42)에 대입하여 v_t에 대하여 정리하면 다음과 같고 열전달계수를 파악할 수 있다.

$$v_t = \frac{V_h}{A_t t_s} \ln\left(\frac{\overline{T}_e - T_{h,i}}{\overline{T}_e - T_{h,s}}\right) \tag{7.43}$$

V_e, V_h, A_t, A_s, v_t 및 Q 등이 파악되면 식 (7.37) 및 (7.38)을 사용하여 호수의 표수층 및 저수층의 수온 변화를 파악할 수 있으며 해석해와 함께 상미분방정식을 푸는 다양한 수치해법이 적용 가능하다.

Exercise 7.5 열전달계수

예제 7.3과 같은 호수에서 열층의 두께(z_t)가 2 m로 주어질 경우 열전달계수를 구하라.

Solution

평균수심은 다음으로 계산된다.

$$\bar{z} = \frac{V}{A_s} = \frac{250{,}000}{25{,}000} = 10\ \mathrm{m}$$

Snodgrass식을 이용하여 확산계수를 구하면 다음과 같고 열전달계수가 얻어진다.

$$E_t = 7.07 \times 10^{-4}\ \bar{z}^{1.1505} = 7.07 \times 10^{-4} 10^{1.1505} = 0.01\ \mathrm{cm^2/s}$$

$$v_t = \frac{E_t}{z_t} = \frac{0.01\mathrm{cm^2/s}}{2\mathrm{m}} \frac{\mathrm{m^2}}{10{,}000\mathrm{cm^2}} \frac{86{,}400\mathrm{s}}{\mathrm{d}} = 0.0432\ \mathrm{m/d}$$

나. 와확산 모델(eddy diffusion model)

와확산 모델은 분자확산 및 와확산계수를 사용하여 온도분포를 모의하는 것으로 자세한 온도분포를 파악하기 위해서는 이 방법이 필요하다. 이송이 고려되지 않은 1차원 열수지방정식은 다음과 같이 주어진다.

$$\frac{\partial T}{\partial t} = \frac{1}{A_c}\frac{\partial}{\partial z}\left[A_c(\mu+E)\frac{\partial T}{\partial z}\right] - \frac{1}{\rho C_p A_c}\frac{\partial[H_{sn}(z)A_c]}{\partial z} \tag{7.44}$$

여기서, z는 수표면에서 호수 바닥으로의 거리 [L], A_c는 호수 단면적 [L^2], μ는 분자확산계수 [L^2T^{-1}], E는 와확산계수 [L^2T^{-1}] 및 $H_{sn}(z)$은 순태양단파복사와 관련한 수심변동 열흐름양 [MT^{-3}]이다. 식 (7.44)는 초기조건(식 7.45) 및 경계조건(열흐름양을 고려한 Neumann 조건식 7.46 및 7.47)이 주어지면 편미분방정식을 해석하는 수치방법으로 해를 구할 수 있다.

$$T(z,0) = T_0 \tag{7.45}$$

$$\rho C_p\left(E\frac{\partial T}{\partial z}\right)_{z=b} = 0 \tag{7.46}$$

$$\rho C_p\left(E\frac{\partial T}{\partial z}\right)_{z=0} = [H_{sn} + H_{an} - (H_{br} + H_c + H_e)] \tag{7.47}$$

여기서, b는 하천 바닥이다. 혼합층 모델은 CSTR을 적용한 것이라면 난확산 모델은 확산만 존재하는 MFR을 적용한 것과 같다.

다. 모델 적용

미국 미네소타주에 위치한 Calhoun 호수에 대하여 1차원 와확산 모델 및 혼합층 모델을 적용하였다(김경섭, 1996). 와확산 모델은 유한차분법중 양해법을 사용하였으며 혼합층 모델은 4차 Runge-Kutta 방법을 사용하였다. 와확산 모델을 적용한 수표면 수온변화 및 수심에 따른 수온변화가 실측치와 함께 그림 7.6에 나타나 있으며 모의치는 실측치를 잘 따르는 것을 알 수 있다.

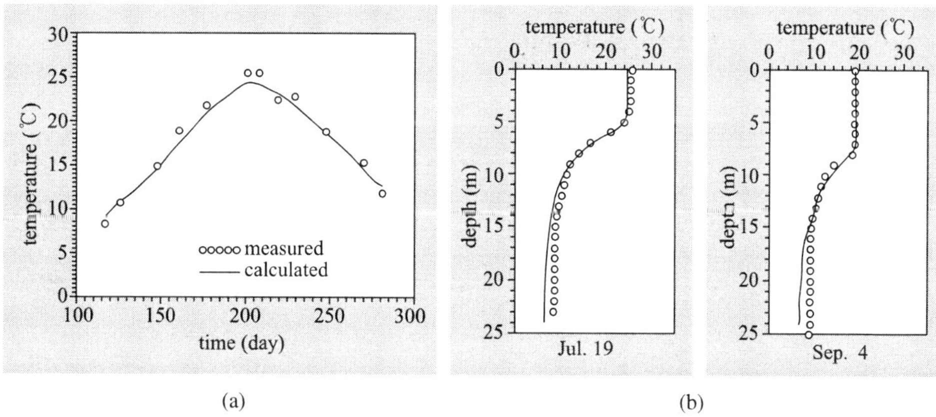

그림 7.6 Calhoun 호수 수표면 온도변화 (a) 및 수심 수온변화 (b)

2개의 혼합층 모델을 적용하기 위하여 열전달계수는 식 (7.43)을 사용하여 파악하였다. 그림 7.7은 와확산 및 혼합층 모델 각각에 대하여 표수층 및 저수층의 수온변화를 도시한 것으로 각 모델 모의결과는 실측치를 잘 따르는 것을 알 수 있으며 와확산 모델의 저수층 온도 모의결과는 다소 실측치보다 작게 나타나는 것으로 파악된다.

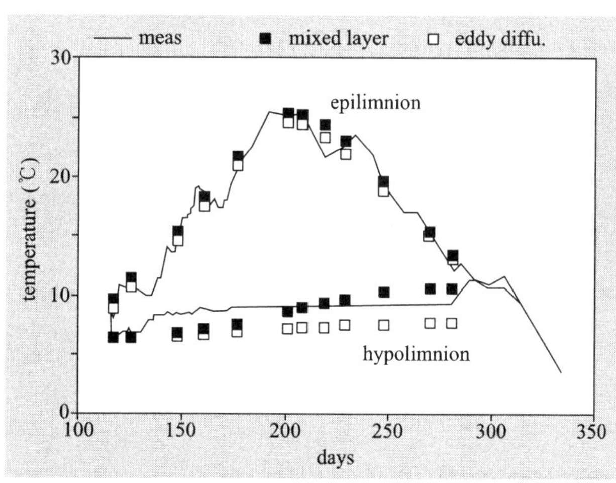

그림 7.7 표수층 및 저수층 수온변화

제7장 연습문제

7.1 예제 7.2에서 호수의 온도가 30℃가 되기 위한 수표면 열이동은 얼마가 되어야 하는지 산정하라.

7.2 어떤 호수에 온도가 40℃, 유량이 7 m^3/s인 지류가 유입된다.

a) 정상상태의 호수 유출온도가 25℃, $\Delta H = -200$ cal/cm^2· d일 때 수표면적을 구하라.

b) 지류의 유입 및 유출이 없다고 가정할 경우 시간에 대한 호수의 온도변화를 도시하라. 단, $T_0 = 30$℃, $V = 5\times10^{-3}$ km^3, T_e(평형온도) = 25℃, $K = 40$ cal/cm^2· d ·℃이다.

7.3 호수의 기상자료가 다음으로 주어진다.

$H_s = 510$ cal/cm^2· d

상대습도 = 90%

기온 = 30℃

풍 속 = 1.5 m/s

수온 = 26℃

a) 총열교환계수 K[cal/cm^2· d ·℃]를 구하라.

b) 평형온도(T_e)를 구하라.

7.4 예제 7.4의 특성을 갖는 하천에서 온배수 유입 후 유하거리 20 km까지 수온의 변화를 도시하고 2장에서 언급한 응답시간과 같이 90% 응답거리를 구하라.

8

CHAPTER

용존산소

(Dissolved Oxygen)

子曰

學而不思則罔
思而不學則殆

知之爲知之
不知爲不知
是知也

논어, 위정편

용존산소(dissolved oxygen)는 지표수(surface water)에서 수질관리의 중요한 지표로써 1세기 전부터 언급되어 왔으며 우리나라에서도 수질기준의 항목으로 삼고 있다. 대기 중에 존재하는 산소는 수중에 산소가 부족할 때 수중으로 녹아 들어가며 역으로 수중식물의 광합성(photosynthesis)작용에 의해 생성되는 산소는 수중에 산소가 풍부할 경우 대기로 방출되기도 한다. 또한 식물의 광합성 및 호흡(respiration) 작용과 관련 있는 이산화탄소는 수중의 탄산염시스템(carbonate systems)에 영향을 미치기도 한다. 용존산소와 관련 있는 식물의 광합성과 호흡을 그림으로 간단히 표시하면 다음과 같다.

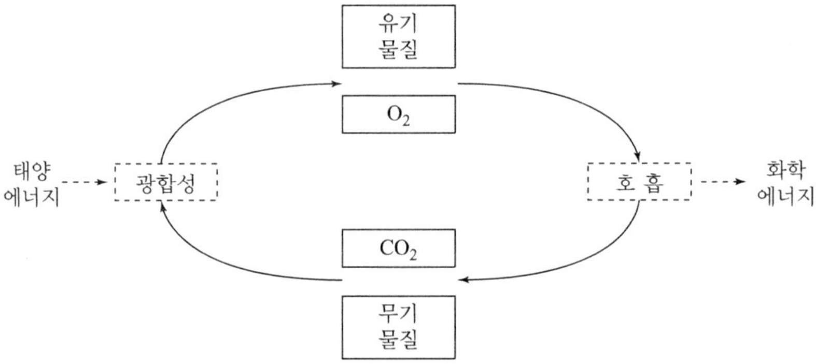

그림 8.1 광합성과 호흡

식물(plants)은 광합성작용에 의하여 수체의 무기물질을 복잡한 유기물질로 바꾸며 이 물질은 다른 유기체(bacteria or animals)의 에너지공급원으로 작용하며 식물체의 호흡 및 다른 유기체의 사멸(decomposition)에 의하여 유기물질은 다시 무기물질로 전환된다. 이 과정에서 산소와 탄소 및 여러 성분이 관여하지만 이를 간단히 나타내면 다음과 같은 가역화학반응식으로 표시할 수 있다.

$$6CO_2 + 6H_2O \rightleftarrows C_6H_{12}O_6 + 6O_2 \tag{8.1}$$

일반적으로 용존산소문제는 산소요구량이 많은 폐수가 수체 내에 유입하면서 이로 인한 기준이하의 용존산소부분이 존재하면서 발생한다. 수체 내에서 용존산소의 분포에 영향을 미치는 요소를 정리하면 다음과 같다.

- 대기로부터의 재포기(reaeration)
- 수중식물의 광합성 및 호흡 작용
- 탄소화합물의 산화
- 질소화합물의 산화
- 퇴적물의 산소요구량
- 외부로부터의 점 또는 비점오염원 유입

8.1 생화학적 산소요구량(Biochemical Oxygen Demand)

8.1.1 탄소계 산소요구량(Carbonaceous BOD : CBOD)

탄소화합물의 산화와 관련 있는 것이 CBOD이다. 예제 8.1에 나와 있는 실험을 통하여 CBOD의 양을 파악할 수 있다.

Exercise 8.1 포도당(glucose)의 산화

300 mL BOD병에 2 mg의 포도당, 일정양의 박테리아 및 깨끗한 물을 넣고 봉하여 배양기에 존치할 경우 BOD병에 존재하는 산소 농도의 변화를 시간에 따라 파악하라. 단, 포도당의 분해계수는 0.1 /d이며 초기용존산소는 10 mg/L이다.

Solution

포도당의 산화는 다음과 같이 쓸 수 있다.

$$C_6H_{12}O_6 + 6O_2 \rightarrow 6CO_2 + 6H_2O$$

포도당에 대하여 물질수지방정식을 세우면 다음과 같고

$$V\frac{dg}{dt} = -k_1 Vg$$

여기서, g는 포도당의 농도 [mg-glucose/L] 및 k_1은 포도당의 분해계수 [/d]이며, 이 식의 해는 다음으로 주어진다.

$$g = g_0 e^{-k_1 t}$$

산소의 물질수지방정식은 다음과 같다.

$$V\frac{dc}{dt} = -r_{og}k_1 Vg$$

여기서, c는 산소의 농도 [mg-O/L] 및 r_{og}는 포도당과 산소의 양론변환계수(stoichiometric conversion factor : 환산인자) [mg-O/mg-glucose]이며 포도당의 물질수지방정식에서 구한 해를 대입하면 다음으로 주어지며

$$V\frac{dc}{dt} = -r_{og}k_1 Vg_0 e^{-k_1 t}$$

이 식의 해는 초기산소 농도가 c_0이면 다음과 같다.

$$c = c_0 - r_{og}g_0(1 - e^{-k_1 t})$$

시간이 무한히 경과하면 위 식은 다음과 같이 표현되고

$$c = c_0 - r_{og}\,g_0$$

초기 포도당의 농도(g_0) 및 r_{og}는 다음으로 계산된다.

$$g_0 = \frac{2\,\text{mg}-\text{glucose}}{300\,\text{mL}}\frac{1{,}000\,\text{mL}}{\text{L}} = 6.6667\,\frac{\text{mg-glucose}}{\text{L}}$$

$$r_{og} = \frac{6(32)}{6\times 12 + 1\times 12 + 6\times 16} = 1.0667\,\frac{\text{mg-O}}{\text{mg-glucose}}$$

포도당의 초기농도 [mg-glucose/L]를 양론변환계수를 사용하여 산소상당량 즉, [mg-O/L]로 나타내면 다음과 같고

$$r_{og}\,g_0 = 1.0667\times 6.6667 = 7.1111\,\text{mg-O/L}$$

산소는 시간이 지남에 따라 일정한 값으로 수렴한다.

$$c = c_0 - r_{og}g_0 = 10 - 7.1111 = 2.8889\,\text{mg-O/L}$$

시간에 따른 포도당 및 산소의 변화가 다음 표 및 그림에 나타나 있다. 표 및 그림으로부터 포도당의 농도는 시간이 지나면서 점점 감소하여 완전히 분해되는 0에 가까워짐을 알 수 있으며 산소의 농도는 수렴 값인 2.8889 mg-O/L에 근접함을 알 수 있다.

시간(day)	포도당(mg-O/L)	산소(mg-O/L)
0	7.111	10.000
5	4.313	7.202
10	2.616	5.505
15	1.587	4.476
20	0.962	3.851
25	0.584	3.473
-	-	-
50	0.048	2.937

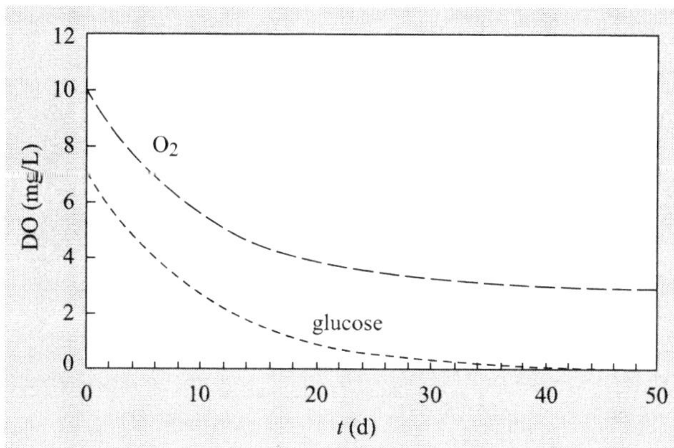

생화학적 산소요구량은 예제 8.1과 같이 분해되는 유기물의 성분을 알면 쉽게 구할 수 있다. 그러나 실제 자연수계에서 유기물의 성분을 알기란 거의 불가능하므로 실측이 가능한 유기물의 탄소함량으로 유기물의 농도를 나타내어 양론변환계수를 사용하여 분해가능한 유기물의 양 즉, 농도를 다음과 같이 구한다.

$$L = r_{oc} C_{\mathrm{org}} \tag{8.2}$$

여기서, C_{org}는 분해가능한 유기물의 탄소함유 농도(전유기탄소(TOC) : Total Organic Carbon) [mg-C/L], r_{oc}는 탄소와 산소의 양론변환계수 [mg-O/mg-C] 및 L은 산소로 나타나는 유기물의 농도 [mg-O/L]이다. 식 (8.1)로 주어지는 포도당의 화학반응식에서 r_{oc}는 다음과 같다.

$$r_{oc} = \frac{6(32)}{6(12)} = 2.67\ \frac{\text{mg-O}}{\text{mg-C}} \tag{8.3}$$

BOD병에서 분해가능한 유기물의 물질수지방정식은 다음과 같고

$$V\frac{dL}{dt} = -k_1 VL \tag{8.4}$$

이 식의 해는 다음으로 주어진다.

$$L = L_0 e^{-k_1 t} \tag{8.5}$$

여기서, L_0는 초기유기물의 농도 [mg-O/L]이다. 소모된 산소의 양(y) 즉, BOD는 다음으

로 계산된다.

$$y = \mathrm{BOD} = L_0 - L = L_0(1 - e^{-k_1 t}) = \mathrm{BOD_u}(1 - e^{-k_1 t}) \tag{8.6}$$

여기서, BODu(ultimate BOD)는 최종 BOD이며 주의해야 할 것은 L 및 BOD의 단위는 모두 [mg-O/L]라는 점이다. 예제 8.1의 산화 가능한 유기물질(L)과 BOD를 그래프로 나타내면 그림 8.2와 같으며 BODu는 포도당 초기농도(L_0)인 7.111 mg-O/L로 나타남을 알 수 있다.

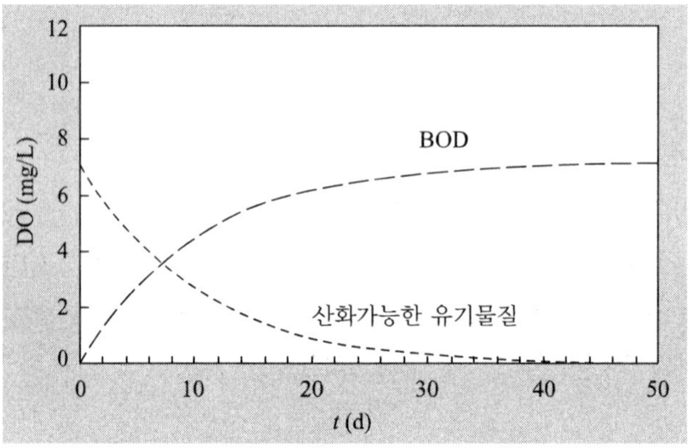

그림 8.2 유기물질과 BOD

Exercise 8.2 매개변수 추정

도시하수 시료의 BOD실험을 통하여 다음과 같은 자료를 얻었다. BOD 분해계수(k_1)와 최종 BOD (BODu)를 실측치와 계산치 차이의 제곱 합을 최소화하는 최소자승법을 사용하여 구하라.

t (d)	1	2	3	4	5	6
BOD (mg/L)	15.8	26.7	37.4	45.9	50.1	56.1

Solution

Excel의 해 찾기 기능을 사용하여 BOD 실측치와 BOD 계산치 차이(오차 : Error)의 제곱(SE : Square Errors)의 합(SSE : Sum of Square Errors)을 최소화하는 최소자승법을 적용하여 BOD 분해계수(k_1)와 최종 BOD(BODu)를 산정하였다. Excel 해 찾기 수행 결과가 다음의 Excel 시트에 나와 있으며 이로부터 k_1 = 0.231 /d, BODu = 74.555 mg/L을 파악하였고 이 계수를 적용한 BOD 계산치와 BOD 실측치를 비교한 결과가 그림으로 나타나 있다.

식 (8.6)은 미분방정식 $dy/dt + k_1 y = k_1 \mathrm{BOD_u}$의 특수해이므로 이 식의 k_1 및 BODu는 2장에서 언급한 반응차수 및 반응속도상수를 파악할 수 있는 미분법 등을 사용하여 구할 수도 있다.

	A	B	C	D	F
1	Example 8_2				
2	k_1 (/d)=	0.231			
3	$\mathrm{BOD_u}$ (mg/L)=	74.555			
4					
5	t (d)	BOD_실측	BOD_계산	SE	
6	1	15.8	15.355	0.198	
7	2	26.7	27.548	0.719	
8	3	37.4	37.230	0.029	
9	4	45.9	44.917	0.966	
10	5	50.1	51.021	0.849	
11	6	56.1	55.868	0.054	
12					
13			SSE=	2.815	

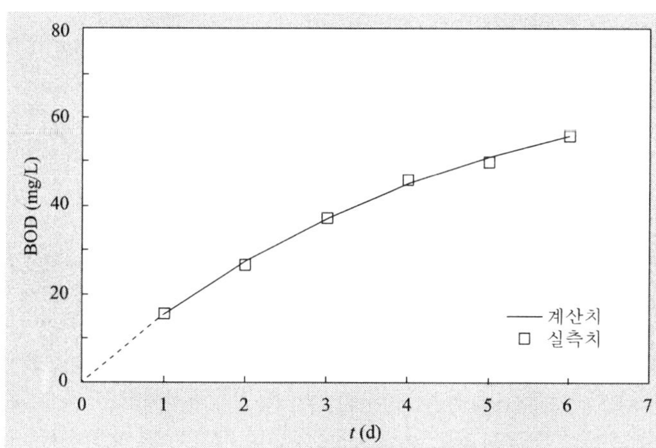

식 (8.6) 이외에 산소의 변화는 다음과 같은 산소에 대한 물질수지방정식을 이용하여 구할 수 있다.

$$V\frac{dc}{dt} = -k_1 V L_0 e^{-k_1 t} \tag{8.7}$$

이 식의 해는 다음과 같으며

$$c = c_0 - L_0(1 - e^{-k_1 t}) \tag{8.8}$$

c_0 및 L_0가 같으면 식 (8.8)은 식 (8.5)와 같다.

가. 하천에서 BOD 모델

일정한 흐름의 특성을 갖는 하천에서 분해가능한 유기물(L)의 물질수지방정식은 다음과 같이 주어진다.

$$\frac{\partial L}{\partial t} = -U\frac{\partial L}{\partial x} - k_r L \tag{8.9}$$

여기서, k_r은 유기물의 총손실계수 [T^{-1}]로 다음으로 표시되며

$$k_r = k_d + k_s \tag{8.10}$$

k_d는 용존 유기물질의 분해계수 [T^{-1}], k_s는 침강 또는 침전으로 인한 손실계수 [T^{-1}]이다. 실제 수계에서의 손실계수는 실험실에서의 값과는 다르므로 식 (8.10)과 같이 구분하여 표시하며($k_d = k_1$) k_s는 다음과 같이 하천의 수심(H)을 이용하여 나타내기도 한다.

$$k_s = \frac{v}{H} \tag{8.11}$$

여기서, v는 BOD의 침강속도 [LT^{-1}]이다.

정상상태에서 식 (8.9)는 다음과 같으며

$$0 = -U\frac{\partial L}{\partial x} - k_r L \tag{8.12}$$

이 식의 해는 초기 유기물의 농도(L_0)를 이용하여 다음으로 주어진다.

$$L = L_0\, e^{-\frac{k_r}{U}x} \tag{8.13}$$

이 식은 유기물의 변화뿐만 아니라 실제 수계에서 총손실계수 산정에 이용할 수 있다. 식 (8.13)의 양변에 자연로그를 취하면 다음과 같으며

$$\ln L = \ln L_0 - k_r \frac{x}{U} \tag{8.14}$$

$\ln L$과 x/U에 대하여 그래프를 그리면 k_r을 산정할 수 있다. 일반적으로 하수의 하천유입으로 인한 유기물의 손실계수는 유입된 지점 바로 아래유역에서는 산화가능한 유기물질 및 침강 또는 침전 가능한 유기물질의 다량분포로 큰 값을 갖으며 이 유역 아래에서는 분해가능한 유기물질이 적으므로 상대적으로 작은 값을 갖는다. 이를 도시하면 그림 8.3과 같다.

이 그림은 하수유입 하류유역의 손실계수가 다르게 나타나는 두개의 영역을 보여주고 있으며 일반적으로 난분해성물질의 존재로 k_{d2}는 k_{d1}보다 작은 값을 갖는다.

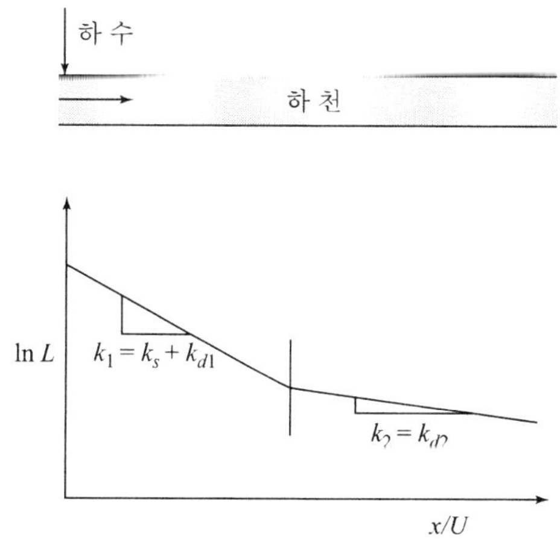

그림 8.3 하천에서 손실계수의 변화

일반적으로 CBOD 분해계수 또는 손실계수는 표 8.1과 같이 주어진다. 표 8.1의 Chapra 자료에 의하면 미처리수 CBOD는 1차 처리수 CBOD에 비하여 약 2배, 2차 처리수 CBOD에 비하여 약 5배 정도 빠르게 진행됨을 알 수 있다.

표 8.1 CBOD 손실계수 (@ 20℃)

자 료		k_r (/d)
Chapra	미처리수	0.2 ~ 0.5
	1차 처리수	0.1 ~ 0.3
	2차 처리수	0.05 ~ 0.1
QUAL2E 매뉴얼		0.02 ~ 3.4
국내 대형 수계 QUAL2E 모델 적용		0.02 ~ 0.2

8.1.2 질소계 산소요구량(Nitrogenous BOD : NBOD)

자연수계에서 질소(nitrogen)는 여러 형태로 존재하면서 순환하며 이를 그림 8.4가 보여주고 있다. 질소의 순환은 용존산소의 변화를 초래하며 순환 그 자체가 수질에 영향을 미친다. 직·간접으로 수질문제와 관련 있는 부분을 정리하여 기술하면 다음과 같다.

- **질산화 및 탈질(소)화(nitrification/denitrification)**

질산화 및 탈질(소)화 과정을 통하여 질소는 형태가 변화하며 또한 변화과정에 산소가 개입하여 2차의 수질문제가 발생한다.

- **부영양화(eutrophication)**

질소는 수중식물의 영양물질로 작용하며 과다하게 존재할 경우 부영양화를 유발하여 여러 수질문제를 야기한다.

- **질산성 질소(NO_3^--N)**

음용수에 존재하는 질산성질소는 아질산으로 환원 즉, 탈질화 하면서 혈액중의 헤모글로빈을 산화시켜 혈액중의 산소운반을 약화시킨다. 특히 영아에게는 치명적인 영향을 미치는 것으로 알려져 있다.

- **암모니아(NH_3, NH_4^+)**

수중에서 NH_3 및 NH_4^+로 존재하는 암모니아는 pH의 조건에 따라 양성분의 분포가 다르며 알카리영역(높은 pH)에서는 NH_3가, 산영역에서는 NH_4^+가 주종을 이룬다. 광합성 작용이 활발히 일어나는 오후에 H_2CO_3 즉, 용존 CO_2는 감소하여 pH가 높아지며 따라서 NH_3가 주종을 이루게 된다. 선진국에서는 NH_3를 유독성성분으로 분류하여 엄격한 기준을 세워 관리하고 있다. $NH_3 > 0.2$ mg/L이면 물고기에 치명적인 영향을 미치는 것으로 알려져 있으며, 수중 생태계의 안전을 위하여 $NH_3 < 0.02$ mg/L를 일반적으로 요구한다.

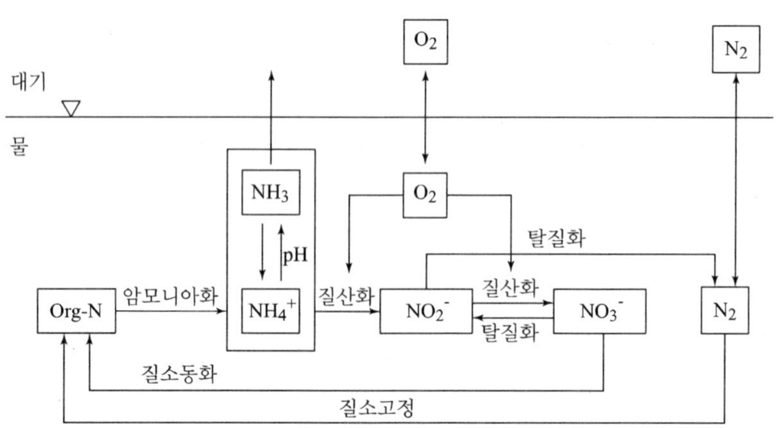

그림 8.4 질소의 순환

질산화(nitrification)

수중의 암모니아는 호기성박테리아의 작용으로 질산화가 진행되며 다음과 같은 반응으로 나타난다.

$$NH_4^+ + 1.5O_2 \rightarrow 2H^+ + H_2O + NO_2^- \tag{8.15}$$

$$NO_2^- + 0.5O_2 \rightarrow NO_3^- \tag{8.16}$$

식 (8.15)와 관련 있는 박테리아가 *Nitrosomonas*이며 식 (8.16)과 관련 있는 박테리아가 *Nitrobacter*이다. 식 (8.16)의 반응이 식 (8.15)의 반응보다 빠르게 진행되므로 식 (8.15)가 속도결정단계(rate controlling step)이다. 두 식에 의하여 소모되는 산소의 양은 양론변환계수를 이용하여 다음과 같이 구해지며

$$r_{oa} = \frac{1.5(32)}{14} = 3.43\ \frac{\text{g-O}}{\text{g-N}} \tag{8.17}$$

$$r_{oi} = \frac{0.5(32)}{14} = 1.14\ \frac{\text{g-O}}{\text{g-N}} \tag{8.18}$$

여기서, r_{oa} 및 r_{oi}는 암모니아 및 아질산성 질소에 대한 산소소모량이다. 1 g의 질소가 질산화 되기 위한 이론적인 산소요구량은 4.57 g임을 알 수 있다. 그러나, 질소의 일부가 박테리아의 생체량으로 일부 사용되기 때문에 약 4.2 g의 산소가 소모되는 것으로 알려져 있다.

질산화과정은 항상 일정하게 진행되지 않으며 여러 가지 요인에 의해 영향을 받는다. 적절한 수의 박테리아, 질산화과정에서 생성되는 산의 중화를 위한 pH = 8 정도의 수(水) 상태 및 충분한 산소(1～2 mg/L보다 큰 농도)가 필수적이다. 하천에서 점오염원 유입으로 인한 CBOD의 변화 즉, 용존산소 수하(垂下)곡선(DO sag curve)은 CBOD유입 하류지역에 최소용존산소농도를 갖는 임계점(critical point)이 존재하며 NBOD에 의한 임계점은 위에서 언급한 여러 제약조건 때문에 대부분 CBOD로 인한 임계점보다 하류에 나타난다.

8.1.3 포화용존산소

용존산소는 온도(temperature), 염도(salinity) 및 압력(pressure)의 변화에 영향을 받으며 영향을 미치는 세 요소에 대한 다양한 경험식 중에서 대표적인 것을 소개하면 다음과 같다.

가. 온도

온도에 의한 포화용존산소의 변화는 다음과 같은 경험식에서 파악된다.

$$\ln c_{sf} = -139.34411 + \frac{1.575701 \cdot 10^5}{T_a} - \frac{6.642308 \cdot 10^7}{T_a^2} + \frac{1.243800 \cdot 10^{10}}{T_a^3} - \frac{8.621949 \cdot 10^{11}}{T_a^4} \quad (8.19)$$

여기서, c_{sf}는 깨끗한 물(freshwater) 1 atm에서의 포화용존산소 [mg/L] 및 T_a는 절대온도(= T[℃]+273.15)이다. 이 식으로부터 30℃에서 포화용존산소는 7.6 mg/L, 0℃에서 15.6 mg/L이며, 온도가 높아지면 c_{sf}는 작아짐을 알 수 있다.

나. 염도

염도에 의한 포화용존산소의 변화는 다음으로 주어진다.

$$\ln c_{ss} = \ln c_{sf} - S\left(1.7674 \cdot 10^{-2} - \frac{1.0754 \cdot 10^1}{T_a} + \frac{2.1407 \cdot 10^3}{T_a^2}\right) \quad (8.20)$$

여기서, c_{ss}는 1 atm의 물에서 포화용존산소이며 S는 염도 [g/L=ppt (parts per thousand)]이며 염화물(chloride)의 농도를 사용하여 다음으로 얻어진다.

$$S = 1.80655 \times c_{chloride} \quad (8.21)$$

여기서, $c_{chloride}$은 염화물의 농도 [ppt]이다. 염도가 증가하면 포화용존산소의 양은 작아짐을 알 수 있다.

다. 압력

압력에 의한 포화용존산소의 변화는 다음으로 주어진다.

$$c_{sp} = c_{s1}\, p \left[\frac{(1 - p_{wv}/p)(1 - \theta p)}{(1 - p_{wv})(1 - \theta)}\right] \quad (8.22)$$

여기서, p는 대기압 [atm], c_{sp}는 p기압에서 포화용존산소 [mg/L], c_{s1}은 1 atm에서 포화용존산소 [mg/L] 및 p_{wv}는 수증기압 [atm]이다. 수증기압 및 계수 θ는 다음의 식으로 계산된다.

$$\ln p_{wv} = 11.8571 - \frac{3,840.70}{T_a} - \frac{216,961}{T_a^2} \tag{8.23}$$

$$\theta = 0.000975 - 1.426 \cdot 10^{-5}T + 6.436 \cdot 10^{-8}T^2 \tag{8.24}$$

Zison(1978) 등은 고도만을 이용하여 다음과 같은 간단한 식을 제안하기도 했다.

$$c_{sp} = c_{s1}[1 - 0.1148H] \tag{8.25}$$

여기서, H는 고도 [km]이다. 식에 나타나 있듯이 고도가 높아지면 포화용존산소는 감소함을 보인다.

8.2 재포기(reaeration)

8.2.1 Henry의 법칙(Henry's law)과 이상기체법칙(ideal gas law)

대기 중에 존재하는 산소, 이산화탄소 및 질소는 대기와 수체의 접촉면을 통하여 수중으로 녹아 들어가며 이러한 기작은 대기와 수중의 농도가 평형상태가 될 때까지 계속된다. 평형상태의 농도는 Henry의 법칙을 이용하여 다음과 같이 구할 수 있다.

$$H_e = \frac{p}{c_l} \tag{8.26}$$

여기서, H_e는 Henry의 상수 [atm · m³/mole], p는 분압 [atm] 및 c_l은 수중의 농도 [mole/m³]이다. 이상기체법칙은 다음의 기체 상태방정식을 제공한다.

$$c_g = \frac{p}{RT_a} \tag{8.27}$$

여기서, c_g는 대기의 농도 [mole/m³], R은 이상기체상수 [8.206×10^{-5} atm · m³/°K · mole] 및 T_a는 절대온도(absolute temperature) [°K]이다. 식 (8.27)을 식 (8.26)에 대입하여 정리하면 무차원 Henry 상수(H_e')가 얻어진다. 표 8.2는 각 성분에 대한 Henry 상수를 나타내고 있다.

$$H_e' = \frac{H_e}{RT_a} = \frac{c_g}{c_l} \tag{8.28}$$

표 8.2 Henry 상수 (@ 20℃)

성분	조성식	Henry 상수(무차원)	Henry 상수(atm · m³/mole)
메탄	CH_4	64.4	1.55×100
산소	O_2	32.2	7.74×10^{-1}
질소	N_2	28.4	6.84×10^{-1}
이산화탄소	CO_2	1.13	2.72×10^{-2}
황화수소	H_2S	0.386	9.27×10^{-3}
이산화황	SO_2	0.0284	6.84×10^{-4}
암모니아	NH_3	0.000569	1.37×10^{-5}

Henry 상수의 의미는 일정한 분압에서 Henry 상수가 커지면 액체에 녹아드는 농도가 적어지며, 반대로 Henry 상수가 작아지면 농도가 커짐을 말한다.

8.2.2 재포기 실험

그림 8.5와 같이 목부분이 존재하는 원통형 용기가 목의 윗부분만이 대기와 통하게 되어 있다고 가정하자. 여기에 산소가 존재하지 않는 물을 가득히 넣고 아래의 큰 원통용기 부분만 완전혼합 시키면 대기 중의 산소는 대기와 접하고 있는 단면적 A인 면을 통하여 녹아 들어가게 되며 시간이 지남에 따라 원통형 용기안의 산소는 점점 증가하게 된다.

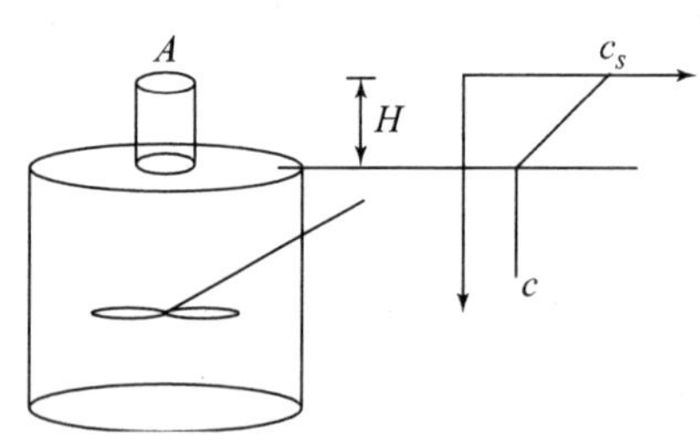

그림 8.5 재포기 계수 산정을 위한 실험

원통형 용기안의 용존산소농도의 변화를 파악하기 위하여 산소에 대한 물질수지방정식을 세우면 4장 확산에서 언급한 바와 같이 다음과 같다.

$$V\frac{dc}{dt} = DA\frac{c_s - c}{H} \tag{8.29}$$

여기서, V는 원통의 부피 [L^3], D는 분자확산계수(molecular diffusion coefficient) [L^2T^{-1}],

c_s는 대기와 접하는 부분에서의 포화용존산소농도 [ML^{-3}], A는 대기와 접하는 목의 단면적 [L^2] 및 H는 목의 길이 [L]이다. 이 식을 다시 쓰면 다음과 같으며

$$V\frac{dc}{dt} = K_L A(c_s - c) \tag{8.30}$$

여기서, $K_L(= D/H)$은 산소전달계수 또는 산소전달속도(oxygen transfer coefficient or oxygen mass transfer velocity)이다. 식 (8.30)의 양변을 V로 나누고 정리하면 다음의 식이 얻어진다.

$$\frac{dc}{dt} + k_a c = k_a c_s \tag{8.31}$$

여기서, $k_a(= K_L A/V)$는 재포기 계수(reaeration coefficient) 또는 재포기율(reaeration rate) [T^{-1}]이라 하며 $t = 0$에서 $c = 0$의 조건을 이 식에 적용하면 다음의 해를 얻는다.

$$c = c_s(1 - e^{-k_a t}) \tag{8.32}$$

Exercise 8.3 용존산소의 변화

그림 8.5와 같은 용기에 산소가 존재하지 않는 물로 채울 경우 용존산소의 변화를 파악하라. 단, 물의 온도는 20℃(c_s = 9.092 mg/L), V= 300 mL, 목부분의 직경이 2 cm, H= 3 cm, D= 2.09×10^{-5} cm^2/s 이다.

Solution

K_L 및 k_a는 다음으로 계산된다.

$$K_L = \frac{D}{H} = \frac{2.09\times10^{-5}\,\mathrm{cm^2/s}}{3\,\mathrm{cm}}\,\frac{1\,\mathrm{m}}{100\,\mathrm{cm}}\,\frac{86{,}400\,\mathrm{s}}{\mathrm{d}} = 0.00602\,\mathrm{m/d}$$

$$k_a = K_L\frac{A}{V} = \frac{0.00602\,\mathrm{m/d}\cdot[\pi(0.01)^2]\,\mathrm{m^2}}{300\,\mathrm{mL}}\,\frac{10^6\,\mathrm{mL}}{\mathrm{m^3}} = 0.00630\,/\mathrm{d}$$

이 값을 식 (8.32)에 대입하면 다음과 같고

$$c = c_s(1 - e^{-k_a t}) = 9.092(1 - e^{-0.00630t})$$

이 식을 그림으로 나타내면 다음과 같으며, 이 그림으로부터 포화농도가 되기 위해서는 장시간이 필요함을 알 수 있다.

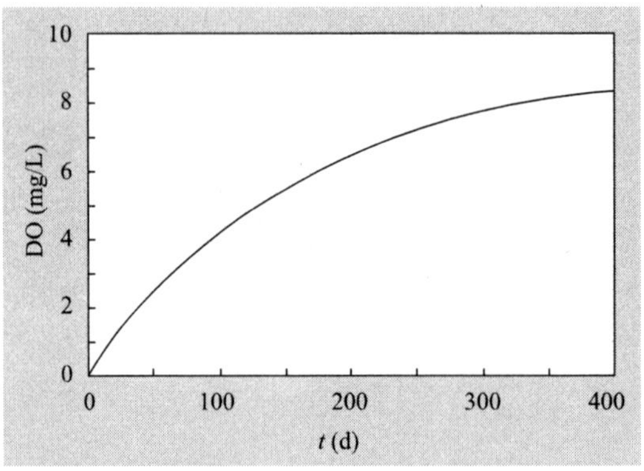

이중경막이론(二重境膜理論 : two film theory)

대기 중의 기체가 수중으로 전이되는 물리적 현상을 해석하기 위한 이론가운데 광범위하게 사용되는 Whitman의 이중경막이론을 소개하면 다음과 같다. 이 이론은 대기 중의 기체가 수중으로 녹아 들어가기 위해서는 두개의 층 즉, 대기층 및 수층을 통과해야만 하는 것을 가정한 것으로 기체의 특성에 따라 층을 통과하기 어려운 즉, 지배받는 층이 다르게 나타난다. 그림 8.6은 이 이론을 설명하기위하여 대기와 수계의 경계면에서의 농도변화를 간단히 도시한 것이다.

이중경막이론은 물질의 이동 즉, 분자확산이 기체층과 액체층 사이를 통과할 때 조절된다고 가정하는 것으로 그 이외의 영역은 완전히 혼합되어 그림 8.6에서와 같이 농도의 기울기가 존재하지 않는 것을 가정한다. 이러한 조건에서 액체층을 통과하는 물질의 양은 다음과 같이 표시된다.

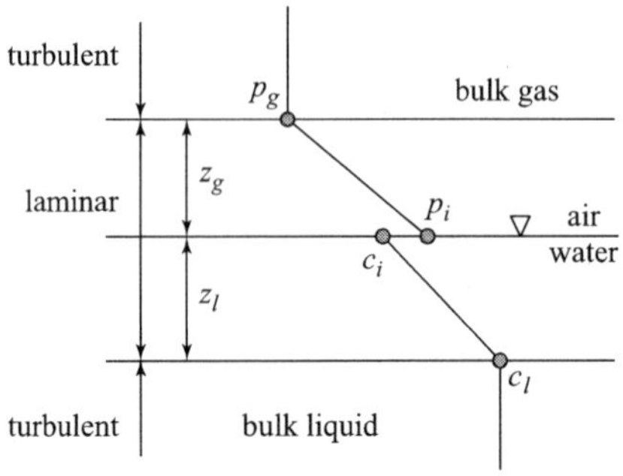

그림 8.6 이중경막이론

$$J_l = K_l(c_i - c_l) \tag{8.33}$$

여기서, J_l은 액체층을 통과하여 용적액체(bulk liquid)에 도달하는 물질의 양 또는 흐름양(flux rate) [mole/m^2· yr], K_l은 액체층에서의 물질전달속도 [m/yr], c_i 및 c_l은 접촉면 및 용적부분에서의 액체농도 [mole/m^3]이다. 기체층을 통과하는 물질의 양은 식 (8.33)과 비슷하게 이상기체법칙을 적용하여 다음과 같이 쓸 수 있다.

$$J_g = \frac{K_g}{RT_a}(p_g - p_i) \tag{8.34}$$

여기서, J_g는 기체층을 통과하여 접촉면에 도달하는 물질의 양 [mole/m^2· yr], K_g는 기체층에서의 물질전달속도 [m/yr], p_i 및 p_g는 접촉면 및 용적부분에서의 기체농도 [mole/m^3]이다. 각 액체 및 기체의 물질전달속도는 다음으로 주어진다.

$$K_l = \frac{D_l}{z_l} \tag{8.35}$$

$$K_g = \frac{D_g}{z_g} \tag{8.36}$$

여기서, D_l 및 D_g는 기체층 및 액체층의 분자확산계수 [m^2/yr], z_l 및 z_g는 기체층 및 액체층의 두께 [m]이다. 식 (8.33)에 Henry의 법칙 즉, $p_i = H_e c_i$을 대입한 식과 식 (8.34)를 모두 p_i에 대하여 정리하면 다음과 같다.

$$p_i = H_e\left(\frac{J_l}{K_l} + c_l\right) \tag{8.37}$$

$$p_i = p_g - \frac{RT_a J_g}{K_g} \tag{8.38}$$

식 (8.37) 및 (8.38)에 나타나 있는 J_l과 J_g는 같아야 하므로 이를 J로 표시하여 이 식을 정리하면 다음의 표현이 얻어진다.

$$J = v_v\left(\frac{p_g}{H_e} - c_l\right) \tag{8.39}$$

여기서, v_v는 기체와 액체의 경계면을 통하여 이동하는 물질전달속도 [m/yr]이며 다음과 같이 주어진다.

$$\frac{1}{v_v} = \frac{1}{K_l} + \frac{RT_a}{H_e K_g} \tag{8.40}$$

식 (8.39)로부터 경계면을 통한 물질의 이동은 전달속도, Henry 상수, p_g 및 c_l과 관계가 있음을 알 수 있으며, 식 (8.40)으로부터 전달속도의 역수 즉, 물질전달을 방해하는 저항은 각 층의 저항을 합한 것과 같음을 알 수 있다. 식 (8.40)을 다시 쓰면 다음과 같고

$$v_v = K_l \frac{H_e}{H_e + RT_a\left(\frac{K_l}{K_g}\right)} \tag{8.41}$$

총저항에 대한 액체층에서의 저항비 즉, R_l은 다음으로 주어진다.

$$\frac{1/K_l}{1/v_v} = R_l = \frac{H_e}{H_e + RT_a\left(\frac{K_l}{K_g}\right)} \tag{8.42}$$

일반적으로 K_l/K_g는 0.001(대형호수)부터 0.01(소형호수 : 바람에 의한 영향이 적음)의 값을 갖으며 Henry 상수에 대한 R_l의 변화는 그림 8.7과 같다. 그림에 보이듯이 O_2, CH_4 및 CO_2는 액체층에 의하여 물질전달이 좌우되며 NH_3는 역으로 기체층에 의하여 조절됨을 알 수 있다.

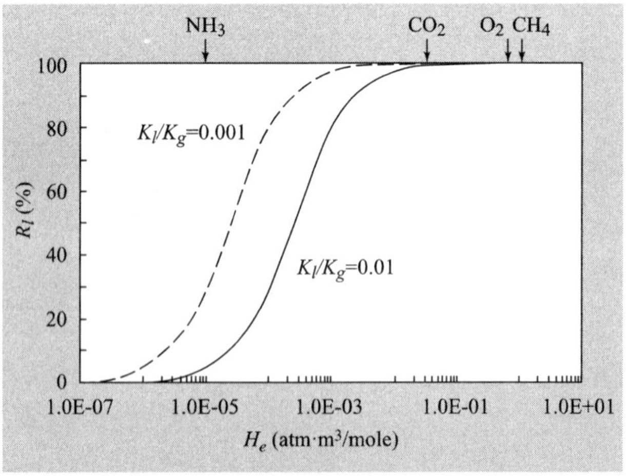

그림 8.7 Henry 상수에 대한 액체층의 저항비

8.2.3 재포기 계수의 산정

가. 하천

하천의 재포기 계수는 이중경막이론 이외에 표면재생이론(surface renewal theory)으로 쉽게 이해할 수 있으며, 저항층이 액체층인 산소의 경우 다음과 같이 물질전달의 양을 표시할 수 있다.

$$J = \sqrt{D_l\, r_l}\,(c_i - c_l) \tag{8.43}$$

여기서, r_l은 표면재생율 (surface renewal rate) [T^{-1}]이다. 식 (8.33)과 (8.43)을 비교하면 K_l은 다음과 같으며

$$K_l = \sqrt{D_l\, r_l} \tag{8.44}$$

재포기 계수는 다음으로 표시된다.

$$k_a = K_l \frac{A}{V} = \frac{\sqrt{r_l\, D_l}}{H} \tag{8.45}$$

다양한 이론 및 경험식이 재포기 계수 산정에 이용되며 대표적인 식을 소개하면 다음과 같다.

1) O'Connor-Dobbins 식 (1956)

O'Connor-Dobbins는 표면재생율은 하천의 특성을 이용하여 근사할 수 있으므로($r_l = U/H$), 이를 식 (8.45)에 대입하여 다음의 식을 제안하였다.

$$k_a = \sqrt{D_l}\,\frac{U^{0.5}}{H^{1.5}} \tag{8.46}$$

수중에서 산소의 분자확산 D_l은 2.09×10^{-5} cm^2/s 이므로 이 값을 윗 식에 대입하고 단위 환산하면 다음식이 얻어진다.

$$k_a = 3.93\frac{U^{0.5}}{H^{1.5}} \tag{8.47}$$

여기서, K_a, U 및 H의 단위는 [/d], [m/s] 및 [m]이다.

2) Churchill 식 (1962)

Churchill은 미국 테네시강의 자료를 사용하여 O'Connor-Dobbins 식의 계수를 경험적으로 조정하였다.

$$k_a = 5.26\frac{U^{0.5}}{H^{1.5}} \tag{8.48}$$

3) Owens and Gibbs 식 (1964)

Owens and Gibbs는 실측자료를 이용하여 다음의 경험식을 제안하였다.

$$k_a = 5.32\frac{U^{0.67}}{H^{1.85}} \tag{8.49}$$

일반적으로 O'Connor-Dobbins 식은 중·고의 수심(0.3~9.14 m)및 중·저의 속도(0.15~0.49 m/s)를 갖는 하천에 잘 적용되며, Churchill 식은 O'Connor-Dobbins 식이 적용되는 수심의 범위(0.61~3.35 m)와 고유속(0.55~1.52 m/s)의 하천에, Owens and Gibbs 식은 수심이 얕은 하천(0.12~0.73 m)에 주로 이용된다. 그림 8.8은 O'Connor-Dobbins 식, Churchill 식 및 Owens and Gibbs 식의 하천 특성에 따른 적용범위를 보여주고 있다.

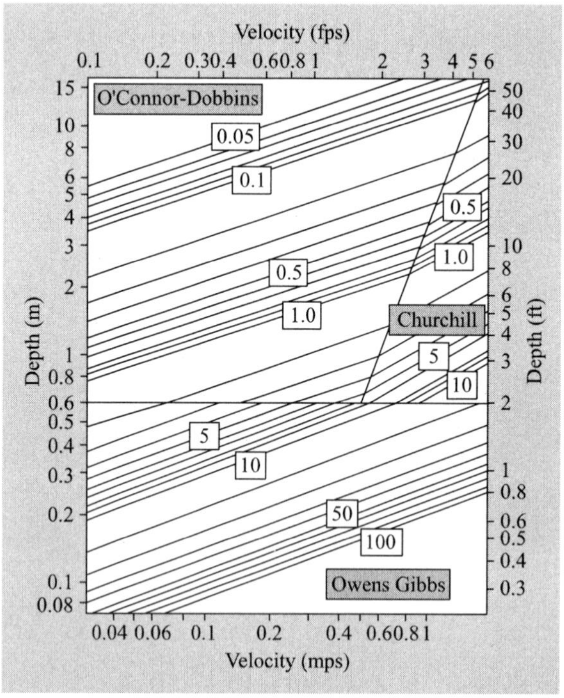

그림 8.8 하천 특성에 따른 재포기 계수식 적용범위

자료 : Bowie, G. L. et al, Rates, Constants, and Kinetic Formulations in Surface Water Quality Modeling, U.S.EPA. 1985

나. 호수

호수에서의 재포기는 주로 바람에 의해 발생하므로 다음과 같이 액체층에서의 전달속도 K_l을 다음과 같이 풍속으로 표시한다(Banks and Herrera, 1977).

$$K_l = 0.728\,U_w^{0.5} - 0.317\,U_w + 0.0372\,U_w^2 \tag{8.50}$$

여기서, U_w는 수표면으로부터 10 m에서의 풍속 [m/s]이며 K_l의 단위는 [m/d]이다. 이 식을 식 (8.45)에 대입하면 호수에서의 재포기 계수가 산정된다.

다. 하구

하구에서의 재포기는 하천 및 하구에서 일어나는 기작이 동시에 발생하므로 Thomann and Fitzpatrick(1982)는 식 (8.47) 및 (8.50)의 합성형태의 식으로 제안하였다.

$$k_a = 3.93\frac{U_0^{\,0.5}}{H^{1.5}} + \frac{0.728\,U_w^{0.5} - 0.317\,U_w + 0.0372\,U_w^2}{H} \tag{8.51}$$

여기서, U_0는 조석주기에서의 평균유속이다.

라. 온도의 영향 및 다른 기체의 전달속도

재포기 계수는 다른 반응속도상수와 같이 온도에 의해 영향을 받으며 식 2.24와 유사하게 다음과 같이 나타낼 수 있다.

$$k_{a,T} = k_{a,20}\,\theta^{T-20} \tag{8.52}$$

여기서, $\theta = 1.024$ 이다.

산소의 전달속도($K_{l,\,\mathrm{oxygen}}$)를 이용하여 다른 기체의 전달속도를 추정할 수 있는데 Mills (1982) 등은 다음의 식을 제안하였다.

$$K_l = \left(\frac{32}{M}\right)^{1/4} K_{l,\,\mathrm{oxygen}} \tag{8.53}$$

여기서, M은 전달속도를 구하고자 하는 기체의 분자량 [g]이다. 기체층에서의 전달속도는 다음으로 주어진다.

$$K_g = 168\left(\frac{18}{M}\right)^{1/4} U_w \tag{8.54}$$

여기서, K_g 및 U_w의 단위는 [m/d] 및 [m/s]이다.

8.3 용존산소 수하(垂下)곡선(DO sag curve)

8.3.1 호수

완전혼합시스템을 가정한 호수에서 수중의 CBDO와 재포기에 의한 산소의 유출입만 고려한 단순한 조건에서 CBDO 및 DO 물질수지방정식은 다음으로 주어진다.

$$V\frac{dL}{dt} = -k_r VL \tag{8.55}$$

$$V\frac{dc}{dt} = -k_d VL + k_a V(c_s - c) \tag{8.56}$$

식 (8.55)의 해는 $L = L_0$ @ $t = 0$의 조건에서 다음과 같으며

$$L = L_0 e^{-k_r t} \tag{8.57}$$

식 (8.56)의 해를 쉽게 구하기 위하여 새로운 변수인 용존산소결핍(dissolved oxygen deficit)을 사용하면 다음과 같다.

$$D = c_s - c \tag{8.58}$$

이로부터 $dD/dt = -dc/dt$이며 식 (8.58)을 식 (8.56)에 대입하여 정리하면 다음의 식이 얻어지며

$$V\frac{dD}{dt} = k_d VL - k_a VD \tag{8.59}$$

식 (8.57)을 대입하여 정리한 식은 다음과 같고

$$\frac{dD}{dt} + k_a D = k_d L_0 e^{-k_r t} \tag{8.60}$$

$D = D_0$ @ $t = 0$의 조건을 이용하면 다음의 해가 얻어진다.

$$D = D_0 e^{-k_a t} + \frac{k_d L_0}{k_a - k_r}(e^{-k_r t} - e^{-k_a t}) \tag{8.61}$$

이 식으로부터 용존산소 c는 다음으로 주어진다.

$$c = c_s - (c_s - c_0)e^{-k_a t} - \frac{k_d L_0}{k_a - k_r}(e^{-k_r t} - e^{-k_a t}) \tag{8.62}$$

식 (8.62)는 식 (8.57)을 (8.56)에 대입하여 중첩의 원리를 이용하여 해석해를 구해도 얻을 수 있다.

8.3.2 하전

가. Streeter-Phelps 식

1925년 Streeter-Phelps는 하천에서 하나의 점오염원(CBOD) 유입과 이로 인한 수중의 DO 변화를 해석해를 이용하여 파악하였으며 지금도 이 식은 하천에서 DO 변화를 개략식으로 파악하고 DO의 기본개념정립에 많은 도움을 제공하고 있다. 한 개의 점오염원 유입이 존재하는 하천에서 BOD 및 DO에 대하여 물질수지방정식을 세우면 다음과 같다.

$$\frac{\partial L}{\partial t} = -U\frac{\partial L}{\partial x} - k_r L \tag{8.63}$$

$$\frac{\partial c}{\partial t} = -U\frac{\partial c}{\partial x} - k_d L + k_a(c_s - c) \tag{8.64}$$

정상상태에서 식 (8.63)의 해는 $L = L_0$ @ $t = 0$의 조건에서 다음과 같으며

$$L = L_0 e^{-\frac{k_r}{U}x} \tag{8.65}$$

식 (8.65)를 식 (8.64)에 대입하여 정리한 정상상태의 식은 다음과 같고

$$\frac{dD}{dx} + \frac{k_a}{U}D = \frac{k_d}{U}L_0 e^{-\frac{k_r}{U}x} \tag{8.66}$$

호수의 경우와 마찬가지로 $D = D_0$ @ $t = 0$의 조건을 이용하면 다음의 해가 얻어진다.

$$D = D_0 e^{-\frac{k_a}{U}x} + \frac{k_d L_0}{k_a - k_r}(e^{-\frac{k_r}{U}x} - e^{-\frac{k_a}{U}x}) \tag{8.67}$$

이 식으로부터 용존산소 c는 호수에서와 같이 다음으로 주어진다.

$$c = c_s - (c_s - c_0)e^{-\frac{k_a}{U}x} - \frac{k_d L_0}{k_a - k_r}(e^{-\frac{k_r}{U}x} - e^{-\frac{k_a}{U}x}) \tag{8.68}$$

나. 임계점 및 임계용존산소농도

식 (8.67) 및 (8.68)로 표현되는 용존산소곡선을 용존산소 수하곡선(DO sag curve)이라 하고 점오염원유입 하류지점에서 최소의 용존산소농도를 갖는 지점을 임계점(critical point)이라 하며 이 지점에서의 용존산소농도를 임계용존산소농도(critical dissolved oxygen concentration)라 한다. 식 (8.67)을 다시 쓰면 다음과 같고

$$D = D_0 e^{-k_a t^*} + \frac{k_d L_0}{k_a - k_r}(e^{-k_r t^*} - e^{-k_a t^*}) \tag{8.69}$$

여기서, t^*는 x/U이며 임계점 즉, 임계시간(t^*)을 알기 위하여 식 (8.69)를 t^*에 대하여 미분한 후 0으로 놓고($dD/dt^* = 0$) 정리하면 다음식이 얻어진다.

$$t^* = \frac{1}{k_a - k_r}\ln\left(\frac{k_a}{k_r}\left[1 - \frac{D_0(k_a - k_r)}{k_d L_0}\right]\right) \tag{8.70}$$

이때의 임계용존산소결핍은 다음으로 주어진다.

$$D_c = \frac{k_d L_0}{k_a}\left(\frac{k_a}{k_r}\left[1 - \frac{D_0(k_a - k_r)}{k_d L_0}\right]\right)^{-\frac{k_r}{k_a - k_r}} \tag{8.71}$$

식 (8.70) 및 (8.71)에서 $D_0 = 0$일 때 이 식은 다음과 같이 간략화 된다.

$$t^* = \frac{1}{k_a - k_r}\ln\left(\frac{k_a}{k_r}\right) \tag{8.72}$$

$$D_c = \frac{k_d L_0}{k_a}\left(\frac{k_a}{k_r}\right)^{-\frac{k_r}{k_a - k_r}} \tag{8.73}$$

Exercise 8.4 **용존산소 수하곡선**

점오염원이 유입되는 다음의 조건을 갖는 하천에서 용존산소 수하곡선, 임계점 및 임계용존산소농도를 구하라.

$L_0 =$ 11 mg/L	$c_0 = 6.970$ mg/L	$T =$ 15℃	$c_s = 8.843$ mg/L
$U =$ 0.08 m/s	$k_a =$ 0.278 /d	$k_r = 1.159$ /d	$k_d =$ 0.970 /d

Solution

D_0 및 U는 다음으로 계산되며

$$D_0 = c_s - c_0 = 8.843 - 6.970 = 1.873\,\text{mg/L}$$

$$U = 0.08\frac{\text{m}}{\text{s}}\frac{86{,}400\,\text{s}}{\text{d}} = 6{,}912\,\text{m/d}$$

식 (8.67)로부터 용존산소결핍이 계산된다.

$$D = 1.873e^{-\frac{0.278}{6.912}x} + \frac{0.970\times 11}{0.278-1.159}\left(e^{-\frac{1.159}{6.912}x} - e^{-\frac{0.278}{6.912}x}\right)$$

임계시간 및 임계용존산소결핍은 다음으로 계산된다.

$$t^* - \frac{1}{0.278-1.159}\ln\left\{\frac{0.278}{1.159}\left[1\ \frac{1.873(0.278-1.159)}{0.970\times 11}\right]\right\} = 1.457\,\text{d}$$

$$D_c = \frac{0.970\times 11}{0.278}\left\{\frac{0.278}{1.159}\left[1-\frac{1.873(0.278-1.159)}{0.970\times 11}\right]\right\}^{-\frac{1.159}{0.278-1.159}} = 7.089\,\text{mg/L}$$

거리에 따른 용존산소 농도를 도시하면 다음과 같고 최소농도가 발생하는 임계점 및 농도는 다음으로 계산된다.

$$x = U\times t^* = 0.08\frac{\text{m}}{\text{s}}\frac{86{,}400\,\text{s}}{\text{d}}1.457\,\text{d} = 10{,}073\,\text{m}$$

$$c = c_s - D_c = 8.843 - 7.089 = 1.754\,\text{mg/L}$$

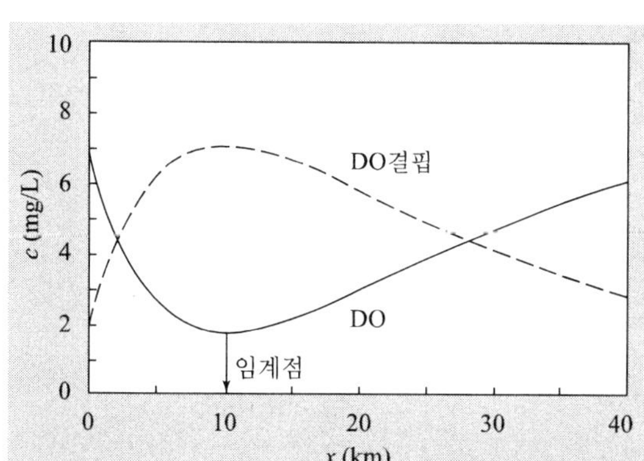

다. 혐기성 상태 해석

과도한 유기물의 유입으로 수중의 산소가 고갈되면 혐기성 상태가 되며 이 조건에서 유기물 분해는 호기성 상태와 다르며 이러한 상태가 얼마나 지속되는지 파악해야만 적절한 수질관리 대책을 강구할 수 있다. 간편한 해석을 위하여 $k_r = k_d$라면 혐기성 상태가 시작되는 지점은 식 (8.67)에서 k_r이 k_d로 치환된 식에서 D가 c_s일 때이다. 혐기성 상태가 되면 CBOD는 식 (8.63)의 정상상태의 식과는 다르게 다음과 같이 진행된다.

$$U\frac{dL}{dx} = -k_a c_s \tag{8.74}$$

식 (8.74) 오른편의 $k_a c_s$는 식 (8.64)의 거리에 따른 용존산소 변화가 없는 조건($c=0$) 즉, $k_a c_s = k_d L$ 관계에서 주어진다. 혐기성 상태가 시작되는 지점과 그때의 CBOD를 각각 x_i 및 L_i라면 식 (8.74)는 0차반응식과 같아 다음과 같은 해를 갖는다.

$$L = L_i - k_a c_s\left(\frac{x - x_i}{U}\right) \tag{8.75}$$

식 (8.75)의 L은 거리에 대하여 선형으로 변함을 알 수 있으며, 혐기성 상태가 끝나는 지점과 CBOD를 x_f 및 L_f라면 이 지점에서 재포기 되는 산소는 곧바로 CBOD의 산화에 쓰이므로 식 (8.74)에 적용한 것과 같이 $k_a c_s = k_d L_f$ 관계가 성립해야 하며 식 (8.75)로부터 혐기성 상태가 끝나는 지점을 파악할 수 있다.

$$x_f = x_i + \frac{U}{k_d}\left(\frac{k_d L_i - k_a c_s}{k_a c_s}\right) \tag{8.76}$$

Exercise 8.5 혐기성상태 해석

예제 8.4에서 $L_0 = 15$ mg/L일 때 CBOD 및 DO의 변화를 파악하라.

단, $k_r = k_d = 0.970$ /d이다.

Solution

DO 결핍은 다음으로 계산된다.

$$D = 1.873e^{-\frac{0.278}{6.912}x} + \frac{0.970 \times 15}{0.278 - 0.970}\left(e^{-\frac{0.970}{6.912}x} - e^{-\frac{0.278}{6.912}x}\right)$$

이 식으로부터 $x = 5.844$ km에서 $c=0$이 되며 이 때 CBOD는 다음으로 계산된다.

$$L = L_0 e^{-\frac{k_d}{U}x} = 15e^{-0.970\frac{5.844}{0.08}\frac{1,000}{86,400}} = 6.606\ \mathrm{mg/L}$$

혐기성 구간이 끝나는 지점은 다음과 같다.

$$r_f = 5.844 + \frac{0.08}{0.970}\left(\frac{0.970 \times 6.606 - 0.278 \times 8.843}{0.278 \times 8.843}\right)\frac{86,400}{1,000} = 17.292\ \mathrm{km}$$

다음 그림은 CBOD 및 DO를 나타내고 있으며 혐기성 구간에서 CBOD는 선형으로 변한다. 주의해야 할 것은 두 번째 그림에서 혐기성 상태를 고려하지 않고 식 (8.68)을 그대로 적용한 경우와 혐기성 상태를 고려한 경우가 다르다는 점이다. 이로부터 하천에서 혐기성 상태가 존재하면 이 조건을 고려하여 주의 깊게 해석해야 함을 알 수 있다.

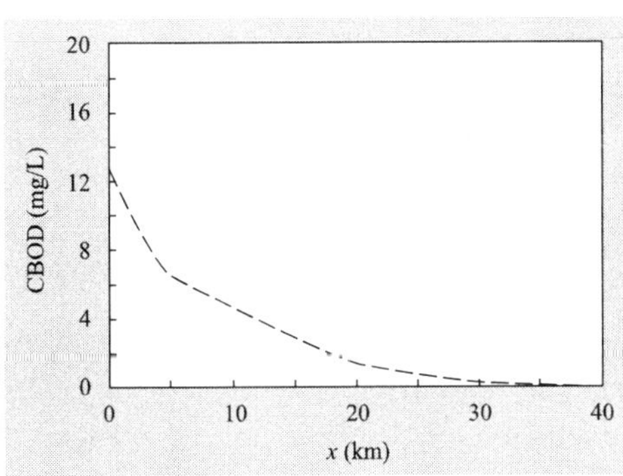

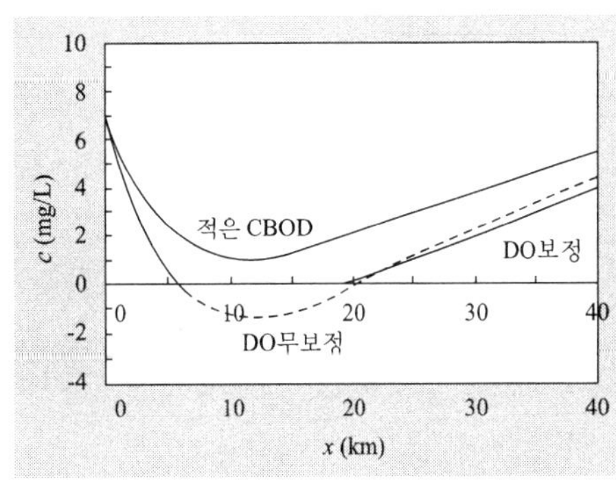

8.3.3 하구

하구에서 DO의 변화는 하천에서와 같이 CBOD 및 DO의 물질수지방정식을 이용하여 파악할 수 있다. 하천의 물질수지방정식과 비교해 볼 때 이송항 이외에 확산항이 존재하므로 해석해를 구하기가 다소 복잡하고 해석 또한 대학과정의 범위를 벗어나므로 고위과정으로 미룬다.

8.3.4 NBOD 모델 및 질산화모델

가. NBOD 모델

질산화에 의한 산소요구량은 그림 8.9와 같이 나타난다. 앞 절에서 언급한 바와 같이 질산화로 인한 산소소모는 CBOD와는 다르게 늦게 나타나며 질산화과정에서 소모되는 산소는 양론식에서 다음과 같이 쓸 수 있다.

$$L_N = 4.57\,\mathrm{TKN} \tag{8.77}$$

여기서, L_N은 NBOD [mg-O/L] 및 TKN은 총 Kjeldahl 질소 (유기질소+암모니아성 질소) [mg-N/L]이다. 하천과 같은 플러그흐름시스템에서 NBOD가 점유입될 경우 유하거리에 대한 NBOD의 변화는 다음과 같이 주어진다.

$$L_N = L_{N0}\, e^{-\frac{k_n}{U}x} \tag{8.78}$$

여기서, L_{N0}는 초기 NBOD농도 및 k_n은 NBOD 산화계수(oxidation rate)이다. DO 결핍은 식 (8.67)과 비슷하게 주어진다.

$$D = D_0 e^{-\frac{k_a}{U}x} + \frac{k_n L_{N0}}{k_a - k_n}\left(e^{-\frac{k_n}{U}x} - e^{-\frac{k_a}{U}x}\right) \tag{8.79}$$

질산화에 의한 용존산소의 변화를 나타내는 식 (8.79)는 CBOD에 의한 용존산소곡선과 같이 임계점에서 임계용존산소농도를 갖음을 알 수 있다.

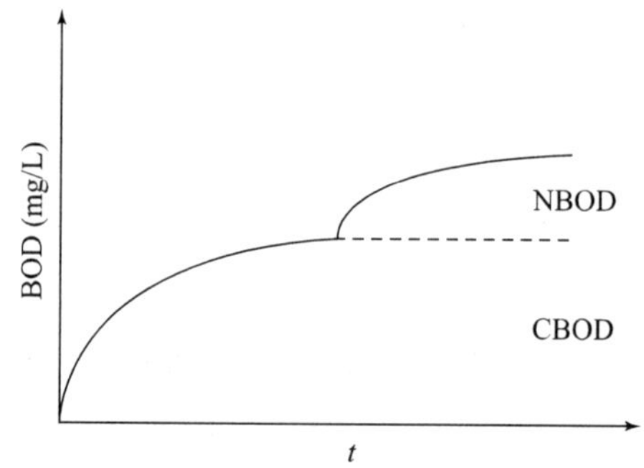

그림 8.9 산소요구량

나. 질산화(nitrification) 모델

위에 언급한 NBOD 모델은 CBOD와 같이 시간에 대한 지체가 없는 일정한 율로 산소가 소모되는 것을 가정하여 개발한 것이다. 이 방법을 그대로 질산화과정에 의한 산소소모량으로 파악하면 실제 질산화과정에 의한 산소의 변화와는 상당한 차이를 보인다. 하나의 NBOD 산화계수로 산소소모량을 파악하는 방법의 비현실성을 살펴보면 다음과 같다.

- 유기질소가 암모니아성 질소로 전환되는 과정에는 산소가 필요하지 않으므로 유기질소가 주종을 이루는 오염물질의 경우 NBOD는 지체의 과정을 갖는다.
- 질산화과정 각 단계에서 소모되는 산소의 양은 일정하지 않다. 즉, 암모니아성 질소에서 아질산성 질소, 아질산성 질소에서 질산성 질소로 전환될 때 소모되는 산소의 양은 다르다.
- NBOD는 앞 절에서 언급한 바와 같이 박테리아, pH 및 DO에 영향을 받는다.

실제적으로 질산화에 의한 DO변화를 파악하기 위하여 각각의 성분에 대한 반응식을 이용하면 위에 언급한 단점을 극복할 수 있다. 다음 식은 1차 반응을 가정한 각 성분의 반응식을 보이고 있다.

$$\frac{dN_o}{dt} = -k_{oa}N_o \tag{8.80}$$

$$\frac{dN_a}{dt} = k_{oa}N_o - k_{ai}N_a \tag{8.81}$$

$$\frac{dN_i}{dt} = k_{ai}N_a - k_{in}N_i \tag{8.82}$$

$$\frac{dN_n}{dt} = k_{in}N_i \tag{8.83}$$

여기서, 첨자 o, a, i 및 n은 유기, 암모니아성, 아질산성 및 질산성 질소를 나타낸다. DO 결핍은 다음의 식으로 주어진다.

$$\frac{dD}{dt} = r_{oa}k_{ai}N_a + r_{oi}k_{in}N_i - k_aD \tag{8.84}$$

그림 8.10은 식 (8.80)~(8.84)를 Euler 방법을 사용하여 해를 구한 것(Org-N = 5 mg/L, Ammonia-N = 5 mg/L, $k_n = k_{oa} = k_{ai} = 0.25$ /d, $k_{in} = 0.75$ /d, $k_a = 0.5$ /d, $c_s = 10$ mg/L)으로 일정한 NBOD 산화계수를 사용하는 것(NBOD 모델)이 비현실적임을 알 수 있다. NBOD 모델은 음의 DO값을 갖지만 질산화 모델과 비교하는데 별 무리가 없으며 위에서 문제점으로 지적한 것과 같이 질산화 모델의 임계점이 NBOD 모델의 임계점보다 나중에 위치함을 알 수 있다. 질산화 모델은 NBOD 모델에 현실성을 가미했지만 위에서 언급한 박테리아, pH 및 DO의 영향은 여전히 고려되지 않았음을 간과해서는 안 된다. 예를 들어 DO가 고갈되어 혐기성 상태가 발생하면 탈질화 과정이 진행되어 아질산성 질소 및 질산성 질소 분포에 영향을 미친다.

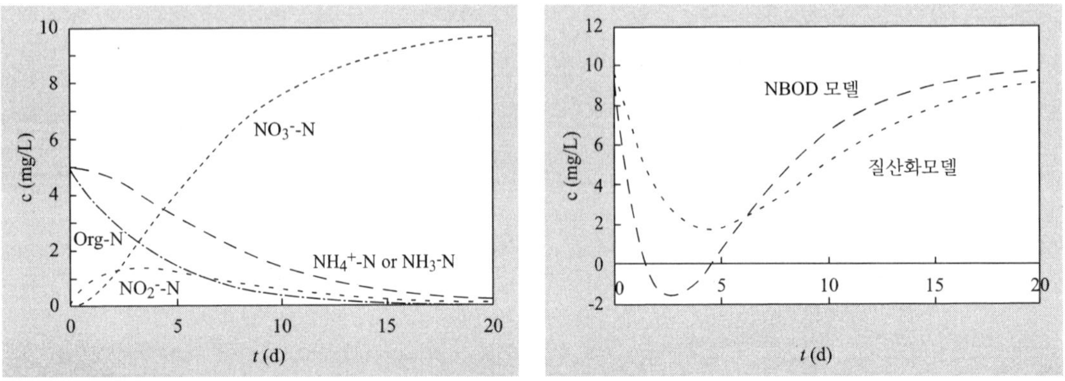

그림 8.10 질산화에 의한 각 성분의 변화와 용존산소 수하곡선

8.3.5 분산오염원(distributed sources)

가. 분산오염원의 종류

자연수계에서 오염물질 유입 경로는 고정된 지점을 통하여 유입하는 것 이외에 수계의 주변을 따라 분산 또는 비점 형태로 유입하며 형태에 따라 다음과 같이 3가지로 구분한다. 그림 8.11은 이를 보여주고 있다.

1) 선(변:邊)부하(line load)

선부하량(S_d'')은 수계의 변을 따라 유입하는 것으로 차원은 단위길이당 유입량 $[ML^{-1}T^{-1}]$이며, 분산오염원 형태 S_d $[ML^{-3}T^{-1}]$로 변환하기 위해서는 S_d''를 단면적 A로 나누어 주어야 한다.

2) 면적부하(areal load)

면적부하량(S_d')은 수계의 면을 통하여 유입하는 것으로 차원은 단위면적당 유입량 $[ML^{-2}T^{-1}]$이며, S_d $[ML^{-3}T^{-1}]$로 변환하기 위해서는 S_d'를 수심 H로 나누어 주어야 한다.

3) 용적부하(volumetric load)

수계의 부피를 통하여 유입하는 것으로 S_d와 같은 차원 $[ML^{-3}T^{-1}]$을 갖는다.

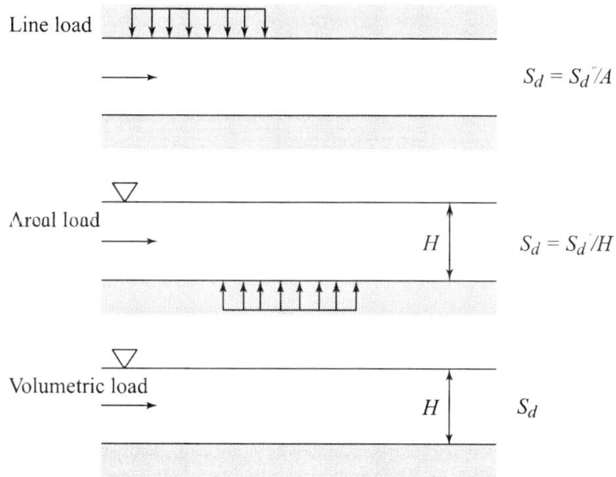

그림 8.11 분산오염원의 종류

나. BOD 및 DO

BOD의 분산오염원 유입으로 수리학적 특성이 변하지 않는(유량증가 무시) 플러그흐름시스템에서의 정상상태 물질수지방정식은 다음과 같다.

$$0 = -\frac{dL}{dt^*} - k_r L + S_L \tag{8.85}$$

여기서, S_L은 BOD 분산오염원 $[ML^{-3}T^{-1}]$이다. $L = 0$ @ $t = 0$의 조건에서 해는 다음과 같고

$$L = \frac{S_L}{k_r}(1 - e^{-k_r t^*}) \tag{8.86}$$

시간이 충분히 경과하면 $L = S_L/k_r$에 접근하며, 식 (8.86)을 DO 물질수지방정식 (8.59)에 대입하면 다음식이 얻어진다.

$$0 = \frac{dD}{dt^*} - k_a D + k_d \frac{S_L}{k_r}(1 - e^{-k_r t^*}) \tag{8.87}$$

이 식의 해는 $D_0 = 0$ @ $t = 0$의 조건에서 다음과 같이 구해지며

$$D = D_0 e^{-k_a t^*} + \frac{k_d S_L}{k_r k_a}(1 - e^{-k_a t^*}) + \frac{k_d S_L}{k_r (k_a - k_r)}(e^{-k_r t^*} - e^{-k_a t^*}) \tag{8.88}$$

BOD와 유사하게 시간이 지나면 $D = k_d S_L / k_r k_a$의 값을 나타냄을 알 수 있다.

8.4 광합성과 호흡

용존산소는 수중식물의 광합성(photosynthesis)과 호흡(respiration) 기작에 의해 영향을 받으며 호흡은 빛의 세기에 관계없이 일정한데 비하여 광합성은 빛의 세기 즉, 낮과 밤에 따라 심한 차이를 보인다. 광합성율과 호흡율은 다음과 같은 3가지 방법으로 구할 수 있다.

- 암(暗)병(dark bottle)과 명(明)병(light bottle)을 이용하여 측정하는 방법
- 엽록소농도 즉, 생체량을 이용하여 측정하는 방법
- 일주기 DO 범위를 이용하여 측정하는 방법

8.4.1 용존산소

광합성과 호흡으로 인한 용존산소의 변화는 다음과 같이 재포기만을 고려한 물질수지방정식에서 구할 수 있다.

$$0 = -\frac{dD}{dt} - k_a D - P + R \tag{8.89}$$

여기서, P 및 R은 광합성율 [g-O/m³· d] 및 호흡율 [g-O/m³· d]이다. 이 식의 해는 $D = 0$ @ $t = 0$의 조건에서 다음과 같이 주어지며

$$D = \frac{-P + R}{k_a}(1 - e^{-k_a t}) \tag{8.90}$$

시간이 무한대로 접근하면 $D = (-P + R)/k_a$이 된다.

명암병으로 광합성 및 호흡 측정

광합성율은 시간에 따라 변하므로 정확한 용존산소의 해석을 위해서는 시간에 대한 변화를 고려해 주어야 하지만 장기간 용존산소의 추이를 알아보기 위해서는 광합성율을 하루 동안 또는 일 년 동안 일정하게 사용해도 무리가 없으며 식 (8.90)과 같은 식은 P가 시간에 대하여 일정할 때 가능한 해이다. 그림 8.12는 식물의 광합성작용에 의하여 생산되는 산소량 즉, 광합성율을 이상적으로 표시한 것으로 이를 식으로 나타내면 다음과 같다.

$$P(t) = P_m \sin[\omega(t - t_r)] \qquad t_r < t < t_s$$

$$P(t) = 0 \qquad 이외 \tag{8.91}$$

여기서, P_m은 최대광합성율 [g-O/m³· d], ω는 각속도 $(= \pi/f \cdot T_p)$, t_r은 태양 일출시간(time of sunrise) [d], f는 광주기율 $(0 < f < 1$: photoperiod) 및 T_p는 일주기(daily period) [d]이다.

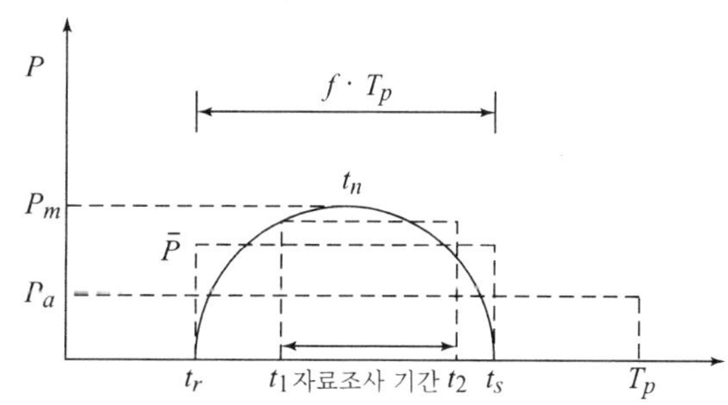

그림 8.12 광합성율의 변화

광주기율은 다음과 같이 계산되며

$$f = \frac{t_s - t_r}{T_p} \tag{8.92}$$

여기서, t_s는 일몰시간(time of sunset) [d]이며 태양정오(solar noon)는 $t_n = (t_r + t_s)/2$로 계산된다. 낮 동안의 평균광합성율(주(晝)광합성율 : average daylight rate, $\overline{P}$)은 다음과 같이 해 뜨는 시각을 시작으로 하는 위상변화가 없는 적분식을 이용하여 간단히 구할 수 있으며

$$\overline{P} = \frac{\int_o^{fT_p} P(t)dt}{fT_p} = P_m\left(\frac{2}{\pi}\right) \tag{8.93}$$

일평균 광합성율(average daily rate, P_a) 또는 년평균 광합성율은 전 기간에 걸친 광합성율을 적분하여 구할 수 있다.

$$P_a = \frac{\int_o^{T_p} P(t)dt}{T_p} = P_m\left(\frac{2f}{\pi}\right) \tag{8.94}$$

12시간 광주기의 경우 주광합성율과 일평균광합성율은 식 (8.93) 및 (8.94)로부터 최대광합성율의 63.7% 및 32%임을 알 수 있다. 만약 실측자료가 그림 8.11에서처럼 t_1에서 t_2에 걸쳐 조사되었다면 이 부분에 대하여 다음의 식이 성립하며

$$P = \frac{\int_{t_1}^{t_2} P(t)dt}{t_2 - t_1} = P_m \left[\frac{f T_p (\cos \pi t_1 / f \cdot T_p - \cos \pi t_2 / f \cdot T_p)}{\pi (t_2 - t_1)} \right] \tag{8.95}$$

식 (8.95)의 P_m에 식 (8.94)에 나타난 P_m을 대입하고 정리하면 식 (8.96)과 같이 P_a를 구할 수 있으므로 광합성이 일어나는 일정기간의 명병의 용존산소의 변화로부터 평균광합성율을 계산할 수 있다.

$$P_a = P \frac{2(t_2 - t_1)/T_p}{\cos \pi t_1 / f \cdot T_p - \cos \pi t_2 / f \cdot T_p} \tag{8.96}$$

주의해야 할 것은 실제수계에서 명병에서는 광합성과 호흡이 동시에 일어나므로 명병의 용존산소의 변화는 순수광합성율(net photosynthesis rate, P_{net})이며 식 (8.96)의 P는 다음과 같이 보정하여 사용해야 된다.

$$P = P_{\text{net}} + R \tag{8.97}$$

엽록소농도 및 일주기 DO범위를 이용하여 광합성율을 구하는 방법은 고위과정으로 미룬다.

8.5 퇴적물 산소요구량

퇴적물 산소요구량(Sediment Oxygen Demand : SOD)은 퇴적물의 BOD의 변화와 수중의 용존산소의 변화에 의하여 변하지만 퇴적물의 산소요구량을 일정하게 가정하는 간단한 방법이 상용화된 모델에 많이 이용되고 있다. 이 경우 용존산소의 변화는 다음과 같은 물질수지방정식에서 구할 수 있다.

$$0 = -\frac{dD}{dt} - k_a D - P + R + \frac{S_B'}{H} \tag{8.98}$$

여기서, S_B'는 면적부하 형태로 나타나는 퇴적물 산소요구량 [g-O/m^2· d]이다. 이식의 해는 $D=0$ @ $t=0$의 조건에서 다음과 같으며

$$D = \frac{-P+R+S_B'/H}{k_a}(1-e^{-k_a t}) \tag{8.99}$$

시간이 무한대로 접근하면 $D=(-P+R+S_B'/H)/k_a$이 된다. 일반적으로 SOD가 1 g/m^2· d 이하이면 오염이 덜된 수체로, 3 g/m^2· d 이상이면 오염이 심한 수체로 구분하며 Thomann은 도시하수 배수구 근처에서 2～10 g/m^2· d을, 배수구에서 먼 하천 구간에서 1～2 g/m^2· d를 제안하였다.

실제수계에서 CBOD, NBOD, 재포기, 광합성과 호흡 및 SOD가 모두 발생하며 이로 인한 DO의 변화를 파악하기 위하여 DO 물질수지방정식을 세우면 다음과 같고

$$0 = -\frac{dD}{dt} - k_a D + k_d L + k_n L_N - P + R + \frac{S_B'}{H} \tag{8.100}$$

이 식의 해는 중첩의 원리를 이용하여 각 항에 대한 해석해를 더하면 된다. 만약 NBOD 모델 대신 질산화 모델이 사용되면 식 (8.100)은 다음과 같이 주어지며 이 식을 사용하여 실제에 가까운 용존산소 변화를 파악할 수 있다.

$$0 = -\frac{dD}{dt} - k_a D + k_d L + k_{ai} L_{N_a} + k_{in} L_{N_i} - P + R + \frac{S_B'}{H} \tag{8.101}$$

여기서, L_{N_a}는 산소상당량으로 나타나는 암모니아성 질소 농도 [mg-O/L]이며 L_{N_i}는 산소상당량으로 나타나는 아질산성 질소 농도 [mg-O/L]이다.

제8장 연습문제

8.1 다음과 같은 자료를 이용하여 일몰시간(t_s), 최대광합성율(P_m) 및 주(晝)광합성율($\overline{P}$)을 계산하라.

일출시간(t_r) = 7 am　　광주기율(f) = 0.5417 (13 hrs)

태양정오(t_n) = 1:30 pm　　일평균광합성율(P_a) = 17.5 mg-O/L · d

8.2 모든 변수들이 다음과 같이 거리에 대해 일정한 이송만을 고려할 수 있는 하천에 오염부하량 200,000 kg/d이 유입되고 있다. c_s = 9.0 mg/L에 대한 DO곡선을 도시하여라. 단, 하천은 오염되지 않은 깨끗한 하천으로 가정한다.(Q = 250 cms, A = 2,500 m^2, k_a = 0.25 /d, $k_r = k_d$ = 0.95 /d)

8.3 하천에서 용존산소농도 변화는 식 (8.69)로 파악할 수 있으며 임계용존산소농도가 발생하는 지점은 식 (8.70)으로 얻어진다. 식 (8.69)로부터 식 (8.70)을 유도하라.

8.4 다음 그림과 같은 하천의 조건에서 Streeter-Phelps 공식을 사용하여 BOD 및 DO의 하천 거리에 따른 변화를 파악하고 20 km 및 40 km 지점에서의 BOD 농도 및 20 km 지점에서의 DO 농도를 파악하라. 단 DO 및 BOD 농도는 산소상당량의 값이다.
(Q_r = 5 cms, L_r = 5 mg/L, c_r = 7 mg/L, Q_w = 1 cms, L_w = 50 mg/L, c_w = 2 mg/L, k_a = 0.5 /d, $k_r = k_d$ = 0.26 /d, c_s = 9.69 mg/L)

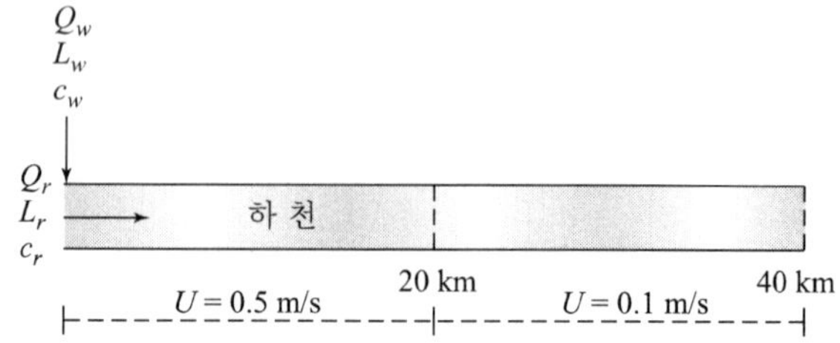

9 CHAPTER

부영양화

(Eutrophication)

> The most magnificent poem hasn't been written yet
> The most beautiful song hasn't been sung yet
> The most glorious day hasn't been lived yet
> The most immense sea hasn't been pioneered yet
> The most prolonged travel hasn't been done yet.
>
> The immortal dance hasn't been performed yet
> The most shine star hasn't been discovered yet.
>
> When we don't know any more what we are supposed to do
> It's the time when we can do true something
> When we don't know any more where we are supposed to go
> It's the start when the true travel has just begun.
>
> A True Travel
> Nazim Hikmet

9.1 개요

부영양화(eutrophication)란 물의 처리 및 이용에 방해가 될 정도로 부착성 또는 부유성 수중식물(aquatic plants)이 수계내에 과도하게 성장하는 것을 말하며 이의 주된 원인은 질소(nitrogen)나 인(phosphorus)과 같은 영양물질의 과다유입과 관련 있다. 산업화 및 인구의 집중으로 야기되는 영양물질의 과다유입은 부유성 수중식물(수초(water weeds), 미세 식물성플랑크톤(microscopic phytoplankton), 남조류(blue-green algae) 등) 및 부착성 수중식물(부착성 조류, 뿌리를 가진 다양한 식물 등)을 성장시켜 성층화 된 호수의 경우 저수층(hypolimnion)에서 호흡에 의한 산소고갈로 물고기 치사를 유발하며 또한 물의 미적, 위락적 가치를 저하시킨다. 규조류(diatoms), 섬모상조류(filamentous algae) 및 수초 등은 수처리 비용의 증가와 더불어 용수공급을 방해하며 해안지역의 부영양화로 나타나는 적조현상은 유독성 조류가 관계하므로 수산물 오염을 유발한다.

부영양화로 영향을 받는 분야와 이와 관련된 문제를 살펴보면 다음과 같다.

- 양(quantity) : 수처리비용의 증가, 주운, 송수문제
- 화학(chemistry) : 수중식물의 성장과 호흡으로 인한 용존산소 및 탄산염시스템 변화
- 미생물(biology) : 특별한 조류의 성장 (생태계의 변화를 유발 – 냄새, 색깔, 독성)

또한 호수의 영양정도에 따라 빈영양(Oligotrophic : 영양물질이 빈약한 경우), 중영양(Mesotrophic : 영양물질이 적당한 경우), 부영양(Eutrophic : 영양물질이 풍부한 경우), 과영양(Hypereutrophic : 영양물질이 과도한 경우) 등으로 구분한다.

수중식물로 대표되는 조류(algae)는 엽록소(chlorophyll a)를 함유하고 있으며 진핵(眞核)세포(Eucaryotic cells : 뚜렷한 핵막에 싸인 핵 존재)를 갖는 조류(규조류, 녹조류 등)와 박테리아 같이 원핵(原核)세포(Procaryotic cells : 뚜렷한 핵막에 싸이지 않은 핵 존재)를 갖는 조류(남조류 등)로 구분된다. 조류는 엽록소 이외에 오렌지색(carotenes), 청색(phycocyanin), 적색(phycoerythrin), 갈색(fucoxanthin), 노란색(xanthophylls) 등의 색소를 함유하고 있어 이 색소의 조합으로 조류의 색깔이 나타나고 조류의 종류가 대단히 많아 개별 조류를 분류하는데 논쟁이 있으며 단세포 조류가 식물성플랑크톤(phytoplankton)이고 플랑크톤은 식물성플랑크톤과 동물성 플랑크톤 모두를 의미한다. 식물성플랑크톤의 양을 측정하는 방법은 특정 플랑크톤의 수를 세는 법(number/mL), 세포부피를 재는 법($\mu m^3/\mu L$) 및 엽록소(chlorophyll a)의 농도($\mu g/L$)를 측정하는 법 등이 가능하지만 실험실에서 간단하게 구할 수 있는 마지막 방법이 부영양화 연구에 가장 일반적으로 사용되고 있다. 그림 9.1은 수체에서 조류와 박테리아의 상호관계를 나타낸 것으로 두 미생물은 공생관계를 이루고 있음을 알 수 있다. 즉 조류의 성장 또는 감소는 용존산소의 변화를 가져와 유기물분해에 영향을 미친다.

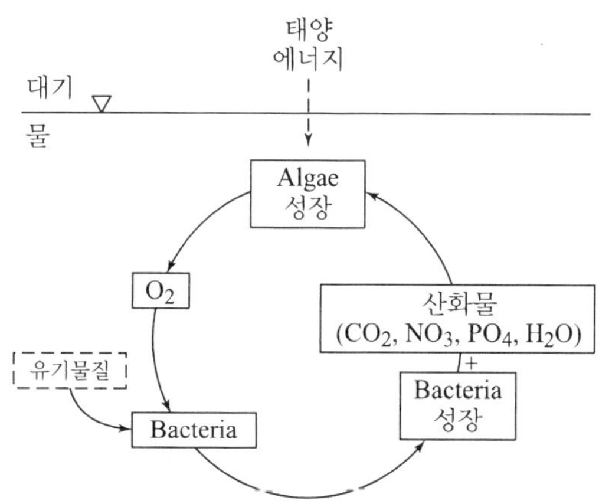

그림 9.1 수체내 조류 및 박테리아 관계

호수의 영양상태를 여러 수질지표를 사용하여 나타낼 수 있다. 표 9.1은 미국 EPA, 표 9.2는 OECD 기준을 보여주고 있으며 기관에 따라 기준 값이 약간 상이함을 알 수 있다.

표 9.1 호수의 영양상태 기준(EPA)

수질지표	빈영양	중영양	부영양
총인 (μg/L)	<10	10~20	>20
엽록소 (μg/L)	<4	4~10	>10
Secchi 깊이 (m)	>4	4~2	<2
저수층산소 (포화 %)	>80	80~10	<10

표 9.2 호수의 영양상태 기준(OECD)

수질지표	빈영양	중영양	부영양
연평균 총인 (μg/L)	<10	10~35	>35
연평균 엽록소 (μg/L)	<2.5	2.5~8	>8
연평균 Secchi 깊이 (m)	>6	6~3	<3

9.1.1 영양물질(nutrients)

세포성장에 필요한 영양물질은 크게 다량영양물질(macronutrients)과 미량영양물질(micronutrients)로 구분할 수 있으며 전자에 속하는 것이 탄소(carbon), 산소(oxygen), 질소, 인, 이산화규소(silica, SiO_2) 등이며 후자에 속하는 것이 망간(manganese), 구리(copper), 아연(zinc) 등이다. 수질관리 모델링에서는 질소, 인 및 탄소 등의 다량영양물질에 관심을 두고 있다.

가. 인 (phosphorus)

인은 세포의 성장에 꼭 필요한 요소이지만 다른 다량영양물질과 비교하여 수중에 풍부하게 공급되지 못한다. 따라서 일반적으로 부영양화의 제한영양물질(limiting nutrient) 또는 한계영양물질로 작용한다. 이유를 살펴보면 다음과 같다.

1. 지각에 충분히 존재하지 않으며 인산염(phosphate minerals)은 대부분 불용성이다.
2. 탄소와 질소와 비교하여 대기 중에 존재하는 기체상의 물질이 없다.
3. 인산염은 부유고형물질에 잘 흡착하며 이 고형물질이 바닥에 침강 또는 침전할 경우 수중에서 인의 부족현상을 초래한다.

인은 수계에서 여러 형태로 존재하지만 부영양화와 관련 있는 식물이 이용하는 형태는 대부분이 용존무기인산(soluble inorganic phosphorus or orthophosphate : $H_2PO_4^-$, HPO_4^{2-}

PO_4^{3-})이며 부영양화상태를 나타내기 위하여 총인(total phosphorus)이 대표적으로 쓰인다.

나. 질소 (nitrogen)

수계에서 질소는 여러 형태로 존재하지만 암모니아(ammonia : NH_4^+, NH_3), 아질산염(nitrite : NO_2^-) 및 질산염(nitrate : NO_3^-) 등의 무기질소가 식물에 이용 가능한 형태이며 유리질소(N_2)는 일부의 남조류(possessing heterocyts)에 의해서 고정되어 유기질소로 바뀌게 된다. 인과 마찬가지로 세포성장에 꼭 필요한 요소이지만 세가지점에서 인과 다르다.

1. 대기 중에 질소가 존재하므로 고도처리 등으로 수계에서 질소가 부족할 때 남조류 등이 질소를 고정하여 이용한다.
2. 무기질소는 인과 같이 침강 또는 침전성이 있는 부유고형물질에 흡착이 잘 안되며 흡착되어도 쉽게 탈착되어 수중으로 복귀한다.
3. 무산소상태에서 발생하는 탈질소화과정(denitrification process, 脫窒素化)이 세포성장에 필요한 질소를 제거하는 효과를 나타낸다. 영양이 풍부하며 탈질소화과정이 존재하는 하구에서 실소가 수중식물의 제한영양물질로 작용하기도 한다.

다. 탄소 (carbon)

수중식물이 이용하는 탄소의 형태는 용존무기탄소(dissolved inorganic carbon : CO_2, HCO_3^- CO_3^{2-})이며 탄소는 인 및 질소와 다르게 일반적으로 제한영양물질로 간주하지 않는다. 그러나 경도 100 ppm 이하의 연수(軟水)의 호수에서 탄소는 제한영양물질임이 보고된바 있다. 탄소는 영양물질이외에 생체량(biomass) 및 오염물질(pollutant)의 구성요소이며 이 두 부분은 유기탄소와 관련이 있다.

인, 질소 및 탄소 이외에 규소(silicon)도 규조류의 성장에 필수불가결한 영양물질이다.

9.1.2 질소(N)와 인(P)

가. 식물 구성비

양론식(量論式, stoichiometry)을 이용하여 식물 즉, 조류를 구성하는 영양물질의 구성비를 파악할 수 있으며 또한 수계내에서 제한영양물질을 파악할 수 있다. Stumm과 Morgan

(1981)은 다음과 같은 유기물과 무기물에 대한 변화 즉, 광합성과 호흡에 대하여 다음의 양론식을 수립하였다.

$$106CO_2 + 16NH_4^+ + HPO_4^{2-} + 108H_2O \rightleftarrows C_{106}H_{263}O_{110}N_{16}P_1 + 107O_2 + 14H^+ \tag{9.1}$$

만약 영양소로 암모니아 대신 질산염이 이용되면 이 식은 약간의 변화를 초래하지만 조류의 각 원소의 구성비 즉, 건조중량(dry weight)은 거의 변화가 없다. 조류의 탄소, 질소 및 인의 질량비는 다음과 같으며

$$C : N : P = 106 \times 12 : 16 \times 14 : 1 \times 31 = 1272 : 224 : 31 \tag{9.2}$$

인을 기준으로 건조중량비를 살펴보면 다음과 같다.

$$C : N : P = 40\% : 7.2\% : 1\% \tag{9.3}$$

건조생체량의 밀도를 이용하여 세포의 성분을 살펴보면 90%가 물이고 10%가 건조중량이므로 건조중량 중에서 식 (9.3)의 구성비가 각 영양소가 차지하는 부분이며(48.2%) 나머지 51.8%는 다른 원소에 의한 것임을 알 수 있다.

나. 질소 및 인의 유입원

질소 및 인의 유입원은 점오염원 및 비점오염원으로 구분가능하며 BOD의 경우 4대강 수계 비점오염원 기여도가 약 40~70%에 이르는 것으로 나타나 질소 및 인도 이와 유사할 것으로 판단된다. 미국의 경우 비점오염원에 대한 각 오염원의 유입량을 살펴보면 표 9.3과 같다. 이 표로부터 질소는 대기에서 유입하는 양이 주류를 이루며 인은 도시와 대기를 통하여 오염원의 약 3분의 2가 유입함을 알 수 있고 우리나라도 이와 유사할 것으로 보인다. 점오염원인 도시하수로부터 유입되는 질소 및 인의 농도 및 부하량은 표 9.4와 같다.

표 9.3 비점오염원으로 유입되는 질소 및 인의 양 (kg/ha · yr : 미국)

영양물질	산림	농업	도시	대기
질 소	3 (1.3~10.2)	5 (0.5~50)	5 (1~20)	24
인	0.4 (0.01~0.9)	0.5 (0.1~5)	1 (0.1~10)	1 (0.05~5)

자료 : Thomann and Mueller. 1987

표 9.4 점오염원(도시하수)으로 유입되는 질소 및 인의 양 (미국)

영양물질	농도(mg/L)	부하량(g/인·day)
질 소	40 (20~80)	23.0
유기질소	15 (8~35)	8.5
암모니아(NH_3)	25 (12~50)	14.2
인(세척제 포함)	8 (4~15)	4.5
유기인	3 (1~5)	1.7
무기인	5 (3~10)	2.8
(세척제 제외)	4	2.3

자료 : Thomann and Mueller 1987, Metcalf and Eddy 1991

다. N/P 비

식 (9.3)에서 언급한 바와 같이 세포내의 N/P 비는 7.2이다. 만약 수중에 질소와 인의 비가 7.2보다 크면 영양물질중 질소가 풍부히 공급됨을 의미하며 따라서 인이 제한영양물질로 간주되고 N/P 비가 7.2보다 작으면 역이 성립한다. 이는 양론식에서 구한 이론값이며 실제로 식물성플랑크톤의 세포에는 0.5~2 μg의 인과 7~10 μg의 질소가 함유되어 있으므로 일반적으로 N/P 비를 10으로 기준으로 제한영양물질을 파악한다. 표 9.5는 N/P에 따른 제한영양물질을 보여주고 있다.

표 9.5 제한영양물질

N/P 비	제한영양물질
> 10	인
< 10	질소

Exercise 9.1 N/P 비

회분식반응기에서 조류의 초기농도가 1μg chl-a/L이며 1차 반응(k_g = 1 /d)으로 성장할 때 조류 및 영양물질의 변화를 파악하라. 단 초기질소 및 인의 농도는 다음과 같다.

a) n_0 − 100μg-N/L, p_0 = 10μg-P/L

b) n_0 = 72μg-N/L, p_0 = 36μg-P/L

Solution

조류(a), 질소(n) 및 인(p)의 물질수지방정식은 다음과 같으며

$$\frac{da}{dt} = k_g a, \quad \frac{dp}{dt} = -r_{pa} k_g a, \quad \frac{dn}{dt} = -r_{na} k_g a$$

여기서, r_{pa} 및 r_{na}는 인과 엽록소의 비, 질소와 엽록소의 비이며 N/P 비의 값을 이론적인 값 7.2를 사용하면 $r_{pa} = 1\mu$g-P/μg chl-a 및 $r_{na} = 7.2\mu$g-N/μg chl-a이다. 위 식들의 해는 다음과 같다.

$$a = a_0 e^{k_g t}, \quad p = p_0 - r_{pa} a_0 (e^{k_g t} - 1), \quad n = n_0 - r_{na} a_0 (e^{k_g t} - 1)$$

a) 및 b) 경우의 시간에 대한 변화는 다음과 같고 그림에 보이듯이 a)는 인(N/P=10), b)는 질소(N/P=2)가 제한영양물질임을 알 수 있다.

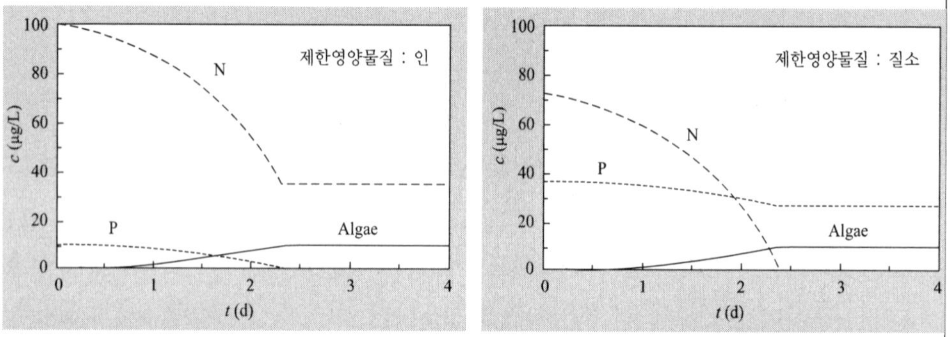

(a) (b)

9.2 인부하 모델(phosphorus loading concept)

9.2.1 Vollenweider 모델

인을 호수의 제한영양물질로 가정하고 인부하에 대한 물질수지방정식을 이용하여 호수의 영양정도를 파악하는 Vollenweider 모델을 소개한다. 1968년 Vollenweider는 다량의 호수자료를 사용하여 총인 면적유입부하량 [$ML^{-2}T^{-1}$] 및 수심 [L]의 단순한 관계로 호수의 영양정도를 파악하였다. 그후 Vollenweider(1976)는 호수의 영양상태가 수심뿐만 아니라 체류시간에도 영향을 받음을 알아 그의 모델을 수정하게 되었다.

인 물질수지방정식

완전혼합호수에서 인에 대한 물질수지방정식은 다음과 같다.

$$V\frac{dp}{dt} = W - Qp - k_s Vp \tag{9.4}$$

여기서, p는 총인농도 $[ML^{-3}]$ 및 k_s는 총인의 소멸(유실)계수 $[T^{-1}]$이다. 정상상태에서 다음의 식이 얻어진다.

$$p = \frac{W}{Q + k_s V} \tag{9.5}$$

이 식의 분모 분자를 호수의 단면적(A)으로 나누면 다음과 같고

$$p = \frac{\acute{W}}{q_s + k_s H} = \frac{\acute{W}}{\left(\dfrac{H}{\tau} + k_s H\right)} \tag{9.6}$$

여기서, $\acute{W}$는 면적부하량(W/A), q_s는 수리부하율(Q/A) 및 τ는 체류시간(V/Q)이다. Vollenweider는 총인의 소멸계수를 다음과 같이 간략화 하여 나타내고

$$k_s = \frac{10}{H} \tag{9.7}$$

여기서, H의 단위는 [m] 및 k_s는 [/yr]이며 식 (9.6)에 대입하여 다음의 식을 유도하였다.

$$p = \frac{\acute{W}}{\left(\dfrac{H}{\tau} + 10\right)} \tag{9.8}$$

영양상태를 규정하는 표 9.1의 총인 농도를 사용하여 식 (9.8)을 다시 쓰면 다음과 같다.

$$\acute{W}_{10} = 0.01\left(\frac{H}{\tau} + 10\right) \tag{9.9}$$

$$\acute{W}_{20} = 0.02\left(\frac{H}{\tau} + 10\right) \tag{9.10}$$

면적부하량의 첨자는 인의 농도(10μg/L, 20μg/L)를 나타내며 단위는 [g/m^2· yr]이다. 식 (9.9)는 빈 및 중영양의 경계를 식 (9.10)은 중 및 부영양의 경계를 표시하며 두개의 변수 (H/τ, $\acute{W}$)로 호수의 영양상태를 쉽게 파악하기 위하여 위 두 식을 상용로그(common logarithm)를 취하여 Vollenweider 도표를 그리면 그림 9.2와 같다.

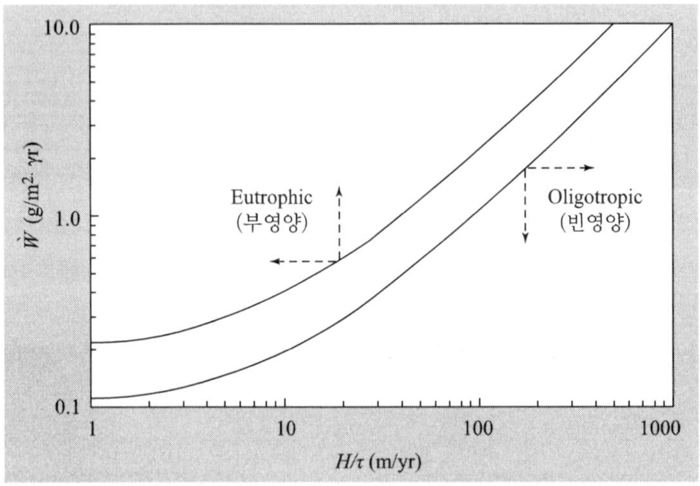

그림 9.2 Vollenweider 도표

Vollenweider 모델은 총인의 물질수지방정식에서 인이 제거되는 것을 소멸계수로만 고려해 주었는데 인은 부유고형물질에 흡착되어 침강 또는 침전에 의해 제거될 수 있으므로 침강속도(v)로만 물질수지방정식을 쓰면 다음과 같고

$$V\frac{dp}{dt} = W - Qp - vAp \tag{9.11}$$

정상상태에서 인의 농도는 다음으로 주어진다.

$$p = \frac{\acute{W}}{q_s + v} \tag{9.12}$$

따라서 식 (9.7)의 의미는 침강속도가 10 m/yr임을 나타내고 있다(실제로 호수에서의 인의 침강속도는 5~10 m/yr의 범위에 존재). 식 (9.12)의 양변에 상용로그를 취하여 정리하면 다음과 같고

$$\log \acute{W} = \log p + \log (q_s + v) \tag{9.13}$$

체류시간이 긴 호수(작은 q_s)는 식 (9.13)을 다음과 같이 쓸 수 있으며

$$\log \acute{W} = \log p + \log v = \text{일정} \tag{9.14}$$

체류시간이 작은 호수는(큰 q_s)는 다음과 같다.

$$\log \acute{W} = \log p + \log q_s \tag{9.15}$$

식 (9.14)와 (9.15)는 그림 9.2의 Vollenweider 도표에서 왼편과 오른편의 그래프 모양을 보여주고 있다. 이 그림은 호수의 영양상태를 파악하는데 쉽게 이용 가능하므로 사전 및 사후 환경영향평가에 유용하게 이용되고 있다.

Vollenweider 모델을 구성하는 식 (9.9) 및 (9.10)을 다른 수질지표를 사용하여 나타내기도 한다. 식 (9.6)에 고려된 유실계수는 순수유실계수(net loss rate)로 재부상 및 퇴적층에서의 변화를 고려한 수치이다. 이 값은 후에 수리학적 특성치인 체류시간과 다음의 관계가 성립함을 파악하여

$$k_s = \frac{1}{\sqrt{\tau}} \tag{9.16}$$

이를 적용하여 식 (9.6)을 다음과 같이 다시 쓸 수 있다.

$$p = \frac{\acute{W}}{q_s + H/\sqrt{\tau}} = \frac{\acute{W}}{q_s(1+\sqrt{\tau})} \tag{9.17}$$

이 식을 사용하여 그림 9.2와 같은 비슷한 도표를 얻을 수 있다. 주의해야 할 점은 식 (9.16)의 양변 단위가 일치하지 않는다는 것이다.

9.2.2 수질지표의 상관관계

영양상태를 나타내는 수질지표는 표 9.1 및 9.2에 보이듯이 서로 연관이 있음을 알 수 있다. 이 관계를 경험적으로 나타내면 다음과 같다.

가. 인과 클로로필 관계

총인과 클로로필과의 관계는 다음과 같이 주어진다.

Dillon and Rigler (1974)

$$\log(\text{chl-a}) = 1.449\log(p_v) - 1.136 \tag{9.18}$$

Rast and Lee (1978)

$$\log(\text{chl-a}) = 0.76\log(p) - 0.259 \tag{9.19}$$

Bartsch and Gakstatter (1978)

$$\log(\text{chl-a}) = 0.807\log(p) - 0.194 \tag{9.20}$$

여기서, chl-a는 평균 엽록소농도 [μg/L], p는 평균 총인농도 [μg/L] 및 p_v는 봄의 총인농도 [μg/L]이다. 인과 클로로필의 관계는 일반적으로 인 농도가 증가하면 클로로필 농도는 증가하지만 선형이 아님을 알 수 있다. 이 식들은 제한영양물질이 인일 때 적용가능하며 질소가 제한영양물질일 때 Smith and Shapiro(1981)는 다음의 식을 제안했다.

$$\log(\text{chl-a}) = 1.55\log(p) - b \tag{9.21}$$

여기서, b는 다음으로 주어지며

$$b = 1.55\log\left[\frac{6.404}{0.0204(\text{TN} : \text{TP}) + 0.334}\right] \tag{9.22}$$

여기서 TN : TP는 총질소와 총인의 비이다.

나. 클로로필과 Secchi 깊이 관계

클로로필과 Secchi 깊이와의 관계는 다음으로 주어진다.

$$\log(\text{SD}) = -0.473\log(\text{chl-a}) + 0.803 \tag{9.23}$$

여기서, SD는 Secchi 깊이[m]이다. 클로로필과 Secchi 깊이와의 관계는 총인과 클로로필과의 관계와는 다르게 chl-a농도가 증가하면 상대적으로 SD가 작아짐을 알 수 있다.

다. 인과 저수층 산소요구량 관계

Rast and Lee (1978)는 호수의 수리학적특성과 저수층 산소요구량을 다음의 관계로 나타냈다.

$$\log(\text{AHOD}) = 0.467\log\left[\frac{\acute{W}}{q_s(1+\sqrt{\tau})}\right] - 1.07 \tag{9.24}$$

여기서, AHOD(Areal Hypoliminatic Oxygen Demand)는 저수층 산소요구량 [g-O/m^2· d]이다. 이 식은 다음과 같이 쓸 수 있다.

$$\text{AHOD} = 0.0851\left[\frac{\acute{W}}{q_s(1+\sqrt{\tau})}\right]^{0.467} = 0.0851\,p^{0.467} \tag{9.25}$$

이와 같은 상관관계는 여러 제약조건(자료의 불확실성, log-log 그래프로 인한 예측오차, 단순한 결과유도 등)에도 불구하고 부영양화관리에 다양하게 이용되고 있으며 그림 9.3은 수질지표간 상호관계를 간략하게 나타내고 있다.

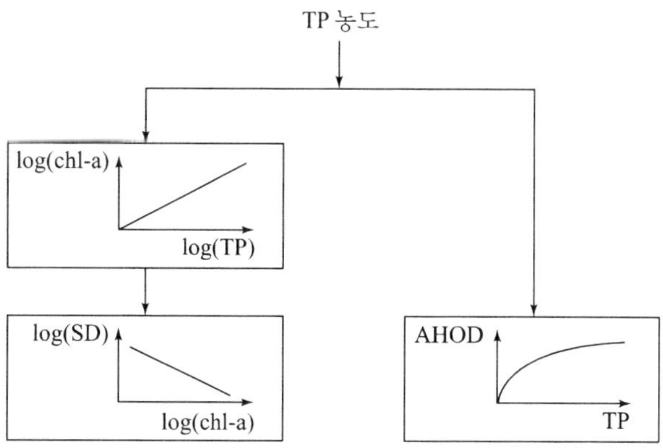

그림 9.3 수질지표 상호관계

9.2.3 퇴적층과 수층의 교환 (sediment-water interaction)

퇴적층 또는 저질층으로부터 용출되는 인은 저수층에서의 산소요구량과 너불어 호수관리에서 매우 중요하다. 호수를 다음과 같이 퇴적층을 고려하여 단순화 할 수 있다.

가. 총인 모델 (total phosphorus model)

그림 9.4와 같은 시스템에서 총인의 물질수지방정식은 다음과 같다.

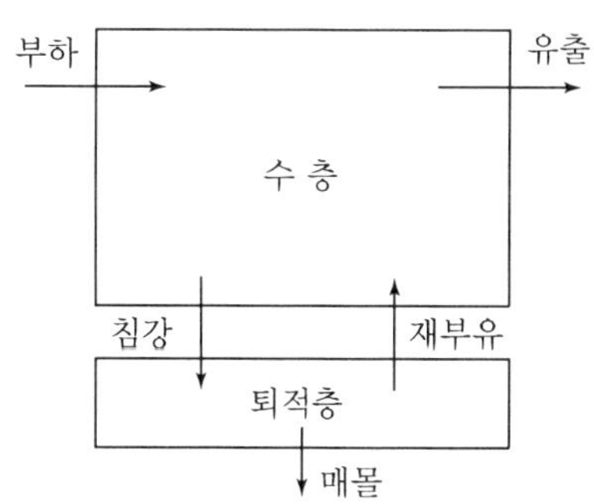

그림 9.4 호수의 단순화

$$V_1 \frac{dp_1}{dt} = W - Qp_1 - v_s A p_1 + v_r A p_2 \quad (9.26)$$

$$V_2 \frac{dp_2}{dt} = v_s A p_1 - v_r A p_2 - v_b A p_2 \quad (9.27)$$

여기서, v_s는 침강속도 [m/yr], v_r은 재부유속도 [m/yr] 및 v_b는 매몰속도 [m/yr]이며 첨자는 수층과 퇴적층을 표시한다.

나. 저수층 산소모델 (hypolimnetic oxygen model)

저수층 산소는 다음과 같이 0차 반응으로 표시가능하다.

$$V_2 \frac{d\mathrm{DO}}{dt} = -\frac{\mathrm{AHOD}}{H_h} V_2\, \mathrm{DO}^n \quad (9.28)$$

여기서, 차수 n은 0, DO는 용존산소 [ML^{-3}] 및 H_h는 저수층의 두께 [L]이다. 총인의 시간에 대한 변화 및 퇴적층과 수층의 교환은 위의 식 (9.26) 및 (9.27)로부터 구할 수 있으며 수층이 성층화할 경우 표수층과 저수층으로 구분하여 총인의 변화를 파악할 수 있다. 저수층의 용존산소 농도로부터 식 (9.28)을 사용하여 구한 저수층 산소요구량은 저수층 산소요구량과 총인과의 관계를 나타내는 식 (9.25)를 만족하여야 한다. 호수 부영양화관리의 중요한 부분인 저수층과 수층의 교환에 대한 자세한 설명은 고위과정으로 미룬다.

9.3 미생물/기질 모델링(microbe/substrate modeling)

9.3.1 박테리아 성장

분해가능한 유기탄소가 충분히 존재하는 회분식반응기에서 미생물(microbe) 중의 하나인 박테리아성장은 그림 9.5와 같이 적응단계(lag phase), 대수성장단계(exponential growth phase), 감소성장단계(declining growth phase), 정체단계(stationary phase) 및 내생성장단계(endogeneous phase)로 구분한다.

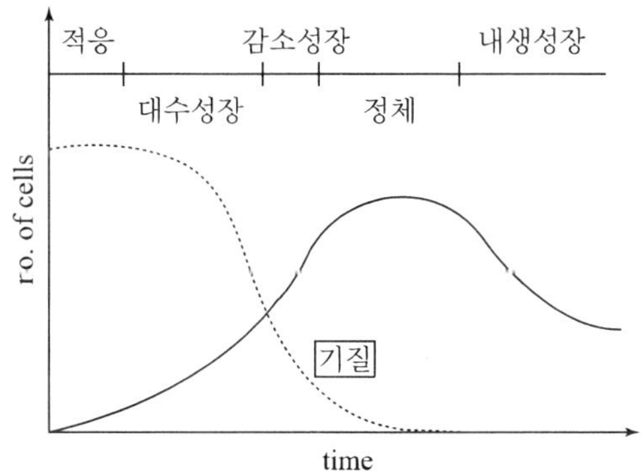

그림 9.5 박테리아의 성장

다음의 간단한 물질수지방정식은 그림 9.5의 박테리아 농도변화를 부분적으로 파악할 수 있다.

$$\frac{dX}{dt} = (k_g - k_d)X \tag{9.29}$$

여기서, X는 박테리아의 농도 [cells/L], k_g는 박테리아의 성장률 [/hr] 및 k_d는 박테리아의 사멸율 [/hr]이다. 식 (9.29)에 존재하는 1차 반응속도상수는 시간에 따라 변함없이 일정하므로 실제로 그림 9.5로 나타나는 박테리아의 농도변화 전체를 이 식으로 파악하기는 힘들다. 그러나 박테리아의 1차 반응속도상수가 사멸이 없고 성장만 있을 경우 식 (9.29)는 그림에 보이는 대수성장단계를 잘 나타내며, 성장이 멈추고 사멸만 존재할 경우 내생성장단계 상태를 잘 보여줄 수 있다. 감소성장단계 및 정체단계에서의 박테리아 변화는 이 식을 적용하여 파악할 수 없으므로 다음과 같이 기질(substrate)이 제한될 경우를 고려해 주어야 한다. 이와 관련된 반응속도상수는 기질농도에 영향을 받으므로 시간에 따라 일정하지 않고 변하게 된다.

가. 기질의 제한

기질 즉, 영양물질이 충분히 공급되지 않을 경우 성장률은 일정하지 않으며 다음과 같은 경험식을 이용하여 박테리아 및 기질의 농도를 파악하게 된다.

$$k_g = k_{g,\max} \frac{S}{k_s + S} \tag{9.30}$$

여기서, $k_{g,\max}$는 기질이 충분히 존재할 경우 최대성장률(maximum growth rate) 또는 최대증식속도상수 [/hr], S는 기질의 농도 [mg/L] 및 k_s는 반포화상수(a half-saturation constant) [mg/L]이다. 이 식은 Michaelis-Menton 모델(효소 연구) 또는 Monod 모델(미생물 연구)이라고 하며 기질에 대한 성장률의 변화를 도시하면 다음 그림과 같다.

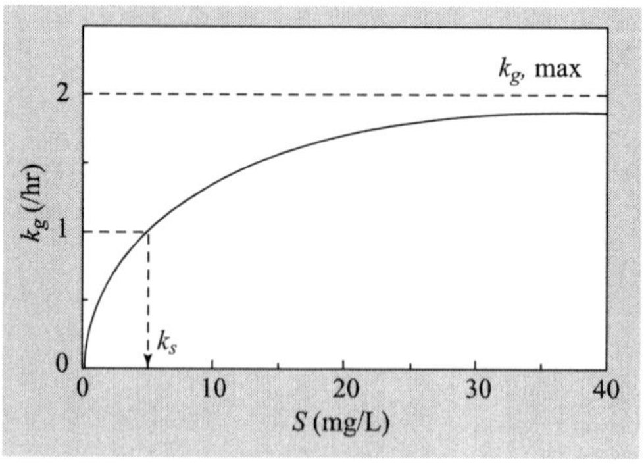

그림 9.6 Michaelis-Menton 또는 Monod 식

만약 기질이 충분하지 못하면($S \ll k_s$) 식 9.30은 다음과 같으며

$$k_g \cong \frac{k_{g,\max}}{k_s} S \tag{9.31}$$

이 경우 성장률은 기질의 농도에 비례하며, 만약 기질이 충분히 존재하면($S \gg k_s$) 이 식은 다음과 같이 최대성장률과 같음을 알 수 있다.

$$k_g \cong k_{g,\max} \tag{9.32}$$

식 (9.31)은 그림 9.6의 좌측부분에, 식 (9.32)는 그림 9.6의 우측부분에 해당하는 두 극단적인 영역을 보여주고 있다. 식 (9.31)을 식 (9.29)에 대입하면 박테리아의 성장은 유사 2차 반응식(quasi second order reaction equation)이 되며 식 (9.32)를 식 (9.29)에 대입하면 1차 반응식이 되어 박테리아성장은 1차와 2차 반응으로 경계되어 진행함을 알 수 있다.

나. 계수 추정(parameter estimation)

계수인 $k_{g,\max}$와 k_s는 비선형 식 9.30을 직접 이용하여 구하거나 2장 적분법에서와 같이 두 독립변수인 k_g 및 S에 대하여 선형화하고 자료를 적합(regression)하여 산정하기도 한다. 선형화 방법은 미생물 및 기질의 특성에 따라 다음의 세 방법이 적용가능하다.

1) Lineweaver-Burk 식

식 (9.30)의 역수를 취하면 다음과 같고

$$\frac{1}{k_g} = \frac{k_s}{k_{g,\max}}\frac{1}{S} + \frac{1}{k_{g,\max}} \tag{9.33}$$

$1/k_g$와 $1/S$에 대하여 자료를 직선으로 적합하여 적합식의 기울기와 절편을 결정하면 두 계수를 산정할 수 있다(연습문제 9.2 참조).

2) Hanes 식

식 (9.33)의 양변에 S를 곱하면 다음과 같고

$$\frac{S}{k_g} = \frac{k_s}{k_{g,\max}} + \frac{1}{k_{g,\max}}S \tag{9.34}$$

S/k_g와 S에 대하여 데이타를 적합한 후 계수를 산정한다(연습문제 9.2 참조).

3) Hofstee 식

식 (9.30)의 양변에 $(k_s + S)/S$를 곱한 후 정리하면 다음의 식이 주어지며

$$k_g = k_{g,\max} - k_s\left(\frac{k_g}{S}\right) \tag{9.35}$$

직선으로 주어지는 이 식을 k_g와 k_g/S에 대하여 나타내면 계수를 산정할 수 있다.

9.3.2 회분식반응기에서 박테리아 성장

그림 9.7과 같은 회분식반응기에서 기질과 박테리아의 농도변화를 물질수지방정식을 이용하여 구할 수 있다. 간단한 해석을 위하여 유기탄소(organic carbon)로 기질과 박테리아의 생체량을 나타낼 수 있으며 기질의 탄소는 생체량의 탄소로 전부 전환되는 게 아니라 일부는 이산화탄소, 물 및 생물체 유지에 필요한 에너지를 얻기 위하여 사용하므로 다음과 같은 변환계수를 고려해 주어야 한다.

$$Y = \frac{\text{g C} - \text{cells}}{\text{g C} - \text{substrate}} \tag{9.36}$$

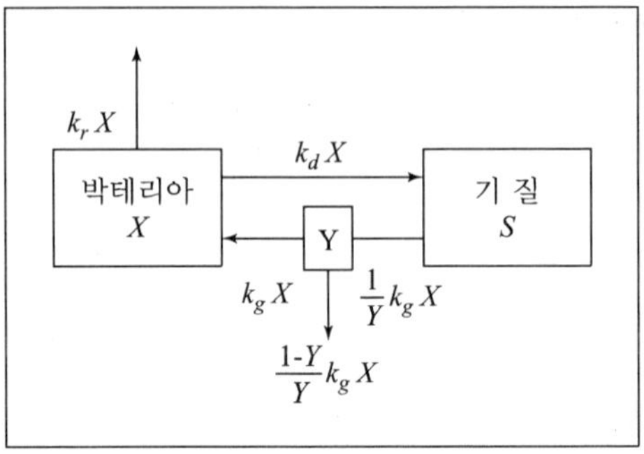

그림 9.7 회분식반응기

그림 9.7에서 박테리아 및 기질의 물질수지방정식은 다음과 같다.

$$\frac{dX}{dt} = \left(k_{g,\max} \frac{S}{k_s + S} - k_d - k_r\right) X \tag{9.37}$$

$$\frac{dS}{dt} = -\frac{1}{Y} k_{g,\max} \frac{S}{k_s + S} X + k_d X \tag{9.38}$$

여기서, k_r은 동화(anabolism) 및 이화작용(catabolism)과 관계없는 소멸계수 [/hr]이다. 주의해야 할 것은 사멸되는 모든 박테리아의 생체량은 기질로 작용하는 것이다.

Exercise 9.2 회분식반응기

다음과 같은 회분식반응기에서 기질, 박테리아 및 TOC(total organic carbon)의 변화를 파악하라.

$X_0 = 5$ mgC/L $S_0 = 995$ mgC/L $k_{g,\max} = 0.2$ /hr

$k_s = 150$ mgC/L $k_d = k_r = 0.01$ /hr $Y = 0.5$ gC-cells/gC-substrate

Solution

주어진 값을 식 (9.37) 및 (9.38)에 대입하여 정리하면 다음과 같다.

$$\frac{dX}{dt} = \left(0.2 \frac{S}{150+S} - 0.02\right) X$$

$$\frac{dS}{dt} = -0.4 \frac{S}{150+S} X + 0.01 X$$

윗 두식은 비선형이므로 해석해로 풀기는 어려우므로 2장에서 언급한 바와 같이 수치해석법으로 해를 구한다. 윗 식을 Euler 방법을 이용하여 표현하면 다음과 같으며

$$X_{i+1} = X_i + \left(0.2\frac{S_i}{150+S_i} - 0.02\right) X_i\, \Delta t$$

$$S_{i+1} = S_i - \left(0.4\frac{S_i}{150+S_i} X_i - 0.01 X_i\right) \Delta t$$

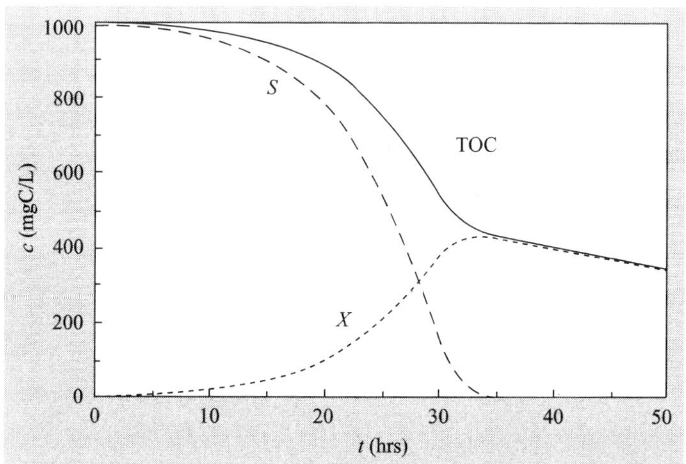

이를 순차적으로 해석하면 기질, 박테리아 및 TOC의 변화를 파악할 수 있으며 TOC는 X와 S의 합으로 표현된다. Δt가 0.1 /hr일 때의 농도변화가 위 그림과 같다.

9.3.3 유 · 출입이 있는 완전혼합반응기에서 박테리아 성장

그림 9.8과 같이 기질의 유·출입이 존재하는 완전혼합반응기에서 박테리아 및 기질의 물질수지방정식은 다음과 같다.

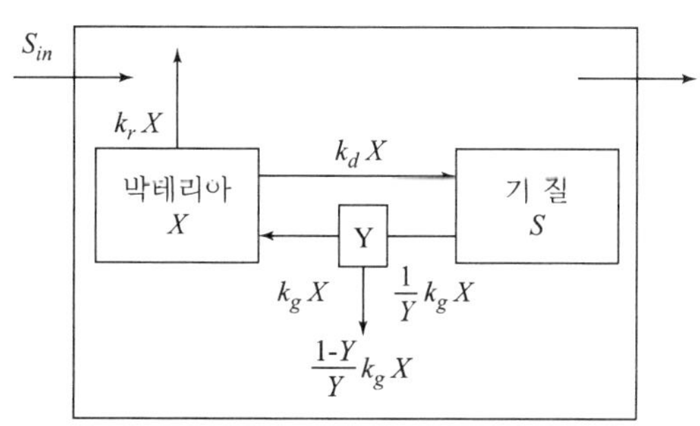

그림 9.8 유 · 출입이 있는 완전혼합반응기

$$\frac{dX}{dt} = \left(k_{g,\max}\frac{S}{k_s + S} - k_d - k_r - \frac{Q}{V}\right)X \tag{9.39}$$

$$\frac{dS}{dt} = -\frac{1}{Y}k_{g,\max}\frac{S}{k_s + S}X + k_d X + \frac{Q}{V}(S_{in} - S) \tag{9.40}$$

예제 9.3은 완전혼합반응기에서 체류시간에 따른 박테리아 및 기질의 변화를 보여주고 있다.

Exercise 9.3 완전혼합반응기

예제 9.2와 같은 완전혼합반응기에서 a) $\tau_w = 20$ hrs, b) $\tau_w = 10$ hrs 및 c) $\tau_w = 5$ hrs 일 때 기질, 박테리아 및 TOC의 변화를 파악하라. 단, $V = 10$ L, $S_{in} = 1{,}000$ mgC/L, $S_0 = 0$ mgC/L 이다.

Solution

주어진 값을 식 (9.39) 및 (9.40)에 대입하여 예제 9.2와 같이 해석하면 다음 그림을 얻을 수 있다.

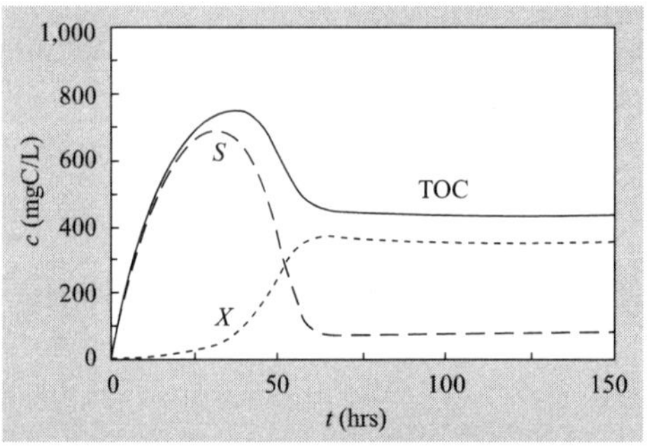

(a)

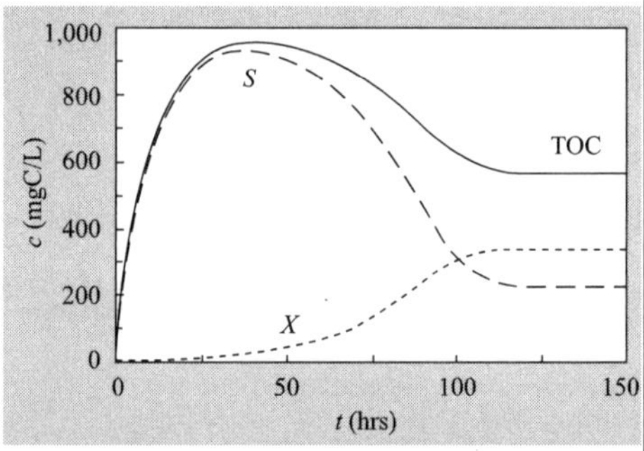

(b)

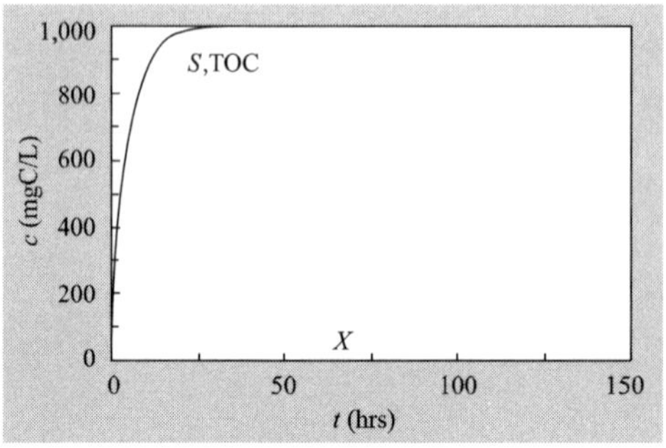

(c)

예제 9.3 c)는 유입기질의 농도가 그대로 시스템 밖으로 흘러나가는 경우로 이와 같은 경우는 물의 체류시간과 반응속도상수에 의해서 결정된다. 완전세척(wash out or flushing)이라는 이러한 상태는 식 (9.39)에서 구할 수 있다. 정상상태에서 식 (9.39)는 다음과 같으며

$$k_{g,\max}\frac{S}{k_s+S} = k_d + k_r + \frac{Q}{V} \tag{9.41}$$

완전세척 조건이란 S는 S_{in}이고 V/Q는 물이 머무르는 최소시간 즉, 최소체류시간이므로 $\tau_{\min}$으로 쓸 수 있어 이를 대입하여 정리하면 다음의 식을 얻을 수 있다.

$$\tau_{\min} = \frac{k_s + S_{in}}{(k_{g,\max} - k_d - k_r)S_{in} - (k_d + k_r)k_s} \tag{9.42}$$

이 체류시간 이상에서 완전세척이 발생하지 않으므로 이를 최소체류시간이라 한다. 정상상태 기질의 농도는 식 (9.41)을 S에 대하여 정리하면 다음과 같이 주어지며

$$S = \frac{\left(k_d + k_r + \dfrac{Q}{V}\right)k_s}{k_{g,\max} - \left(k_d + k_r + \dfrac{Q}{V}\right)} \tag{9.43}$$

이 식으로부터 또 하나의 특성 즉, 정상상태 기질의 농도는 유입기질의 농도와 무관함을 알 수 있다. 또한 식 (9.40)의 정상상태 조건에서 식 (9.43)을 대입하여 박테리아 농도를 구할 수 있다.

Exercise 9.4 **완전혼합반응기**

예제 9.3의 조건에서 $\tau_{\min}$ 및 $\tau_w = 10$ hours일 때 정상상태 기질의 농도를 계산하라.

Solution

식 (9.42)에 주어진 값을 대입하면 다음과 같다.

$$\tau_{\min} = \frac{150 + 1{,}000}{(0.2 - 0.01 - 0.01)1{,}000 - (0.01 + 0.01)150} = 6.5\ \text{hrs}$$

따라서 예제 9.3에서 $\tau_w = 5$ hours일 때 완전세척이 발생함을 알 수 있다.

정상상태 기질의 농도는 다음과 같이 계산된다.

$$S = \frac{\left(0.01 + 0.01 + \dfrac{1}{10}\right)150}{0.2 - \left(0.01 + 0.01 + \dfrac{1}{10}\right)} = 225\ \text{mg/L}$$

이는 예제 9.3의 그림 b)의 값과 일치한다.

9.3.4 식물성플랑크톤 성장

충분한 기질이 존재하지 않는 박테리아의 성장 모델은 그대로 식물성플랑크톤의 성장 모델에 이용될 수 있다. 인이 제한영양물질로 작용하는 유·출입이 있는 CSTR에서 다음과 같은 물질수지방정식을 인(p) 및 조류(a)에 대하여 수립할 수 있다.

$$\frac{da}{dt} = \left(k_{g,\max}\frac{p}{k_{sp}+p} - k_d - \frac{Q}{V}\right)a \tag{9.44}$$

$$\frac{dp}{dt} = -r_{pa}k_{g,\max}\frac{p}{k_{sp}+p}a + r_{pa}k_d a + \frac{Q}{V}(p_{in}-p) \tag{9.45}$$

여기서, k_{sp}는 인의 반포화상수 [mgP/m^3] 및 r_{pa}는 인과 클로로필의 비 [mgP/mg chl-a] 즉, 양론변환계수이다. 이 식은 박테리아의 성장과 관련 있는 물질수지방정식과 비교해 볼 때 자체적으로 소멸되는 것이 없으며($k_r = 0$), 인의 물질수지방정식 중 조류의 사멸항에 양론변환계수가 존재하는 것이다.

Exercise 9.5 조류의 성장

다음과 같은 특성을 갖는 CSTR에서 a)정상상태의 인 농도 및 b)최소체류시간($\tau_{\min}$)을 계산하라.

$a_0 = 0.5$ mg chl-a/m^3　　$p_0 = 9.5$ mgP/m^3　　$p_{in} = 10$ mgP/m^3

$r_{pa} = 1.5$ mgP/mg chl-a　　$k_{g,\max} = 1$ /d　　$k_{sp} = 2$ mgP/m^3

$k_d = 0.01$ /d　　$\tau_w = 20$ d

Solution

a) 식 (9.43)과 유사한 식에 주어진 값을 대입하여 인의 농도를 구한다.

$$p = \frac{(k_d + \frac{Q}{V})k_{sp}}{k_{g,\max} - (k_d + \frac{Q}{V})} = \frac{\left(0.01 + \frac{1}{20}\right)^2}{1 - \left(0.01 + \frac{1}{20}\right)} = 0.128\ \mathrm{mgP/m^3}$$

b) 최소체류시간은 식 (9.42)와 유사한 다음 식에서 구한다.

$$\tau_{\min} = \frac{k_{sp} + p_{in}}{(k_{g,\max} - k_d)p_{in} - (k_d)k_{sp}} = \frac{2+10}{(1-0.01)10-(0.01)2} = 1.215\ \mathrm{d}$$

9.4 식물성장

9.4.1 식물성장(plant growth)의 제한

실제 수계에서 조류의 성장은 3절에서 언급한 영양물질 이외에 온도 및 빛의 세기에 의해 영향을 받으며 사멸을 고려한 조류의 변화는 다음과 같은 물질수지방정식을 사용하여 파악할 수 있다.

$$\frac{da}{dt} = [k_g(T, N, I) - k_d]\,a \tag{9.46}$$

여기서, $k_g(T, N, I)$는 온도(T), 영양물질(N) 및 빛(I)을 고려한 성장률 [T^{-1}]이다. 세 가지 변수가운데 두 가지를 고정시키고 하나만을 변화시키면서 성장률을 검토한 결과, 온도는 조류의 종류에 따라 다른 분포를 나타냈으며(그림 9.9 (a)), 영양물질은 전절에서 언급한 바와 같이 영양물질이 증가함에 따라 일정한 값에 수렴함을 알 수 있었고(그림 9.9 (b)), 빛은 최적 태양복사에너지(solar radiation)에서 최대 성장률을 나타냄을 알 수 있었다(그림 9.9 (c)). 이를 다음과 같은 수식으로 정량화하여 나타낼 수 있다.

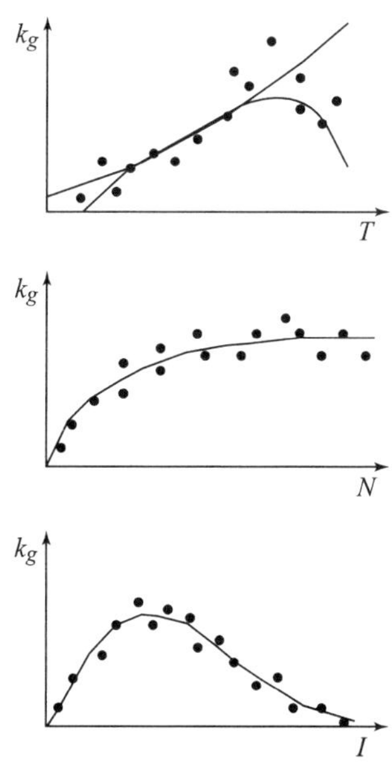

(a) 실험 1
(온도변화, 영양물질 풍부, 빛 최적)

(b) 실험 2
(온도고정(20℃), 영양물질 변화, 빛 최적)

(c) 실험 3
(온도고정(20℃), 영양물질 풍부, 빛 변화)

그림 9.9 온도, 영양물질 및 빛의 세기에 따른 성장률 변화

$$k_g(T,N,I) = k_{g,\max}(T) \cdot \phi_N \cdot \phi_L \tag{9.47}$$

여기서, $k_{g,\max}$(T)는 온도에 따른 최대성장률로 다량의 영양물질과 최적의 태양에너지가 존재할 경우에 해당하며, ϕ_N 및 ϕ_L는 충분하지 못한 영양물질 및 최적 이외의 태양에너지로 인한 감소계수(attenuation factor)이다. 감소계수는 0부터 1까지의 값을 취한다. 그림 9.9는 위에서 기술한 바와 같이 온도, 영양물질 및 빛의 세기에 따른 성장률 변화를 보여주고 있다.

9.4.2 온도(temperature)

식물 성장은 온도에 영향을 받으며 영향을 받는 정도는 많은 연구를 통하여 제안된 다양한 식 가운데 다음의 θ식이 일반적으로 광범위하게 이용된다. 특히 단일종류의 식물성플랑크톤 성장은 이 식으로 대표될 수 있다.

$$k_{g,T} = k_{g,20}\,\theta^{T-20} \tag{9.48}$$

여기서, θ는 1.066이다. 이 방법 이외에 온도가 증가하면서 성장률이 증가하는 직선 식을 이용하는 방법, 온도가 증가하면서 성장률이 증가하였다가 일정 온도 이상에서 감소하는 직선 식을 적용하는 방법 및 데이터를 적합시켜 적합 식을 이용하는 방법 등이 있다.

9.4.3 영양물질(nutrients)

영양물질로 인한 감소계수는 다음과 같이 주어진다.

$$\phi_N = \frac{N}{k_{sN} + N} \tag{9.49}$$

여기서, N은 제한영양물질의 농도 및 k_{sN}은 이 영양물질의 반포화계수이다. 만약 영양물질이 다수일 경우 다양한 적용이 가능하지만 식 (9.50)과 같이 제한 또는 한계영양물질로 나타내는 방법이 합리성이 인정되어 널리 쓰이고 있다. 인과 질소가 제한영양물질인 경우 다음과 같다.

$$\phi_N = \min\{\phi_p, \phi_n\} \tag{9.50}$$

여기서, min의 의미는 인 및 질소 감소계수가운데 작은 값으로 나타나는 감소계수가 적용됨을 의미한다.

9.4.4 빛 (light)

태양에너지는 일변화와 더불어 수심에 따라 세기가 감소하며 또한 식물성플랑크톤은 최적 에너지에서 최대 성장률을 나타내는 등 복잡한 기작이 관여하고 있다. 이를 고려해주기 위한 다양한 표현 중에서 다음의 식이 광범위하게 사용되고 있다.

$$\phi_L = \frac{2.718f}{k_e H}(e^{-\alpha_1} - e^{-\alpha_0}) \tag{9.51}$$

여기서, $$\alpha_0 = \frac{I_a}{I_s} \tag{9.52}$$

$$\alpha_1 = \frac{I_a}{I_s}e^{-k_e H} \tag{9.53}$$

$$I_a = I_m\left(\frac{2}{\pi}\right) \tag{9.54}$$

$$k_e = k_e' + 0.0088\,a + 0.054\,a^{2/3} \tag{9.55}$$

$$k_e' = k_{ew} + 0.052\,N + 0.174\,D \tag{9.56}$$

I_s는 식물성플랑크톤의 최대성장광도(포화광도 : saturating light intensity) [ly/d], I_a는 광주기에서 평균 광도(average light intensity in photoperiod) [ly/d], k_e는 빛의 소멸계수(extinction coefficient) [/m], H는 수심 [m], f는 광주기율(photoperiod), I_m은 최대 광도(maximum light intensity) [ly/d], a는 식물성플랑크톤의 chl-a 농도 [μg/L], k_e'는 식물성플랑크톤이외의 영향으로 인한 소멸계수 [/m], k_{ew}는 순수소멸계수(without particle-free water and color) [/m], N은 비활성 부유물질(nonvolatile suspended solids) [mg/L] 및 D는 잔류 유기물(detritus : non-living organic suspended solids) [mg/L]이다. 위 식에 대한 자세한 설명은 고위과정으로 미룬다.

온도, 영양물질 및 빛의 세기를 모두 고려한 성장계수는 다음과 같이 쓸 수 있다.

$$k_g = k_{g,20} \times 1.066^{T-20} \times \min\left[\frac{n}{k_{sn}+n}, \frac{p}{k_{sp}+p}\right] \times \left[\frac{2.718f}{k_e H}(e^{-\alpha_1} - e^{-\alpha_0})\right] \tag{9.57}$$

Exercise 9.6 식물성플랑크톤의 성장률

부유물질이 존재하지 않는 다음의 조건을 갖는 표수층에서 식물성플랑크톤의 성장률을 계산하라.

$T = 28℃$ $I_a = 500$ ly/d

$I_s = 300$ ly/d $k_e' = 0.3$ /m

p(이용가능한 인) $= 3$ mg/m^3 $k_{sp} = 2$ mg/m^3

n(이용가능한 질소) $= 50$ mg/m^3 $k_{sn} = 10$ mg/m^3

a(식물성플랑크톤의 chl-a 농도) $= 4$ mg chl-a/m^3 $f = 0.5$

$k_{g,20} = 2$ /d $H = 5$ m

Solution

식 (9.57)에서 필요한 값은 다음과 같이 구해지며

$$k_e = 0.3 + 0.0088(4) + 0.054(4)^{2/3} = 0.471\ /\text{m}$$

$$\alpha_0 = \frac{500}{300} = 1.667$$

$$\alpha_1 = \frac{500}{300} e^{-0.471(5)} = 0.158$$

이 식을 대입하면 성장률이 계산된다.

$$k_g = 2 \times 1.066^{28-20} \times \min\left[\frac{50}{10+50}, \frac{3}{2+3}\right] \times \left[\frac{2.718(0.5)}{0.471(5)}(e^{-0.158} - e^{-1.667})\right]$$
$$= 3.335 \times 0.6 \times 0.384 = 0.768\ /\text{d}$$

이 조건에서 인이 제한영양물질로 작용함을 알 수 있다.

9.5 먹이와 포식자 관계

먹이(prey)가 충분하면 포식자(predator)의 증가를 야기하여 결과적으로 먹이가 감소하며, 포식자의 감소는 먹이의 증가를 초래하여 결과적으로 포식자의 증가를 유발한다. 이와 같이 먹이와 포식자는 상호 증가 및 감소하는 조절 관계를 유지한다. 예를 들어 풀과 야생토끼 및 얼룩말과 사자의 관계가 이와 같다. 이에 대한 이해는 영양물질을 먹이로 하는 식물성플랑크톤의 성장 및 식물성플랑크톤을 먹이로 하는 동물성플랑크톤의 성장에 대한 상호관계 파악에 도움이 된다.

9.5.1 Lotka-Volterra 식

먹이와 포식자의 관계를 규정하는 다양한 식을 일반적으로 Lotka-Volterra식이라 부르며 이 중에서 매우 간단한 식을 소개하면 다음과 같다. 먹이 및 포식자가 각각 1종류(single species)인 상태를 가정하면 포식자가 존재하지 않는 경우 먹이의 성장은 1차 반응으로, 먹이가 존재하지 않는 경우 포식자의 감소도 같은 1차 반응으로 표시할 수 있다.

$$\frac{dx}{dt} = ax \tag{9.58}$$

$$\frac{dy}{dt} = -cy \tag{9.59}$$

여기서, x 및 y는 먹이 및 포식자의 수, a 및 c는 1차 성장 및 감소계수이다. 독립적으로 표현된 위 식을 상호관계를 규정하는 항을 고려하여 다시 기술하면 다음과 같다.

$$\frac{dx}{dt} = ax - bxy \tag{9.60}$$

$$\frac{dy}{dt} = -cy + dxy \tag{9.61}$$

여기서, b 및 d는 먹이 및 포식자가 관계하므로 유사 2차 반응계수이다. 주의해야 할 점은 먹이의 물질수지방정식에서 먹이 및 포식자의 관계는 감소(−)로, 포식자의 물질수지방정식에서 먹이 및 포식자의 관계는 증가(+)로 나타나는 점이다. 이를 그림으로 나타내면 그림 9.10과 같다. 그림에 보이듯이 포식자의 정점은 항상 먹이의 정점을 지나 존재하며 주기

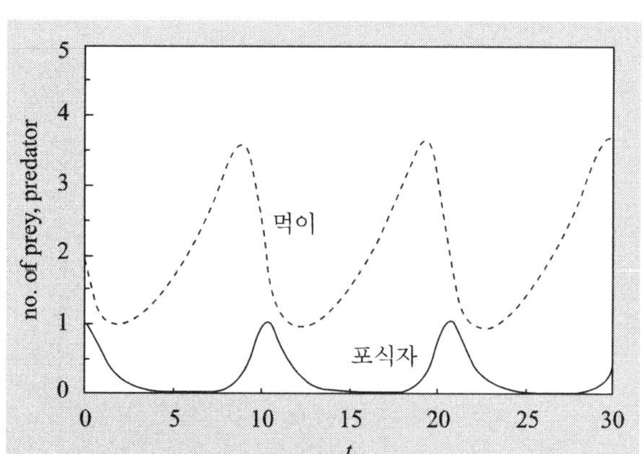

그림 9.10 시간에 따른 먹이와 포식자의 관계

는 일정하지 않음을 알 수 있다. 먹이 및 포식자가 시간의 함수로 나타나는 그림 9.10과 더불어 식 (9.61)을 (9.60)으로 나누면 다음과 같은 먹이와 포식자의 관계로만 나타나는 식을 얻을 수 있다.

$$\frac{dy}{dx} = \frac{-cy + dxy}{ax - bxy} \tag{9.62}$$

이 식의 해는 다음과 같다.

$$(y^a e^{-by})(x^c e^{-dx}) = K \tag{9.63}$$

여기서, K는 상수이다. 식 (9.63)을 그림으로 나타내면 그림 9.11과 같고 먹이와 포식자의 수는 고정점(rest point)을 주위로 타원과 같은 폐쇄원을 그리면서 무한대로 진행함을 알 수 있다(연습문제 9.4 참조). 식 (9.60) 및 (9.61)로 주어지는 먹이와 포식자의 관계에서 고정점은 시간에 대한 변화가 없는 다음의 조건에 의해 구해진다.

$$\frac{dx}{dt} = 0 = ax - bxy \tag{9.64}$$

$$\frac{dy}{dt} = 0 = -cy + dxy \tag{9.65}$$

이 식으로부터 다음의 고정점이 결정된다.

$$(x, y) = (c/d,\ a/b) \tag{9.66}$$

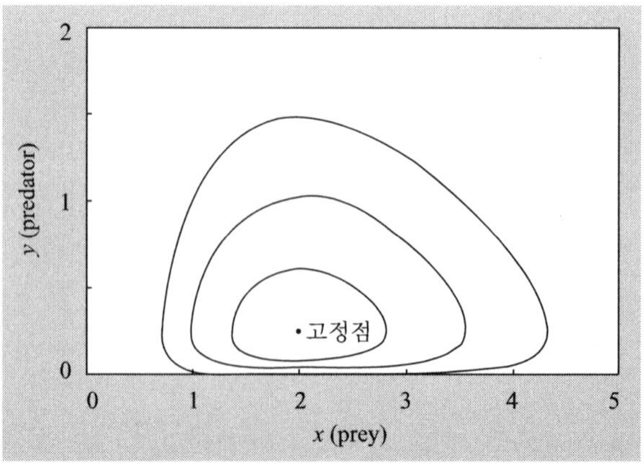

그림 9.11 먹이와 포식자의 관계

1계 미분방정식의 해

식 (9.62)의 해는 변수분리(separable variable)하여 간단히 해를 구할 수 있다. 식 (9.62)를 다시 쓰면 다음과 같고

$$\frac{dy}{dx} = \frac{-(c-d\cdot x)y}{(a-b\cdot y)x} = \frac{\dfrac{-c+d\cdot x}{x}}{\dfrac{a-b\cdot y}{y}}$$

정리하면 다음과 같다.

$$\frac{a}{y}dy - b\cdot dy + \frac{c}{x}dx - d\cdot dx = 0$$

이 식의 해는 다음과 같으며

$$a\cdot \ln y - b\cdot y + c\cdot \ln x - d\cdot x = K'$$

여기서, K'는 적분상수(constant of integration)이다. 양변을 지수승하면 식 (9.63)의 해가 얻어진다.

$$(y^a e^{-by})(x^c e^{-dx}) = K$$

여기서, K는 $e^{K'}$이다.

9.5.2 식물성플랑크톤과 동물성플랑크톤의 관계

동물성플랑크톤은 식물성플랑크톤을 먹으며 생존하므로 동물성플랑크톤은 포식자로, 식물성플랑크톤은 먹이로 분류할 수 있다. 이를 그림으로 나타내면 그림 9.12와 같다. 식물성플랑크톤(phytoplankton)의 물질수지방정식은 다음과 같이 쓸 수 있다.

$$\frac{da}{dt} = k_g(T, N, I)\,a - k_d a \tag{9.67}$$

사멸율(k_d)로 표시된 식물성플랑크톤의 손실은 호흡에 의한 손실(r_a : respiration losses), 배설에 의한 손실(e_a : excretion losses) 및 포식 또는 사멸에 의한 손실(m_a : mortality losses) 등으로 다음과 같이 나타낼 수 있으며

$$k_d = r_a + e_a + m_a \tag{9.68}$$

일반적으로 호흡 및 배설에 의한 손실은 1차 반응으로 나타내며 온도에 의한 영향을 반영하면 다음과 같다.

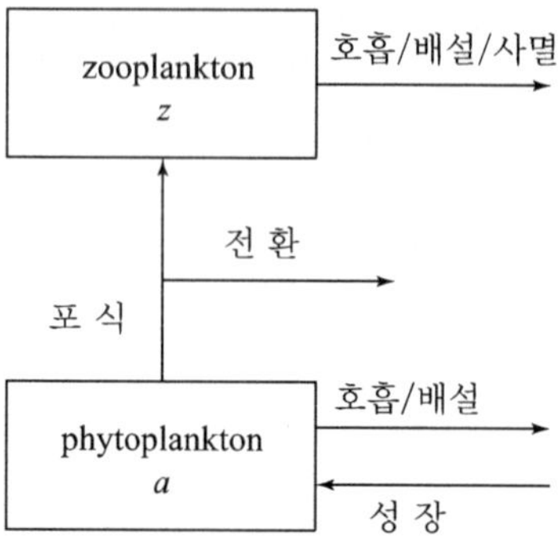

그림 9.12 식물성플랑크톤과 동물성플랑크톤의 관계

$$r_a + e_a = k_{ra}\,\theta_{ra}^{T-20} \tag{9.69}$$

여기서, k_{ra}는 호흡 및 배설에 의한 손실계수 [T^{-1}]이며 θ_{ra}는 대개 1.08의 값을 갖는다. 포식에 의한 손실은 다음과 같이 간단히 나타내며

$$m_a = C_g\,\theta_g^{T-20} z \tag{9.70}$$

C_g는 동물성플랑크톤(zooplankton)의 포식율(grazing rate) [$L^3M^{-1}T^{-1}$]로 2차 반응속도 상수와 같은 차원을 갖으며, θ_g는 1.08 및 z는 동물성플랑크톤의 농도 [ML^{-3}]이다. 박테리아의 성장에서와 같이 동물성플랑크톤의 성장은 영양물질인 식물성플랑크톤에 의해 지배받으므로 Michaelis-Menten식을 이용하여 식 (9.70)을 실제에 적합하게 변화시켜 사용하기도 한다.

$$m_a = \frac{a}{k_{sa}+a} C_g\,\theta_g^{T-20}\,z \tag{9.71}$$

위에 언급한 모든 항을 식 (9.67)에 대입하여 정리하면 다음과 같은 식이 얻어진다.

$$\frac{da}{dt} = k_g(T,N,I)\,a - k_{ra}\theta_{ra}^{T-20}a - \frac{a}{k_{sa}+a} C_g\,\theta_g^{T-20}\,z\,a \tag{9.72}$$

일반적으로 a는 [mg chl-a/L] 및 z는 [mg-C/L]로 주어진다. 동물성플랑크톤에 대하여 물질수지방정식을 수립하면 다음과 같다.

$$\frac{dz}{dt} = r_{ca}\,\epsilon\,\frac{a}{k_{sa}+a} C_g\,\theta_g^{T-20}\,z\,a - k_{rdz}\,\theta_{rdz}^{T-20}\,z \tag{9.73}$$

여기서, r_{ca}는 탄소와 클로로필의 비 [mgC/mg chl-a], ϵ는 포식효율 및 k_{rdz}는 호흡/배설/사멸(respiration/excretion/death)에 의한 총손실율 [T^{-1}]이다. 포식효율이란 식물성플랑크톤의 유기탄소가 모두 동물성플랑크톤의 유기탄소로 전환되지 않고 일부는 고형유기탄소(particulate organic carbon)로 전환되어 식물성플랑크톤의 성장에 필요한 무기영양물질이 되는 것을 고려한 것이다. 이와 같은 식물성플랑크톤과 동물성플랑크톤의 관계는 다음의 영양물질/먹이 사슬(nutrient/food chain) 모델의 출발점이 되고 있다.

9.5.3 영양물질/먹이 사슬(nutrient/food chain) 모델

다음 그림과 같이 수체내 수질항목을 정의하고 먹이와 포식자의 관계를 이용하여 수질항목간의 상호관계를 파악하면 영양물질/먹이 사슬(nutrient/food chain) 모델을 세우는 기초를 마련할 수 있다. QUAL2E, WQRRS(Water Quality for River-Reservoir Systems) 및 WASP(Water quality Analysis Simulation Program)와 같이 상용화된 모델에서 부영양화를 다루기 위한 부분은 여기에 소개한 그림 9.13과는 다르지만 기본적인 틀은 매우 유사하다.

그림 9.13으로 구분한 각 부분에 대하여 물질수지방정식을 세우면 영양물질/먹이 사슬 모델을 구축할 수 있으며 이를 해석하면 부영양화관리를 위한 적절한 정보를 얻을 수 있다. 예를 들어 성층화된 호수에서 표수층과 저수층을 완전혼합시스템으로 가정하고 각각의 물질수지방정식을 세우면 식은 총 16개가 되며 이를 동시에 해석하면 부영향화를 효과적으로 관리 할 수 있다. 실제 수계에서의 응용은 고위과정으로 미룬다.

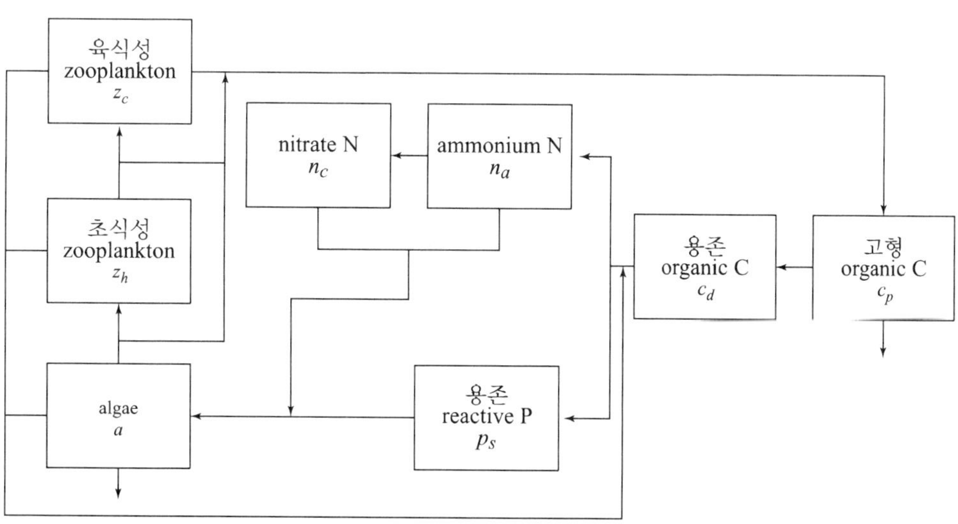

그림 9.13 간단한 영양물질/먹이 사슬(nutrient/food chain) 모델

제9장 연습문제

9.1 폐수처리장이 체류시간(τ_w) = 3 weeks, 수표면적(A_s) = 100,000 m^2 및 평균수심(H) = 2 m로 운영되고 있다. 유입폐수의 질소 및 인의 농도가 각각 50 및 5 mg/L이며 이로 인한 식물성플랑크톤의 처리장내 농도는 200 mg chl-a/m^{3}이다. 식물성플랑크톤은 침강속도 0.5 m/d로 제거되며 질소는 탈질화(denitrification)가 0.05 /d로 진행된다. 단, r_{pa}는 1 mg-P/mg chl-a이며 식물성플랑크톤의 N/P 비는 7.2이다.

a) 정상상태에 도달한 폐수처리장의 질소 및 인의 농도를 계산하라.
b) 질소 및 인중에서 제한영양물질이 무엇인지 파악하라.

9.2 다음의 자료를 사용하여 반포화상수(k_s) 및 최대성장률($k_{g,\max}$)을 산정하라. 단, S와 k_g의 단위는 [mg/L] 및 [/hr]이며, 계수 추정에 Lineweaver-Burk 또는 Hanes 식을 사용하라.

S	4	8	12	16	20	24	28	32	36	40
k_g	0.7889	1.3308	1.3118	1.6238	1.100	1.7552	1.5970	1.8297	1.6561	1.8778

9.3 예제 9.5에서 시간에 대한 인 및 조류의 변화를 그래프로 나타내라. 단, 해석방법은 제약이 없으며 시간은 0부터 6 days까지 취하라.

9.4 식 (9.60) 및 (9.61)에서 a=0.25, b=1, c=2 및 d=1일 때 다음을 구하라.

a) 시간에 대한 먹이(x) 및 포식자(y)의 변화를 파악하라. 단, 식 (9.60) 및 (9.61)은 무차원식으로 가정하며, 먹이 및 포식자의 초기농도(x_0, y_0)는 (2, 1)이다.
b) 먹이 및 포식자의 초기 농도(x_0, y_0)가 (2, 0.6), (2, 1) 및 (3.5, 1)로 주어질 경우 각 경우에 대하여 그림 9.11과 같은 먹이와 포식자의 관계를 파악하라.

10 CHAPTER

수질관리

(Management of Water Quality)

> You made it, and you are fucked.
> When it comes to the arts, passion should always trump common sense.
> Did you get straight As in school? If you did, good for you, congratulations. But in the real world, you'll never get straight As again.
> A new door is opening for you, a door to a lifetime rejection. It's inevitable.
> You didn't get that part? Next! You'll get the next one or the next one after that.
> I know you're going to make it. Break a leg. Next!
>
> NYU Tisch graduation speech 2015
> Robert De Niro

10.1 개요

10.1.1 서론

환경은 스스로의 정화능력으로 어느 정도의 외부 환경압력에 견딜 수 있으나 환경압력이 자정능력을 초과하면 그림 10.1과 같이 환경파괴 현상이 발생한다. 이를 회복하기 위한 방법은 물리, 화학 및 생물학적 방법 등의 수환경 개선을 통한 환경자정능력의 향상 및 외부 환경압력의 감소로 대별할 수 있다. 수질개선을 위한 물관리종합대책은 수계의 치수, 이수 및 환경기능을 극대화 하면서 그 역기능을 극소화 하는 합목적 방향으로 진행되어야 한다. 또한 대책은 환경적으로 건전하고 지속가능한 개발(ESSD, Environmentally Sound and Sustainable Development)에 기초해야 한다.

ESSD는 1992년 브라질의 리우데자네이루에서 개최되었던 UN 환경개발회의(UNCED : United Nations Conference on Environment and Development)에서 채택된 '환경과 개

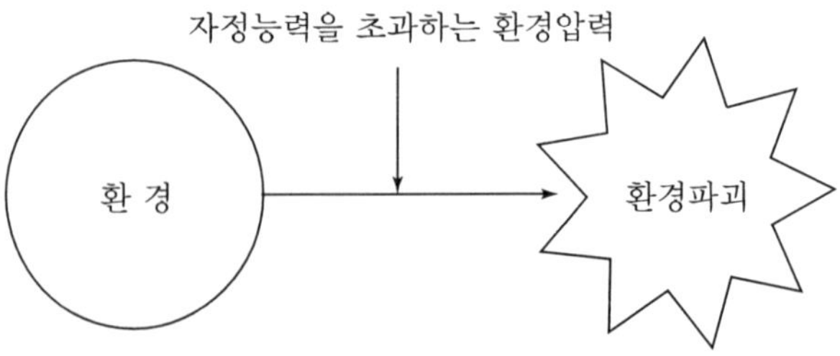

그림 10.1 환경파괴현상

발에 관한 리우선언'에 기초하며, 이 선언은 1972년 스톡홀름 회의에서 채택된 '인간 환경 선언'의 정신을 확대 강화시킨 것으로 27개의 행동 원칙으로 구성되어 있다. 주요원칙을 살펴보면 다음과 같다.

- **원칙1** : 인간을 중심으로 지속 가능한 개발이 논의되어야 한다. 인간은 자연과 조화를 이루는 건강하고 생산적인 삶을 향유하여야 한다.
  (Principle 1 : Human beings are at the center of concerns for sustainable development. They are entitled to a healthy and productive life in harmony with nature.)

- **원칙3** : 개발의 권리는 개발과 환경에 대한 현세대와 미래세대의 요구를 공평하게 충족할 수 있도록 실현되어야 한다.
  (Principle 3 : The right to development must be fulfilled so as to equitably meet developmental and environmental needs of present and future generations.)

- **원칙4** : 지속 가능한 개발을 성취하기 위하여 환경보호는 개발과정의 중요한 일부를 구성하며 개발과정과 분리시켜 고려되어서는 안 된다.
  (Principle 4 : In order to achieve sustainable development, environmental protection shall constitute an integral part of the development process and cannot be considered in isolation from it.)

- **원칙10** : 환경문제는 적절한 수준의 모든 관계 시민들의 참여가 있을 때 가장 효과적으로 다루어질 수 있다. 국가차원에서 각 개인은 지역사회에서의 유해물질과 처리에 관한 정보를 포함하여 공공기관이 가지고 있는 환경정보에 적절히 접근하고 의사결정과정에 참여할 수 있는 기회를 부여받아야 한다. 각 국가는 정보를 광범위하게 제공함으로써 공동의 인식과 참여를 촉진하고 증진시켜야 한다. 피해의 구제와 배상 등 사법 및 행정적 절차에 효과적으로 접근할 수 있어야 한다.
  (Principle 10 : Environmental issues are best handled with the participation of all concerned citizens, at the relevant level. At the national level, each individual shall have appropriate access to information concerning the environment that is held by public authorities, including information on hazardous materials and activities in their communities, and the opportunity to participate in decision-making processes. States shall facilitate and encourage public awareness and participation by making information widely available. Effective access to judicial and administrative proceedings, including redress and remedy, shall be provided.)

• **원칙15** : 환경을 보호하기 위하여 각 국가의 능력에 따라 예방적 조치가 널리 실시되어야 한다. 심각한 또는 회복 불가능한 피해의 우려가 있을 경우, 과학적 불확실성이 환경악화를 지양하기 위한 비용 효과적인 조치를 지연시키는 구실로 이용되어서는 안 된다.

(Principle 15 : In order to protect the environment, the precautionary approach shall be widely applied by States according to their capabilities. Where there are threats of serious or irreversible damage, lack of full scientific certainty shall not be used as a reason for postponing cost-effective measures to prevent environmental degradation.)

따라서 발전과 성장으로 대변되는 경제와 정의와 통합으로 나타나는 사회는 자연의 보전과 보호로 이루어지는 환경과 일부의 공통점만 존재하여 서로 대립하고 갈등하는 관계가 아니라 발전과 성장의 경제 개념이 사회 정의와 통합으로 구현되는 사회에 포함되고 자연과 조화를 이루는 건강하고 생산적인 삶을 향유하기 위한 환경의 테두리 안에서 자리매김해야 환경적으로 건전하고 지속가능한 개발이 가능할 것이다(그림 10.2).

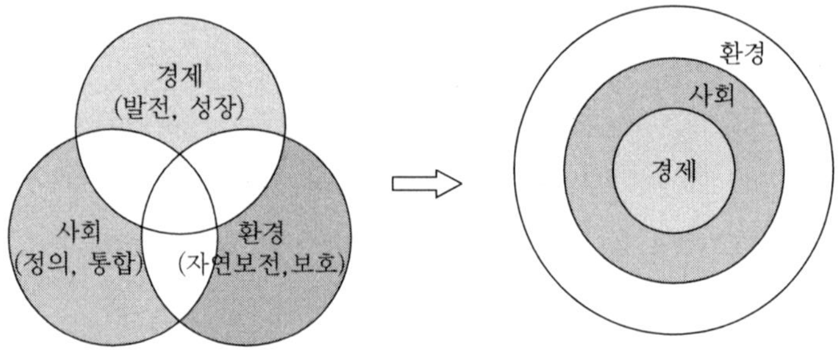

그림 10.2 경제, 사회 및 환경의 관계정립

자료 : 문태훈 외. 지속가능한 사회이야기. 법문사. 2008

선택 가능한 수질관리 방안을 환경압력 감소 및 환경자정능력 향상으로 요약하여 나타내면 표 10.1과 같다. 환경자정능력의 향상은 수계 자체의 자정작용의 일부 또는 전부를 활용하여 인위적으로 그 정화효과를 증대하는 것이며 수체정화의 기본 원리는 환경자정능력을 구성하는 물리, 화학 및 생물학적 작용을 이용하는 것이다.

표 10.1 수질관리 방안

구 분	관리방안
환경압력 감소	하수도정비
	오염수와 하천수의 분리
	오 · 폐수처리시설 설치
	점 및 비점오염원 배출규제
	수변관리지역(SMA) 설정
	집수정화법
	희석수 사용법
	기타 (홍보 및 행정지도)
환경자정능력 향상	퇴적토 준설
	접촉산화법
	박층류법
	수생식물 이용법
	포기법
	산화지법
	수체형태 변경법
	기타 (홍보 및 행정지도)

자료 : 경기개발연구원. 경기도내 소하천 관리를 위한 기초연구. 1999

10.1.2 수질관리 방안 선정의 일반 지침

수질관리 방안은 수체의 오염정도, 수체의 현재 및 주변의 상황 등에 따라 다르며 설치장소에 따라 수체 내 및 주변부지로 구분할 수 있다. 수체는 청천 시와 우천 시의 수량 및 수질이 크게 다르므로 이를 완벽하게 관리할 수 있는 방안을 선정하기란 거의 불가능하며 일반적으로 수체 내 수질관리 방안 선정 시 고려해야 할 사항을 정리하면 다음과 같다.

- 수체 수량과 수질의 특성에 맞는 방안을 선정할 것
- 수체부지 등의 여유지에 설치가 가능한 방식일 것
- 유수의 흐름을 저해하지 않을 것
- 유지관리가 용이할 것
- 건설비 및 유지관리비가 적을 것
- 홍수 등의 범람에 지장이 없을 것
- 수체의 경관을 해치지 않고, 용지의 다목적 이용도 가능할 것

내륙에 위치하는 수체인 하천 및 호소의 수질관리는 수체의 특성에 따라 다양한 방안이

적용가능하다. 수체의 수질 및 오염원 조사와 호소형태의 하나인 인공 또는 자연 발생 저류지(습지 포함)를 중심으로 수질관리 방안과 수질모델 적용이 다음에 기술되며 언급한 수질관리방안의 대부분은 하천에도 적용가능하다. 마지막 절에서는 4대강 수질관리에 대해서 논한다.

10.2 수질 및 오염원 조사

10.2.1 지표수 조사

가. 일반사항

수질조사 지점은 수체 유입 및 유출지점을 포함하여 수체 내부의 수리학적 특성이 변하는 지점을 우선적으로 선정한다. 수체 오염물질 거동분석을 위해서는 수질조사 시 동일지점에 대해 유량을 측정한다. 수질조사는 계절변화를 반영할 수 있도록 연간 30회 이상 주기적으로 실시하되 동일지점에 대한 조사시간이 특정시간대에 집중되지 않도록 한다. 다만 홍수, 결빙 및 갈수 등으로 채수가 불가능한 기간에는 예외적으로 적용한다.

시료는 시료의 성상, 유량 및 유속 등의 시간에 따른 변화를 고려하여 현장의 특성을 대표할 수 있도록 채취하여야 하며, 수질 또는 유량의 변화가 심하다고 판단할 때에는 오염상태를 잘 알 수 있도록 시료의 채취횟수를 늘려야 하며, 이때에는 채취시의 유량에 비례하여 시료를 서로 섞은 다음 단일시료로 한다.

나. 시료채취 시 유의사항

- 시료는 목적시료의 성질을 대표할 수 있는 위치에서 시료채취용기 또는 채수기를 사용하여 채취하여야 하며, 채취용기는 시료를 채우기 전에 시료로 3회 이상 씻은 다음 사용한다.
- 유류 또는 부유물질 등이 함유된 시료는 시료의 균일성이 유지될 수 있도록 채취해야 하며, 침전물 등이 부상하여 혼입되지 않도록 한다.
- 용존가스, 환원성 물질, 휘발성 유기물질, 유류 및 수소이온 등을 측정하기 위한 시료는 운반중 공기와의 접촉이 없도록 가득 채워져야 한다.
- 시료 채취 용기에 시료를 채울 때에는 어떠한 경우에도 시료의 교란이 일어나지 않도록 한다. 가능한 한 공기와 접촉하는 시간을 짧게 하여 채취한다.
- 채취된 시료는 즉시 실험하여야 하며, 그렇지 못한 경우에는 시료의 보존방법에 따라 보

존하고 규정된 시간 내에 실험하여야 한다.

- 시료채취량은 시험항목 및 시험횟수에 따라 차이가 있으나 보통 3~5 L정도이어야 한다. 다만, 시료를 즉시 실험할 수 없어 보존하여야 할 경우 또는 시험항목에 따라 각각 다른 채취용기를 사용하여야 할 경우에는 시료채취량을 적의 증감하여야 한다.
- 시료채취 시에 시료채취시간, 보존제 사용여부, 매질 등 분석결과에 영향을 미칠 수 있는 사항을 기재하여 분석자가 참고할 수 있도록 한다.

다. 시료의 보존

채취된 시료를 즉시 실험할 수 없을 때에는 따로 규정이 없는 한 표 10.2의 보존방법에 따라 보존하고 어떠한 경우에도 보존기간 이내에 실험을 끝내도록 한다.

표 10.2 시료의 보존방법

측정항목	시료 용기	보존방법	최대 보존 기간 (권장보존기간)
온도	P, G	–	즉시 측정
수소이온 농도	P, G	–	즉시 측정
용존 산소			
생물화학적산소요구량	P, G	4℃ 보관	48 시간(6 시간)
화학적산소요구량	P, G	4℃ H_2SO_4로 pH 2 이하	28 일(7 일)
부유물질	P, G	4℃ 보관	7 일
암모니성 질소	P, G	4℃ H_2SO_4로 pH 2 이하	28 일(7 일)
아질산성 질소	P, G	4℃ 보관	48 시간(즉시)
질산성 질소	P, G	4℃ 보관	48 시간
총질소	P, G	4℃ H_2SO_4로 pH 2 이하	28 일(7 일)
인산염 인	P, G	즉시 여과한 후 4℃ 보관	48 시간
총인	P, G	4℃ H_2SO_4로 pH 2 이하	28 일
엽록소(chlorophyll a)	P, G	GF/C여과 후 –20℃ 보관	7 일
전기전도도	P, G	4℃ 보관	24 시간
총대장균군	P, G	저온(10℃ 이하)	6–24 시간
분원성 대장균군	P, G	저온(10℃ 이하)	24시간

주) P : polyethylene, G : Glass

라. 시료의 전처리

채취된 시료수에는 보통 유기물 및 부유물질 등을 함유하고 있어 탁하거나 색상을 띠고 있는 경우가 있을 뿐 만 아니라 목적성분들이 흡착되어 있거나 난분해성의 착화합물 또는 착이온 상태로 존재하는 경우가 있기 때문에 실험의 목적에 따라 적당한 방법으로 선처리를

한 다음 실험하여야 한다. 특히 금속성분을 측정하기 위한 시료일 경우에는 유기물 등을 분해시킬 수 있는 전처리 조작이 필수적이며, 전처리에 사용되는 시약은 목적성분을 함유하지 않은 고순도의 것을 사용하여야 한다.

10.2.2 저질 조사

하천 또는 저수지 바닥에 쌓이는 저질에는 유역의 하천 또는 저수지로 유입하는 유수에 포함된(유역 내에서 발생한) 오염물질이 퇴적·농축되어 있으므로 저질 분석을 통하여 과거에 유하한 수중의 오염물질을 파악할 수 있다. 저질 조사에 의하여 오염이 인정될 경우 그 오염의 정도를 규명하기 위한 기초조사를 실시하고 기초조사에 의하여 준설 등 후속사업의 필요성이 인정되면 정밀조사를 실시한다.

10.2.3 오염원 조사

가. 오염원 조사

수체로 유입하는 오염원은 수계오염총량관리기술지침(2008.9)에서 제안하는 방법으로 파악한다. 이 지침에서 오염원은 생활계, 축산계, 산업계, 토지계, 양식계 및 매립계로 구분하며 각 오염원 그룹별로 점오염원 및 비점오염원을 파악하여 발생 및 배출부하량을 산정한다.

나. 발생부하량 조사

발생부하량 산정시 적용하는 발생원단위(BOD, TN 및 TP 등)는 실측자료를 우선으로 하되 실측자료가 없는 경우 수계오염총량관리지침에서 제시하는 발생원단위를 적용한다. 생활계는 시가 및 비시가로 축산계는 젖소, 한우, 말, 돼지, 양·사슴, 개 및 가금 등으로 구분하여 발생부하량을 산정한다. 산업계는 업종별로, 토지계는 전, 답, 임야, 대지 및 기타로, 양식계는 가두리, 지수식 및 유수식 등으로 구분하여 발생부하량을 구한다.

다. 배출부하량 조사

오염물질 배출부하량은 발생부하량에서 수처리 공정이나 육지에 남아있는 부하량을 감한 순수하게 수체로 유입하는 것으로 배출유형별로 산정한다. 배출부하량 산정시 적용하는 원단위는 실측자료를 우선으로 하되 실측자료가 없는 경우 발생부하량과 같이 수계오염총량관리지침에서 제시하는 방법(배출경로, 삭감 및 처리량 반영)을 적용한다.

10.3 수질관리

10.3.1 저류지 수질관리

저류지 수질관리기술은 저류지로 유입하는 하천의 직접정화와 관련된 기술과 저류지내 수질을 악화시키는 현상을 제어하는 기술로 대별할 수 있다. 저류지 수질관리기술은 개개의 저류지가 갖고 있는 특성에 의해 적용된 수질관리기술의 결과가 다를 수 있고, 어느 저류지에 성공한 수질관리기술이 반듯이 다른 저류지에 성공을 보장하지 않는다는 것을 유의할 필요가 있다.

가. 유입 하천에서의 수질관리기술

저류지내로 유입하는 하천수를 직접 정화함으로 저류지내로 유입하는 부하량을 저감할 수 있으며 저류형, 하천수 직접 정화·분리와 같은 대응형 및 유로 변경형 등의 시설이 적용가능하다.

1) 저류형 시설

① 수처리 시설의 이용

우천 시 저류지 유입하천의 초기유량을 저류(지표저류, 지하저류) 또는 저류지내에 고무재질의 탱크를 설치해 일부 또는 전량을 처리 후 저류지내로 방류한다. 비점오염원 형태로 저류지로 유입하는 오염물질은 장치형 설비(여과장치, 분리장치 및 스크린 장치 등) 및 LID(Low Impact Development)기법을 적용한 자연형 설비가 적용 가능하다. LID기법에 의한 오염원 저감시설은 저류지(Bioretention), 건정(Dry Well), 침투도랑(Infiltration Trench), 여과/완충대(Filter/Buffer Strip), 초 저지대습지(Vegetated Swale), 침투 저지대습지(Infiltration Swale), 습 저지대습지(Wet Swale), 강우 저류조(Rain Barrel) 및 지하수조(Cistern) 등이 있다. 모든 오염물질에서 건정 및 침투도랑의 처리율이 다른 시설보다 높은 것이 일반적이다.

② 침강지 이용

우천 시 초기유량을 저류지내 월류언을 세워 만든 자연 침강지로 유입시켜 침강지 하층에 저류시킨다. 이전 우천 시에 유입되어 침강되고 맑아진 물은 지수벽을 월류하여 저류지내로 유입시킨다. 다음 우천 시까지 자연 침강에 의해 오염부하를 저감한다.

2) 하천 대응형 시설

① 조절지 이용
하도내의 유수지 또는 유수부를 이용하여 홍수 시에 저류하여 침강시킨다.

② 2단 하천
하도 지하에 오수전용 수로를 설치하여 저류지로 유입하는 오염부하를 저감한다.

③ 미생물 접촉처리
유입하천의 하천변에 접촉산화층을 설치해 저류지로 유입하는 오염부하를 줄인다.

④ 수초 등 생물이용
유입하천 부근의 휴경지에 오수를 도입하여 수초 및 갈대 등의 식생으로 오염물질을 정화한다. 적시에 정화지의 물을 빼내어 저질의 환원상태를 방지하고 용출도 억제하도록 한다.

3) 유로 변경형 시설

우회로를 설치하여 저류지내로 유입하는 오수 또는 오염부하량을 차단하거나 하수처리장으로 유입하도록 한다.

나. 저류지내 수질관리기술

유입하천의 오염부하를 줄이는 방법은 저류지 수질보전을 위한 근본적인 대책이며, 저류지내 수질관리 기술은 증세치료적인 수질보전 대책으로 영양염류 대책, 저류지 저면 대책 및 수중생물 대책 등으로 구분할 수 있다.

1) 영양염류 대책

① 화학적 응집침전
저류지내 철염 또는 알류미늄염을 직접 첨가하여 저류지에 용존하고 있는 무기인을 불용성인산화합물로 만들어 침전시킴으로 저류지의 생물생산력을 억제한다. 이 방법은 산소의 유무와는 상관없이 각 형태의 인을 제거할 수 있으며 처리에 의한 독성과 다른 환경파괴의 위험이 없다는 장점이 있다. 그러나 응집제 사용에 의한 pH 문제가 발생할 수 있으며 침전된 인산염이 수체로 재용출하면 내부 부하의 원인이 된다.

② 희석 및 세척
영양염류가 적은 물을 유입시켜 저류수를 희석한다. 또한 체류시간을 단축하여 식물성 플랑크톤 및 영양염류를 방출, 생물생산력을 억제한다.

③ 선택 방류

성층화 시기에 영양염류가 풍부한 저수층수를 방류함으로 영양분해층의 두께를 줄이고 산소결핍의 가능성이 있는 물을 제거한다. 많은 저류지에서 상당한 부영양화의 개선을 나타냈으며 황화물을 포함하고 있을 가능성이 있는 저산소 심층수의 방류는 방류되는 유역 하천수의 수이용에 상당한 악영향을 끼칠 수 있다. 심층수이 방류로 인해 발생하는 심층수의 수온 상승은 분해능을 증가(DO 감소)시킨다.

2) 저류지 저면 대책

① 준설

저류지 퇴적물을 준설하여 저질에서 수체로 돌아오는 영양염류를 차단한다. 준설에 의한 수심증가는 유근식물의 생육을 억제하여 식물성 플랑크톤의 증식을 자극하기도 한다. 준설에 따른 교란 및 부상으로 영양염류 농도가 상승할 수 있으며 준설상태에 따라 저면상의 생태계가 파괴될 수 있다.

② 수위저하에 의한 저류지 퇴적물의 건조 제거

저류지 수위를 저하시켜 저류지 퇴적물을 응고, 건조시킨 후 제거함으로 퇴적물 중에 있는 영양염류를 제거하거나 건조에 의해 저질을 안정화한다. 수위저하 중에 일시적으로 수질이 악화되는 경향을 보일 수 있으며, 부영양화상태의 저류지 방류수가 배출되는 유역에서는 수질오염문제가 발생할 위험성이 존재한다.

③ 저면 피복

영양염류를 많이 포함하는 저질을 침투성이 낮은 막, 자갈 및 플라이 애쉬(fly ash) 등으로 피복하여 영양염류의 저질에서의 용출을 억제한다. 피복하기 전에 저질 준설 또는 수생식물을 제거할 필요가 있다. 폴리에틸렌 막을 사용하기도 한다.

④ 포기

성층이 파괴되지 않은 상태에서 성층화된 저류지의 저층수를 포기하면 저수층이 호기성 상태가 된다. 이는 저질에서 인의 용출을 막고 황화수소 및 메탄가스 등의 발생을 방지할 수 있으며, 냉수성 어류의 생식역을 확대할 수 있다. 시설비 및 유지관리비가 고가이며 이미 산소 결핍이 일어난 여름철 저류지에서는 다량의 산소가 필요할 수도 있다.

3) 수중생물 대책

① 생물제거에 의한 영얌염류 제거

수초(부레옥잠 등), 조류(藻類), 식물잔해 및 물고기 등 수중의 영양염류를 제거한다. 저류지의 영양균형을 유지한 상태에서 영양염류를 제거할 수 있으며, 저류지의 생물제거를 위한 기계적 시스템이 필요하기도 한다.

② 포기

인공포기의 목적은 성층파괴와 조류성장 억제이다. 여름철 저수층의 산소부족을 해소하기 위하여 강제적으로 상하를 혼합하는 것은 저질에서의 영양염류 용출을 억제한다. 수심이 깊고 유광층 두께가 깊지 않은 빛이 조류성장의 제한인자가 되고 있는 저류지에서 전 수심에 걸쳐 혼합 및 교반이 이루어지면 조류가 유광층에 머무르는 시간이 적어지고 동물성플랑크톤의 포식효과가 높아져 조류 생산이 억제된다. 혼합교반에 의한 상·하층의 균일화는 표수층 수온의 저하 및 평균 수온의 상승을 유발한다. 취수수온의 상승은 농업용수에는 적절하지만 음용수 및 공업용수에는 부적합하다. DO 상승에 따라 철, 망간의 수산화물이 인을 흡착하여 침전할 수 있다. 포기에 의한 수질개선과 함께 성층파괴에 의한 저수층 수온의 상승으로 영양염류 용출이 촉진될 수 있으며, 저수층 물의 상승으로 유광층에 영양염류가 공급되어 조류생산을 촉진할 수도 있다. 일반적으로 이 방법은 빛이 조류성장의 제한인자로 작용하는 저류지에서 효과적으로 적용할 수 있다.

③ 수위 조작에 의한 수중식물 제어

겨울철에 수위를 저하시켜 유해성 수중식물을 동결 및 건조하여 사멸시킨다. 수위를 증가시켜 유해성 수중식물의 성장을 억제(수생 및 반수생식물 제어)한다.

④ 물리적 대책

저류지내에 식생하고 있는 유해성 수중식물을 물리적(기계적)으로 제거한다.

⑤ 화학적 대책

살조제(황산동 등) 및 제초제를 선택적으로 살포하여 대상생물을 사멸, 감소시킨다. 살조제 살포 2－3주 후에 별종의 조류가 증식할 수도 있으며, 다른 생물에 미치는 영향 및 잔존 살조제 문제가 발생할 수 있으므로 신중히 적용하여야 한다.

⑥ 생물학적 대책

비유해성 수중식물을 번식시켜 유해성 수중식물을 생존경쟁으로 억제한다. 또한 특정 조류의 성장을 바이러스에 의해 억제할 수도 있다.

저류지내 오염물질 흐름은 주요 부하량으로 도시가능하며, 저류지내 수질은 부하량 흐름을 통제하므로 관리 가능하다. 저류지 수질증가는 유입오염원 관리와 관련 있으며, 저류지 수질감소는 오염물질의 반응역학 개선, 유량 조절 및 직접제거와 관련 있다. 저류지 수질관리를 위하여 적용 가능한 각 방법을 정리하면 그림 10.3과 같다.

저류지 수질을 개선하기 위해서는 저류지 규모, 오염원 형태, 오염정도, 요구 정화 효율, 수질개선 기술 적용 가능성 및 적용 수질개선기술의 경제성 등을 복합적으로 고려하여야

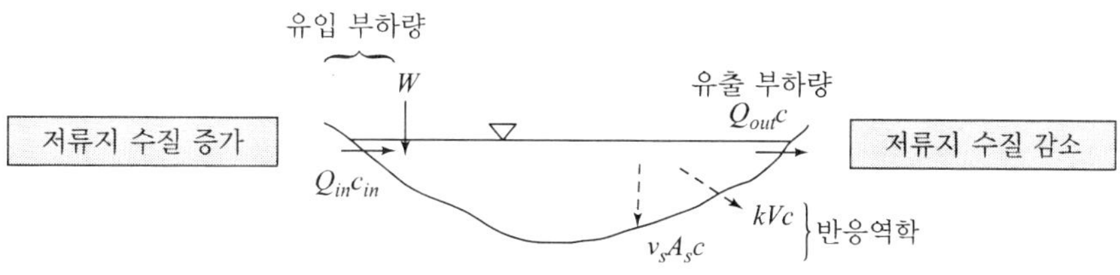

유입 오염원 관리

- 점오염원 관리
  - 공정 개선 등
- 비점오염원 관리
  - BMP, LID 등
- 유입 오염원 전환
  - 분리형 시설
  - 유로 변경형 시설 등
- 저류조(침강지) 설치
- 처리조 실시
- 기타

오염물질 반응역학 개선

- 퇴적물 준설
- 저면 피복
- 저수층 포기
- 화학적 침전
- 수중생물 활용
- 기타

유량조절 및 직접 제거

- 체류시간 감소
  - 방출량 증가
  - 희석수 유입 등
- 선택 방류
- 수위 조작
- 기타

그림 10.3 저류지 수질관리 방안

자료 : 에코리버21. 강변저류지 조성 가이드라인. 2011

하며 이를 근거로 수질개선 기술을 선정하여야 한다. 저류지 수질개선을 위하여 선정한 수질개선기술의 적용성 파악을 위하여 저류지 수질을 지속적으로 모니터링하며, 이를 통하여 적용 기술의 강점, 문제점 및 한계를 파악하여 정보화하도록 한다. 저류지 수질관리는 그림 10.3에 언급되어 있는 일반적이고 통상적인 수질개선기술 이외에 특별한 오염물질(중금속 등 독성물질) 제거를 위한 특수한 개선기술(응집제 사용 등)이 필요할 경우도 있다.

수질관리를 위한 각 수질개선기술의 문제점이 표 10.3에 기술되어 있다. 그리고 각 수질개선기법의 효율 및 비용이 표 10.4에 나타나 있다. 수질개선 기술은 일반적으로 유량이 많고 오염도가 낮은 조건을 대상으로 오염 정도가 BOD 30 mg/L이하의 중 및 저농도에 대한 대책기술이라 볼 수 있다. 따라서 오염도가 클 때 적용하는 기술을 그대로 수체 수질관리에 활용하는 것은 건설비와 유지비 면에서 적당하지 않다. 수체로 유입하는 오염의 정도와 유입형태를 충분히 파악하고 그에 대응하는 대책이 강구되어야 한다.

일반적으로 정화효율은 BOD, SS의 경우 접촉산화법 및 토양정화법 등이 높으며, TN, TP의 경우 토양정화법 및 수생식물 이용법이 높은 것으로 알려져 있다(표 10.4). 토양정화법은 모든 수질항목 BOD, SS, TN 및 TP의 정화효율이 높아 오염물처리에는 장점이 있으나 유지·관리비가 상대적으로 높은 것이 단점으로 나타난다. 포기·순환법 및 여과법에 의한 BOD, SS, TN 및 TP의 정화효율은 다소 존재하는 것으로 파악된다.

표 10.3 수질개선기술 문제점

기 법	문 제 점
접촉 산화법	• BOD가 20 mg/L 이상의 경우 산소가 부족하여 포기를 필요로 한다. • 포기할 경우 SS제거율이 저하되며 SS가 많을 때는 폐색을 일으키기 쉽다. • 겨울에 수온이 내려갈 때 제거율이 낮아진다. • 계획유량 이상의 유량이 들어올 경우 제거율이 낮아진다. • 슬러지를 제거할 필요가 있다.
박층류법	• 정화효과가 불안정하여 크게 기대할 수 없다. • N, P가 많다면 부착조류가 대량으로 발생하고 새로운 BOD와 SS원이 된다. • 유하거리는 수km이상 필요하게 된다. • 처리효과가 작다. • 통수단면을 크게 한다.
토양 정화법	• 폐색이 있다. • SS제거의 전처리가 필요하다. • 넓은 공간이 필요하다.
희석	• 깨끗한 희석수가 필요하다. • 희석수로 도수할 하천·호소에 잉여수가 필요하다. • 소량의 도수로는 내부생산을 억제하는 효과를 기대할 수 없다. • 도수지점과의 표고차가 있다면 펌프설비가 필요하다. • 희석수원이 부근에 있어야 한다.
수생 식물 이용	• 회수·제거가 필요하다. • 식물의 생육기간에 좌우된다. • 식물의 밀집도 차이에 따라 생육조건이 달라진다. • 넓은 용지를 필요로 한다.
포기 순환	• 혼합교반에 의한 상·하층의 균일화는 표층수온의 저하와 평균수온의 상승을 초래한다. • 유광층에 영양염류 공급에 의해 오히려 조류생산을 촉진할 가능성이 있다. • 수심이 낮은 바닥까지 태양광이 도달할 경우 부영양화 제어대책으로 현저한 효과를 나타내기 어렵다. • 포기에 의해 악취확대가 염려되다.
여과	• 폐색에 의해 여과 장애가 발생한다. • SS의 제거는 되지만 N과 P의 제거는 곤란하다. • 대용량 수처리를 할 경우 시설공간의 확보 비용이 높게 된다.
조류 제거	• 조류제어를 위해 제조제 사용 2~3주간 후 별종의 조류가 증식하는 일이 있을 수 있다. • 다른 생물에 영향을 미치거나 수체 속에 약제가 잔존함으로써 문제가 발생할 수 있다. • 침전된 불용성 인산염이 유기조류의 영향에 의해 재용출되어 내부부하의 원인으로 되기 때문에 비교적 낮은 수체에서는 부적당 하다. • 응집제 사용에 의해 pH문제가 생긴다.
준설	• 준설에 의해 수체심도가 증대하면 유근식물의 생육이 억제되어 식물플랑크톤이 증식할 경우가 있다. • 준설에 따른 교란·부상에 의해 영양염류 농도의 상승이 가능하다. • 준설에 의해 수체 바닥의 생태계가 파괴된다.
피복	• 임시방편의 대책이며 부영양화 방지와는 거리가 있다. • 퇴적물로부터 재용출이 염려된다. • 넓은 범위의 대책으로는 곤란하다.
유로 전환법	• 저수지/호소내로 유입하는 수량이 감소한다. • 유로전환으로 부하의 흐름에 영향이 있다.

자료 : (社) 農村環境整備센터. 農村에 適用한 水質改善手法. 1995

표 10.4 개선기법 효율 및 비용

개선기법(명칭) \ 구분		대상유량	정화효율				비용	
			SS	BOD	TN	TP	건설비	유지관리비
접촉 산화법	(역간접촉산화방식)	△	◎	◎	×	×	×	○
	(폭포부역간접촉산화방식)	○	◎	◎	△	×	×	×
	(부유식역간접촉산화방식)	○	◎	◎	△	△	×	×
	(끈상접촉산화방식)	×	◎	◎	×	×	△	○
	(하상재료의 변경에 의한 방식)	△	◎	◎	×	×	×	○
	(파상접촉산화방식)	○	◎	◎	×	×	△	○
박층류법		○	○	○	×	×	△	○
용상형태변경에 의한 방법		○	○	○	×	×	△	○
토양 정화법	(트랜치방식)		◎	◎	△	◎	×	×
	(표면침투방식-침전수로)	△	◎	◎	△	◎	△	×
	(관개방식-농지환원)	×	◎	◎	△	◎	×	×
	(토양침투방식)	×	◎	◎	△	◎	○	×
희석법	복류정화법	×	◎	◎	△	◎	×	×
	도수법(조석이용에 의한 방법 포함)	○	○	○	○	○	×	×
생물체 치환법	Living filter 법	×	◎	◎	△	◎	○	×
	수생식물(부레옥삼을 이용한 방법)	×	△	△	◎	◎	△	×
	어류의 포식에 의한 방법	×	○	○	○	○	△	×
포기·순환법	기계식 포기	○	×	×	×	×	×	×
	보에 의한 방법	○	○	○	○	○	×	○
여과법	기계식 여과(micro strainer법)	△	◎	○	○	○	×	×
	DCF(Densify, Clarify, Filtering)법	○	○	○	○	○	△	×
유로전환법(2층 식수로법)		○					×	×
		○대 △중 ×소	◎ 있다 ○ ↓ △ ↓ × 없다				× 고 △ ↓ ○ 저	× 고 ↓ ○ 저

자료 : (社) 農村環境整備센터. 農村에 適用한 水質改善手法. 1995

10.3.2 저류지내 수질예측

가. Vollenweider 모델

저류지 수질은 유입 수질이 일정할 경우 저류지 수심 및 체류시간 등의 수리학적 특성에 따라 달라진다. 저류지 수질관리는 산소요구물질인 BOD 및 COD와 함께 부영양화와 관련 있는 영양물질인 N 및 P가 매우 중요하며, 9장에서 언급한 바와 같이 Vollenweider는 저류지의 수리학적 특성 및 유입 오염부하량으로 저류지의 영양상태를 파악할 수 있는 모델을 제안하였다. 저류지 수질관리를 위한 저류지의 수심 및 체류시간은 Vollenweider 모델을 통하여 파악 가능하다.

나. PFR 모델

저류지를 플러그흐름반응기(PFR : Plug Flow Reactor)로 가정하여 수질을 관리하는 방법으로 하천에서 이송확산과 호소에서 난류확산이 존재할 경우 오염물질의 확산을 포함하여 적용한다. 저류지의 체적변화를 고려할 경우 부정류 흐름에서의 오염물 변화를 파악하여야 하며 유속 및 확산계수가 중요한 매개변수로 작용한다. 1차원 적용이 저류지의 물리적인 특성과 거리가 있을 경우 수심 또는 수평 2차원으로 적용한다. 정상상태의 PFR 모델은 거리에 따른 오염물변화를 파악할 수 있다.

다. CSTR 모델

이 모델은 완전혼합을 가정한 CSTR로 저류지 수질을 관리하는 방법으로 정체지역이 존재하지 않을 경우 적용 가능하다. 하나의 CSTR로 저류지를 관리하기에 적절하지 않을 경우 연속으로 CSTR을 연결하여 적용하며 비가역항이 존재하지 않으면 가역 CSTR이 된다. 각 CSTR별로 물수지 및 물질수지방정식을 적용하여 각 CSTR의 오염물질 변화를 파악하며 CSTR의 개수가 이 모델적용의 중요한 고려사항이다.

동일한 오염부하조건에서 단일 CSTR 및 캐스케이드 CSTR(2개 CSTR)의 유출농도를 비교하여 보았다(그림 10.4). 단일 CSTR과 2개 CSTR의 체적 및 각 유입유량을 동일하게 취했으며, 오염물의 반응속도상수도 단순 비교를 위하여 동일하게 취하였다. 결과가 그림 10.5에 나타나 있으며, 그림에 보이듯이 2개 CSTR의 경우 첫 번째 CSTR 농도(c_1)와 두 번째 CSTR 농도(c_2)는 상이하며 유입오염원의 영향이 CSTR의 수가 증가하면서 감소하는 것을 알 수 있다. 단일 CSTR의 농도 변화(c_{1+2})는 c_1과 c_2의 중간 형태를 나타내고 있다.

따라서 저류지 수질관리에 CSTR 모델을 적용하려면 실제적인 수질변화를 파악할 수 있는 유한체적(control volume)을 할당하여야 할 것이다.

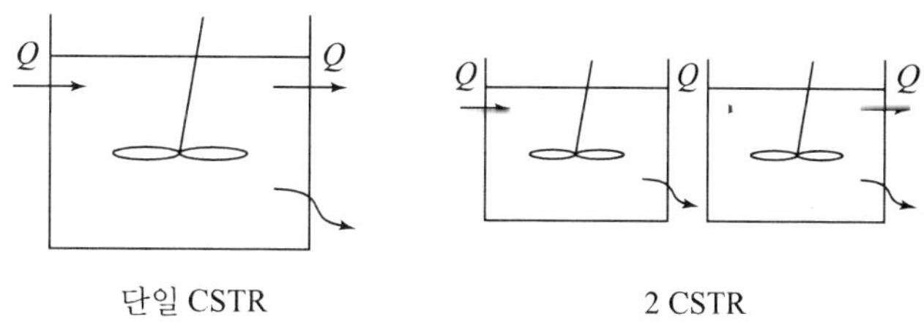

그림 10.4 CSTR 모형

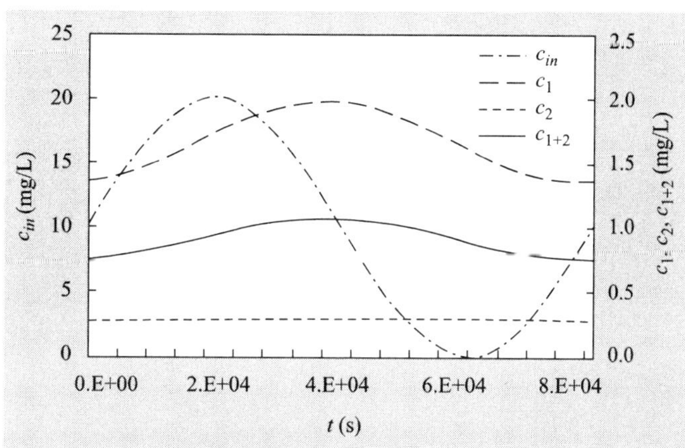

그림 10.5 단일 CSTR 및 캐스케이드 CSTR 비교

라. 네트워크 모델

저류지내 정체지역이 존재하거나 흐름이 발생하지 않는 지역이 존재할 경우 주요 흐름이 발생하는 지역과 정체지역으로 구분하고, 각 부분에 적절한 물리, 화학 및 생물학적 변화를 반영하여 각 CSTR간 네트워크를 구성하여 오염물 변화를 파악할 수 있다. 이 모델은 정체지역이 존재하는 반응기 해석에 이용되어 왔으며 저류지의 수질관리에도 적극 활용할 수 있고 적용성이 확보되어 있다.

하나의 유입과 유출을 갖는 네트워크 모델에서의 물수지 방정식은 식 (10.1)과 같이 나타낼 수 있다.

$$\frac{dV_i}{dt} = \sum_{j=0}^{n+1} Q_{ji} + (P - ET)A_{s,i} \quad i = 1, 2, \cdots n \tag{10.1}$$

여기서, V_i는 유한체적 i 체적 [L^3], Q_{ji}는 유한체적 j로부터 유한체적 i로 유입하는 유량 [L^3T^{-1}], $A_{s,i}$는 유한체적 i 수표면적 [L^2] 및 n은 유한체적수이다.

물질수지방정식은 식 (10.2)로 주어진다.

$$\frac{d(V_i c_i)}{dt} = \sum_{j=0}^{n+1} Q_{ji} c_k + \sum_{j=1}^{n} (\Phi_{ji} + \acute{E})(c_j - c_i) - k V_i c_i - J A_{s,i} \quad i = 1, 2, \cdots n \tag{10.2}$$

여기서, $k = i$ if $Q_{ji} < 0$, $k = j$ if $Q_{ji} > 0$이며, Φ는 유한체적간의 교환 유량 [L^3T^{-1}] 및 $\acute{E}$는 용적확산계수 [L^3T^{-1}] 이다.

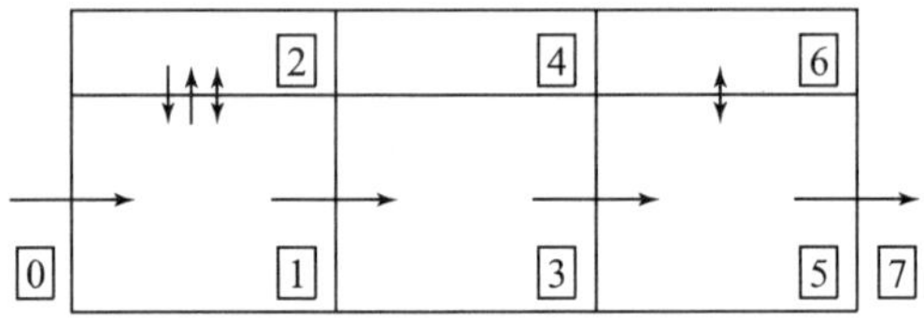

그림 10.6 네트워크 모델 예

그림 10.6 네트워크 모델의 예에서 흐름이 발생하지 않는 유한체적4를 제외한 5개 유한체적의 물질수지방정식은 식 (10.2)로부터 5개의 상미분방정식으로 나타나며 이 상미분방정식을 5개의 물수지 방정식 (10.1)과 연립하여 풀면 각 유한체적의 오염물변화를 파악할 수 있다.

마. 통계 모델

이 모델은 오염물의 농도변화에 영향을 미치는 매개변수를 사용하여 수질항목의 농도를 파악하는 방법으로 회귀식을 구하는 경험적인 방법의 하나이다. 일반적으로 식 (10.3)과 같은 다중 선형 회귀식을 사용하거나, 식 (10.4)와 같은 멱방정식을 사용한다.

$$c = a_1 + a_2 X_1 + a_3 X_2 \tag{10.3}$$

$$c = a_1 X_1^{a_2} X_2^{a_3} \tag{10.4}$$

여기서, a_1, a_2 및 a_3는 상수, X_1 및 X_2는 매개변수이며 X_1은 유입농도 $[ML^{-3}]$, X_2는 수리부하율 $[LT^{-1}]$이 적용되기도 한다.

표 10.5는 저류지의 하나인 습지에서의 수질항목별 회귀식을 보여주고 있다. BOD, TSS 및 TN은 습지 형태에 관계없이 선형식으로, 인은 멱방정식으로 잘 적합되며 NH_4-N 및 NO_3-N은 습지 형태에 따라 적합식이 다르게 나타나는 것을 알 수 있다. 지표흐름습지(SFW : Surface Flow Wetlands)에서는 인 및 BOD의 결정계수가 높으며 지하흐름습지(SSFW : Subsurface Flow Wetlands)에서는 BOD가 상대적으로 높게 나타남을 알 수 있다. 일반적으로 회귀식의 결정계수 범위가 0.2~0.8을 나타내 유입농도 및 수리부하율 등의 매개변수 영향이 수질항목에 따라 다양하게 나타나는 것으로 파악된다.

표 10.5 수질항목별 회귀식

수질항목	SFW		SSFW		
	회귀식	r^2	회귀식	r^2	비고
BOD	$c_o = 0.173c_i + 4.7$	0.62	$c_o = 0.11c_i + 1.87$	0.74	
			$c_o = 0.33c_i + 1.4$	0.48	자갈층
TSS	$c_o = 0.158c_i + 5.1$	0.23	$c_o = 0.09c_i + 4.7$	0.67	
			$c_o = 0.063c_i + 7.8$	0.09	자갈층
NH_4-N	$c_o = 0.336\, q^{0.456} c_i^{0.728}$	0.44	$c_o = 0.46c_i + 3.3$	0.63	
NO_3-N	$c_o = 0.093\, q^{0.745} c_i^{0.474}$	0.35	$c_o = 0.62c_i$	0.80	
TN	$c_o = 0.409\, c_i + 0.122q$	0.48	$c_o = 2.6 + 0.46c_i + 0.124q$	0.45	
Phosphorous	$c_o = 0.195\, q^{0.53} c_i^{0.91}$	0.77	$c_o = 0.51c_i^{1.10}$	0.64	

주) c_i : 유입농도(mg/L), c_o : 유출농도(mg/L), q : 수리부하율(cm/d), r : 상관계수

자료 : Kadlec, R. H. and Knight, R. L. Treatment Wetlands. 1996

바. 상용 모델

저류지 수질은 Vollenweider, PFR, CSTR 및 통계 모델로 파악할 수 있으며, 이미 개발된 기존 상용 모델을 사용하여 파악할 수도 있다. 미국 환경보호청(US EPA)에서 1992년도에 개발한 EFDC (Environmental Fluid Dynamics Code) 모델은 1차, 2차 및 3차원 모의가 가능한 다목적 지표수 모델로 동수역학, 퇴적물 오염 및 부영양화를 다룰 수 있으며 강, 호

소, 저수지, 습지, 하구 및 해양 등에 적용가능하다. 다양한 지형에 적용할 수 있도록 직교 좌표계 이외에 비선형 좌표계를 적용할 수 있으며 식물 저항과 오염물 수체 내 거동에 라그란지안 입자추적 방식을 적용할 수 있는 장점이 있다. 또한 동수역학 출력물은 WASP 및 CE-QUAL-ICM 모델의 수질항목 모의에 활용할 수 있다. WASP7(Wasp quality Analysis Simulation Program)은 1980년도에 배포한 동역학적 모델인 WASP 모델을 개량한 것으로 1차, 2차 및 3차원 모의가 가능하며 수체와 퇴적층을 별도로 고려하여 모의할 수 있는 장점이 있다. 모의 수질항목은 일반항목으로 DO, 유사 및 영양물질 등이 있으며 독성물질을 모의할 수 있는 장점이 있다.

미국 육군 공병단(US Army Corps of Engineers) 수로시험국(Waterways Experiment Station)에서 1980년대에 발표한 CE-QUAL계열 모델도 저류지 수질모의에 적용 가능하다. CE-QUAL-R1, CE-QUAL-W2 및 CE-QUAL-ICM은 각각 1차원, 2차원 및 3차원 모델이며 혐기성상태에서 영양물질/식물성플랑크톤/DO 등을 연계하여 온도를 포함한 21개의 수질항목을 모의할 수 있다. 수질모의 알고리즘은 모듈형태로 개발하여 수질항목을 쉽게 추가할 수 있도록 설계하였다.

이미 개발된 모델은 과업 기간, 수행 금액 및 가용 인력 등을 종합적으로 고려하여 과업의 목적에 맞는 모델을 선정하여 사용할 필요가 있다.

사. CSTR 모델 개선

1) 적용 모델

저류지 내에서 오염물의 변화는 주로 수중생물에 의한 영향, 수생식물의 성장으로 인한 감소 및 퇴적에 의한 감소 등에 기인한다. BOD, COD 및 영양물질의 경우 2차 처리수 이상의 물이 저류지로 유입할 경우 침강항을 무시할 수 있으므로 전자의 두 기작만을 고려하여 물질수지방정식을 나타내면 식 (10.5)와 같다.

$$\frac{d(VC)}{dt} = W(t) - Qc - kVc - JA_s \tag{10.5}$$

여기서, t는 시간 [T], c는 농도 [ML^{-3}], $W(t)$는 유입부하량 [MT^{-1}], V는 체적 [L^{-3}], Q는 유량 [L^3T^{-1}], k는 1차 반응속도상수 [T^{-1}], J는 물질흐름양 [$ML^{-2}T^{-1}$] 및 A_s는 수표면적 [L^2] 이다.

저류지 체적 V는 식 (10.6)에서 파악할 수 있다.

$$\frac{dV}{dt} = Q_{in} - Q_{out} \pm G_{in/out} + P - ET \tag{10.6}$$

TSS(Total Suspended Solid)는 주로 침강에 의한 변화를 보이므로 물질수지방정식은 (10.7)과 같이 표현할 수 있다.

$$\frac{d(VC)}{dt} = W(t) - Qc - vA_s c \tag{10.7}$$

여기서, v는 침강속도 [LT^{-1}]이다. 상미분방정식 (10.5) 및 (10.7)은 유량, 체적 및 유입부하량의 시간에 대한 변화로 해석해를 구하기가 힘들다.

저류지 오염물질 농도변화는 BOD 및 영양물질의 경우 k 및 J를, TSS의 경우 v를 변화시켜가면서 습지를 유출하는 농도를 적합할 수 있다. 이를 위해서는 최적화 모델을 구성하여 해결할 수 있으며 실측치와 계산치의 차이를 최소화 하는 최소자승법을 적용하면 식 (10.8)과 같이 나타낼 수 있다.

$$\min z = \sum_{j=1}^{L} (\epsilon_j)^2 \tag{10.8}$$

여기서, j는 실측농도, L은 실측농도의 수 및 ϵ는 실측치와 계산치의 오차이며 k, J 및 v는 양의 값을 갖는 제약조건을 요구한다.

2) 모델 적용 및 결과

저류지의 하나인 지표흐름 습지의 수질정화능력을 파악하기 위하여 미국 EPA 습지 데이터베이스(http://www.epa.gov/owow/wetlands/watersheds/cwetlands.html)에 수록된 자료를 활용하였다. 공개된 자료는 월별 자료이며 자료 가운데 수질 및 수리자료가 충분하며, 분석이 용이한 하나의 수생대를 갖는 습지를 선택하였다. 켄터키주 Benton시에 설치된 Benton Cattail 습지, 남캐롤라이나주 Central시에 설치된 Central Slough 습지 및 캐나다 온타리오주 Cobalt시에 설치된 Cobalt 1 습지가 이에 해당하여 이를 선정하였으며 수질항목 중 관심도가 높은 BOD, TN, TP 및 TSS의 습지 내 변화를 파악하였다. 습지의 수로화 방지를 위하여 습지의 길이/폭 비는 일반적으로 10이하를 권장한다. Benton Cattail 습지 및 Central Slough 습지는 이를 만족하나, Cobalt 1 습지는 이를 만족하지 않는 것으로 나타났다.

습지의 BOD, TN 및 TP 모의 결과는 기존 논문에서 제시한 반응속도상수만을 고려할 경우보다 반응속도상수와 물질흐름양을 함께 고려할 경우 실제현상을 잘 나타냄을 알 수 있었다(그림 10.7, 10.8 및 10.9). 따라서 BOD 및 영양물질 등을 모의할 경우 반응속도상수와 물질흐름양 모두를 고려해야 적절한 수질관리를 수행할 수 있다.

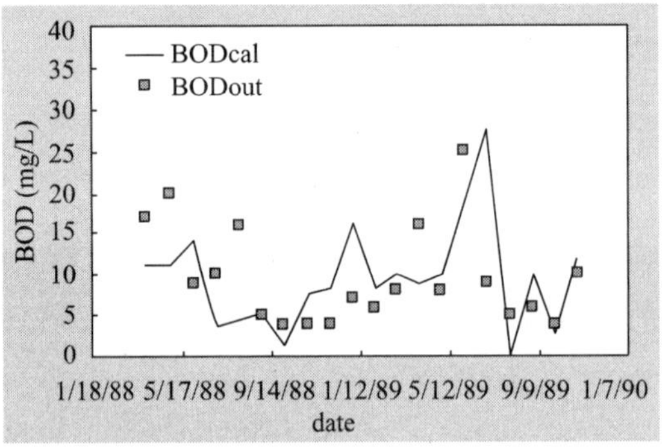

그림 10.7 Benton Cattail BOD 모의 결과

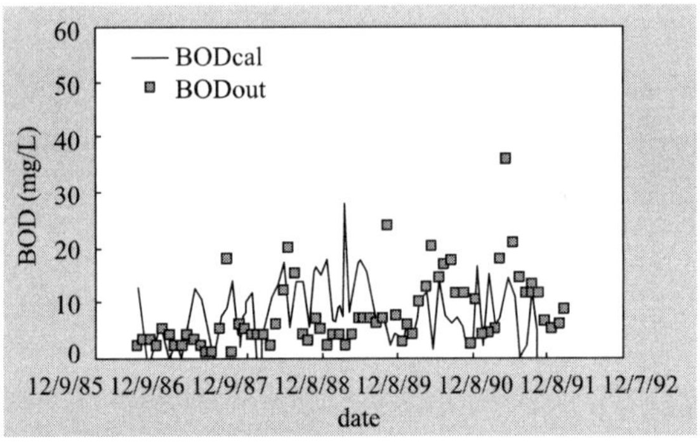

그림 10.8 Central Slough BOD 모의 결과

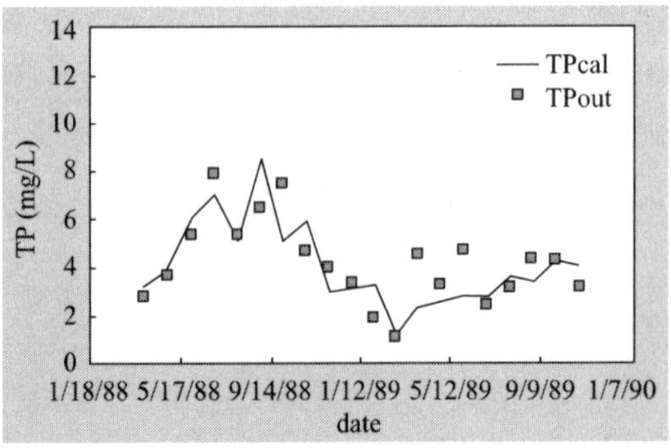

그림 10.9 Benton Cattail TP 모의 결과

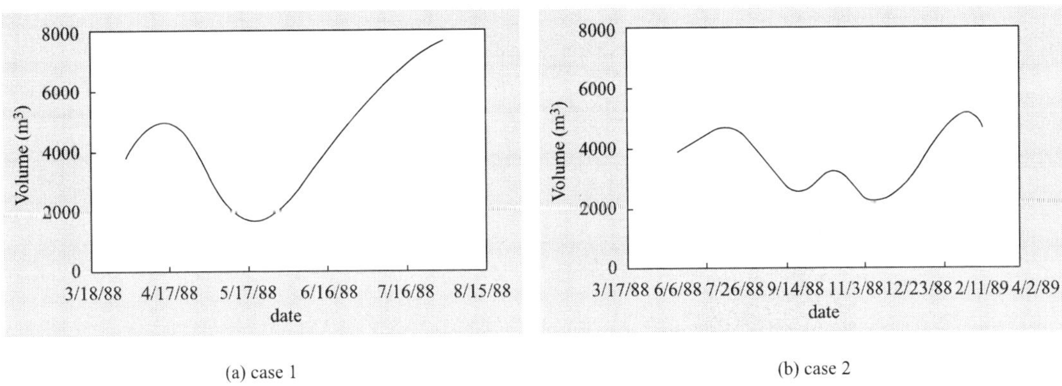

그림 10.10 Benton Cattail 습지 체적변화

그림 10.10은 Benton Cattail 습지의 체적변화를 도시한 것으로 case 1의 경우(모의기간: 1988년 3월부터 7월까지) 약 2,000~8,000 m^3로 변하며, case 2의 경우(모의기간: 1988년 5월부터 1989년 2월까지) 2,000~6,000 m^3로 변하는 것으로 파악되었다. 실제로 Benton Cattail 습지의 체적은 최대 체적이 최소 체적의 3~4배에 달할 정도로 변화폭이 심하므로 일정한 체적을 가정한 수질항목 모의는 적용에 한계가 존재할 것으로 판단한다.

10.3.3 수질설계 인자

가. 체류시간

저류지의 이론적인 체류시간은 식 (10.9)로 산정할 수 있다.

$$\tau = \frac{Vn}{Q} \tag{10.9}$$

여기서, V는 저류지 체적 $[L^3]$, Q는 유량 $[L^3T^{-1}]$ 및 n은 여재가 존재할 경우 여재의 공극율이다. 도시하수 처리를 위한 습지의 체류시간은 5~14일 정도를 요구하며, 미국 플로리다에서는 적어도 14일 이상을 요구한다. 식 (10.9)는 어디까지나 이론적인 체류시간이며 정체지역이 존재하는 저류지의 경우 실질적인 체류시간은 저류지의 불규칙한 형태에 의해 다양하게 나타날 수 있다.

실제 오염물 체류시간은 체류시간분포함수(RTD 함수 : Residence Time Distribution function)를 사용하여 파악할 수 있다. RTD 함수는 식 (10.10)으로 표현되며 유출유량이 일정하면 더욱 간략화 된다.

$$E(t) = \frac{Q_o c(t)}{\int_0^\infty Q_o c(t) dt} = \frac{c(t)}{\int_0^\infty c(t) dt} \tag{10.10}$$

여기서, t는 시간 [T], E는 RTD 함수 [T^{-1}], Q_o는 저류지 유출유량 [L^3T^{-1}] 및 c는 저류지 유출농도 [ML^{-3}]이다. RTD 함수는 정규분포함수와 같이 다음의 특성을 나타낸다.

$$\int_0^\infty E(t) dt = 1 \tag{10.11}$$

오염물의 실제 체류시간은 RTD 함수의 1차 모멘트에 의하여 구할 수 있으며

$$\tau_c = \frac{\int_0^\infty t E(t) dt}{\int_0^\infty E(t) dt} = \int_0^\infty t E(t) dt \tag{10.12}$$

여기서, τ_c는 실제 오염물 체류시간 [T]이다. 체류시간분포 함수의 분포정도 즉, 분산은 2차 모멘트에 의하여 다음과 같이 얻어진다.

$$\sigma^2 = \int_0^\infty (t - \tau_c)^2 E(t) dt \tag{10.13}$$

여기서, σ^2은 RTD 분산 [T^2]이다. 분산은 흐름과정에서의 발생하는 물의 혼합에 의하여 발생한다.

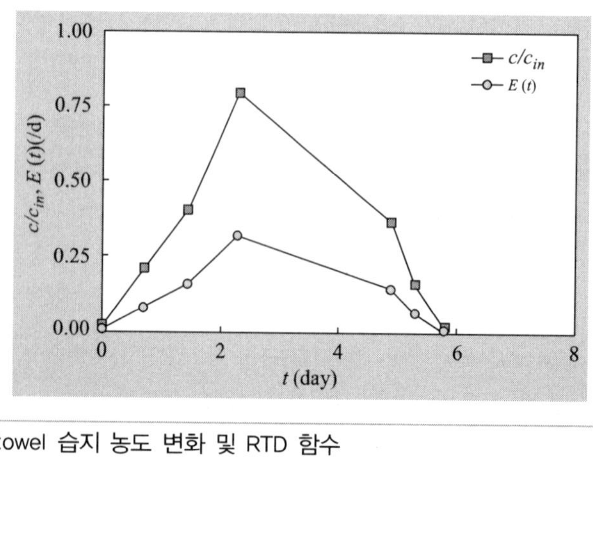

그림 10.11 Listowel 습지 농도 변화 및 RTD 함수

오염물의 실제 체류시간은 물의 체류시간과 상이하며 저류지의 형태, 구조, 식생 및 수문 상태에 따라 각 저류지별로 다양하게 나타난다. 물의 체류시간을 이용하여 실제 저류지에서의 오염물 변화를 파악하는 것은 한계가 있으며 오염물의 실제 체류시간을 파악하면 저류지내 오염물의 변화정도를 현실에 가깝게 파악할 수 있다. 따라서 RTD 함수를 이용하여 실제 오염물 체류시간을 파악하는 것은 저류지 수질관리에 매우 중요하다.

그림 10.11은 Canada, Ontario에 있는 Listowel 습지에서 추적물질의 시간에 따른 유입농도(c_{in})에 대한 유출농도(c)의 비를 나타낸 것으로, RTD 함수를 사용하여 실제 오염물 체류시간을 파악한 결과 2.75 d로 나타났다. RTD 함수의 분산은 1.84 d^2를 보였다.

나. 처리효율

저류지 입구에서의 유량 및 농도자료와 출구에서의 유량 및 농도 자료가 가용하면 유입 및 유출 지점에서 평균 유입 및 유출 부하량을 구할 수 있다.

$$\overline{W} = \frac{\int_{t_s}^{t_f} Q(t)\,c(t)\,dt}{t_f - t_s} \tag{10.14}$$

여기서, $\overline{W}$는 평균 부하량 [MT^{-1}], t_s는 부하 시작 시간 [T] 및 t_f는 부하 종료 시간 [T]이다. 평균 유입 부하량과 유출 부하량을 사용하여 저류지의 처리 효율을 실질적으로 파악할 수 있다.

$$e = \frac{\overline{W}_{in} - \overline{W}_{out}}{\overline{W}_{in}} \times 100 \tag{10.15}$$

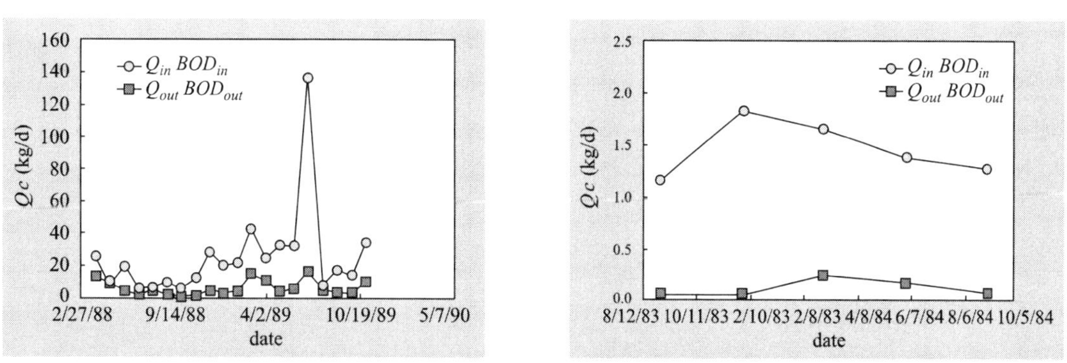

Benton Cattail　　Cobalt 1

그림 10.12 유입 및 유출 부하량

여기서, e는 처리 효율, $\overline{W}_{in}$은 유입 부하량 [MT^{-1}] 및 $\overline{W}_{out}$는 유출 부하량 [MT^{-1}]이다.

미국 EPA 습지 자료 중 Benton Cattail 습지의 경우 BOD 처리 효율은 평균 유입 부하량 23.9 kg/d, 유출 부하량 5.9 kg/d로 파악되어 75%를 나타내는 것으로 분석되었다. Cobalt 1 습지는 평균 유입 부하량 1.55 kg/d, 유출 부하량 0.14 kg/d로 나타나 BOD 처리 효율이 91%를 나타내는 것으로 파악되었으며 그림 10.12는 Benton Cattail 및 Cobalt 1 습지의 부하량을 보여주고 있다.

다. 수리부하율

수리부하율(Hydraulic Loading Rate)은 저류지의 수표면적이 일정하다고 가정할 경우 식 (10.16)과 같이 주어진다.

$$q_s = \frac{Q(t)}{A_s} = \frac{\int_{t_s}^{t_f} Q(t)\,dt}{t_f - t_s}\frac{1}{A_s} \tag{10.16}$$

여기서, q_s는 수리부하율 [LT^{-1}], Q는 유량 [L^3T^{-1}] 및 A_s는 저류지 수표면적 [L^{-2}]이다. 저류지의 수표면적이 유입 유량에 따라 심하게 변할 경우 식 (10.16)은 수표면적의 시간에 따른 변화를 고려하여야 한다. 일반적으로 지표흐름 습지의 수리부하율은 1.4~22 cm/d(평균 5.4 cm/d), 지하흐름 습지는 1.3~26 cm/d (평균 7.5 cm/d)을 나타낸다.

라. 저류지 유량

저류지 유량은 물수지 분석으로 파악할 수 있으며 식 (10.17)로 주어진다.

$$\frac{dV}{dt} = \frac{d(hA)}{dt} = \frac{d(xWh)}{dt} = Q_{in}(t) - Q_{out}(t) \pm G_{in/out} + P(t) - ET(t) \tag{10.17}$$

여기서, h는 저류지 깊이 [L], W는 저류지 폭 [L], x는 저류지 유입부로부터의 거리 [L], Q_{in}은 유입유량 [L^3T^{-1}], Q_{out}은 유출유량 [L^3T^{-1}], $G_{in/out}$은 지하수 유입/유출량 [L^3T^{-1}], P는 강수량 [L^3T^{-1}] 및 ET는 증발산량 [L^3T^{-1}]이다. 강우에 의하여 저류지 유입유량이 많으면 체적은 증가하며, 반대로 저류지를 유하하는 유량이 많으면 체적은 감소한다.

마. 저류지 깊이

저류지의 하나인 습지는 깊고 얕은 부분이 골고루 분포하여야 한다. 깊은 습지는(>50 cm) 물고기의 서식처가 되고, 토사를 저류할 수 있으며, 유속이 낮아진다. 얕은 습지는(<50 cm) 다양한 유관속 식물의 터전이 된다. 습지의 깊이는 주로 수문주기 및 유출 조건에 의해 결정되며 지표흐름습지는 식 (10.18)로 파악 가능하다(그림 10.13).

$$Q = aWh^b\left(-\frac{dH}{dx}\right)^c \tag{10.18}$$

여기서, a, b 및 c는 상수이고 $H(x)$는 습지의 수표면고 [L]이다. H는 습지 바닥고 $[B(x)]$와 수심 $[h(x)]$의 합으로 주어진다. 상수 b는 $1 \le b \le 3$의 값을 나타내며, $b=3$은 식물식재가 조밀하거나 식물이 뿌리를 박고 수중에 잠겨 있을 경우이다. 통수능을 나타내는 상수 a는 습지의 지형학적 특성, 식물종류 및 조밀도에 따라 결정되며 $1\times10^7 \le a \le 5\times10^7$ /m·d의 값을 갖는다. $a=1/n$, $b=1.67$ (윤변≅ W) 및 $c=0.5$이면 개수로에서 Manning 식이 된다. 습지의 수심이 습지 경사와 일치하면 일정수심이 유지되지만 유출부 수리구조물의 높이의 높낮이에 따라 식 (10.18)로 주어지는 습지의 수심은 변한다.

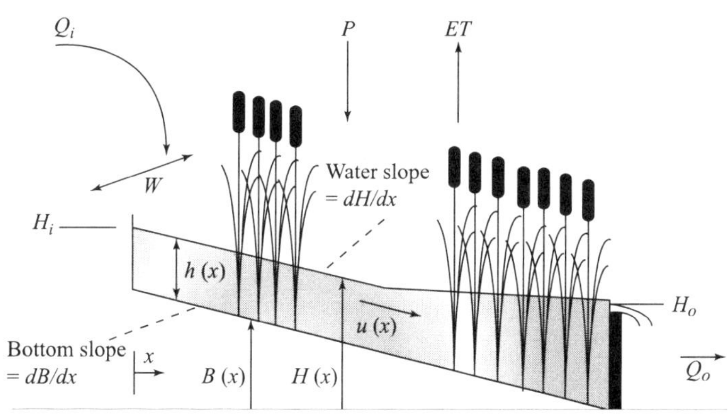

그림 10.13 지표흐름습지 흐름

지하흐름습지의 경우 지하흐름 유속 즉 Darcy 속도는 식 (10.19)로 주어진다.

$$U(x) = -K\frac{dH}{dx} \tag{10.19}$$

여기서, K는 투수계수 $[LT^{-1}]$ 및 $H(x)$는 습지의 지하수면고 [L]이다. K단위가 [m/d]이면 K는 식 (10.20)으로 파악가능하다.

$$K = 12,600\,D_p^{1.90} \tag{10.20}$$

여기서, D_p는 입자 직경(cm)이다. 지하흐름습지 지하수면 깊이는 식 (10.21)로 파악가능하다.

$$h(x) = H(x) - B(x) \tag{10.21}$$

10.3.4 평시운영 저류지 규모 결정

저류지내 수질은 유입 오염 부하량과 저류지내 수리학적 특성에 의해 파악되며 저류지 규모는 저류지를 단지 수질관리를 목적으로 조성할 경우 목표수질에 따라 결정된다. 본 절에서는 영양염류와 COD 수질항목에 대해 빈영양상태와 호소 수질 II등급(4 mg/L 이하)을 유지할 수 있는 물리적 저류지 제원을 파악하며 이를 위한 가이드라인을 살펴본다.

가. 영양염류 관리

저류지 수질은 유입 수질이 일정할 경우 저류지 수심 및 체류시간 등의 수리학적 특성에 따라 달라진다. 저류지 수질관리는 산소요구물질인 BOD 및 COD와 함께 부영양화와 관련있는 영양물질인 N 및 P가 매우 중요하며, 저류지 수질관리를 위한 저류지의 수심 및 체류시간은 Vollenweider 모델을 통하여 파악 가능하다.

그림 10.14는 Vollenweider 모델에서 인의 침강속도에 따른 중부영양 및 빈영양의 경계를 나타낸 것으로 저류지를 빈영양상태로 관리하기 위하여 도시하였다. 이 그림에서 저류지 영양상태는 침강속도에 영향을 받음을 알 수 있다. 그림 10.15는 수리부하율과 저류지 수리학적 특성의 관계를 도시한 것으로($q_s = H/\tau_w$) 이를 통하여 저류지 수심 및 체적 등의 제원을 효과적으로 파악할 수 있다.

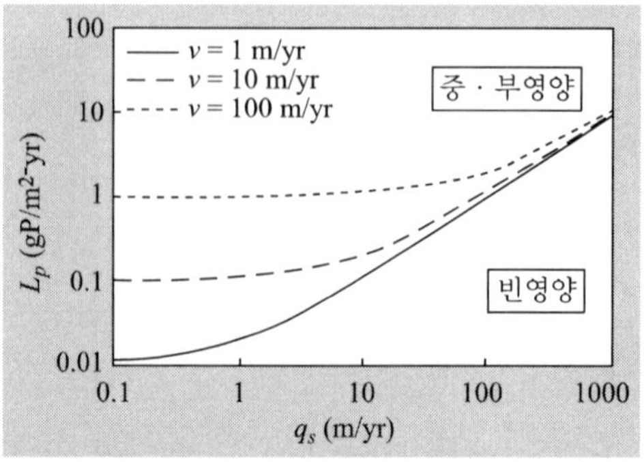

그림 10.14 Vollenweider 모델에서 침강속도

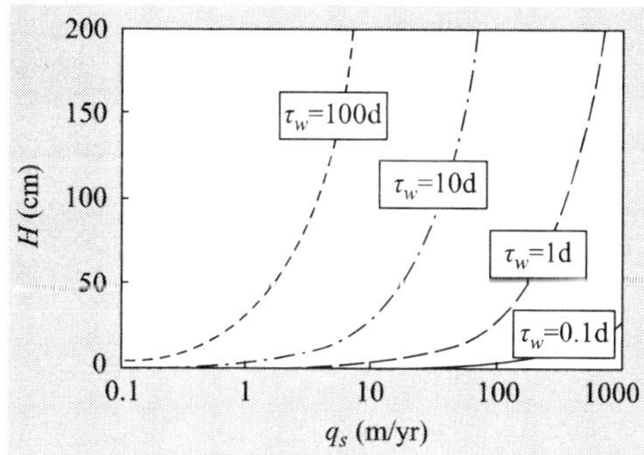

그림 10.15 Vollenweider 모델에서 수리부하율과 수심

저류지 영양상태는 유입유량, 유입오염농도, 저류지 수표면적 및 수심에 의해 영향을 받는다. 저류시의 총인이 침강에 의한 기작으로만 감소하고 문헌에 제시된 바와 같이 10 m/yr의 수치를 나타낸다면 수심은 저류지 영양상태에 영향을 미치지 못하여 영향인자는 유입유량, 유입오염농도 및 저류지 수표면적으로 나타난다. 이 세 영향인자에 대한 저류지 빈영양상태 유지조건은 그림 10.16과 같다. 이 그림으로부터 같은 유량조건에서 유입농도가 커질수록 빈영양상태 유지를 위하여 요구되는 수표면적은 커지며, 역으로 같은 수표면적에서 유입농도가 커질수록 빈영양상태 유지를 위하여 요구되는 유량은 작아지는 것을 알 수 있다.

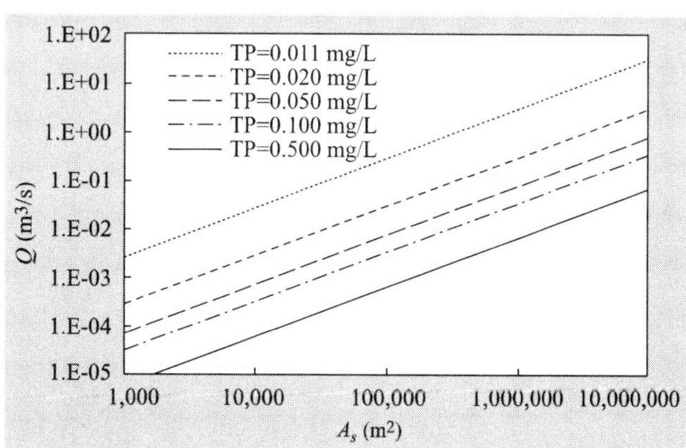

그림 10.16 저류지 빈영양상태 영향인자

나. 영양염류 관리를 위한 저류지 규모 파악 가이드라인

1) v 파악

인의 침강속도를 파악한다. 인의 침강속도는 일반적으로 5~20 m/yr의 값을 나타내며 인이 고형물에 잘 흡착하므로 고형물의 침강속도를 파악하거나, 반응속도상수와 수심의 곱으로 파악하기도 한다.

2) A_s 산정

저류지 유입 유량 및 농도로 유입 부하량(W)을 파악하며, 빈영양상태가 유지될 수 있도록 면적부하량(L_p)과 수리부하율(q_s)로 나타나는 그림 10.14를 활용하여 저류지 수표면적(A_s)을 산정한다.

3) q_s 파악

저류지 유입 또는 유출 유량과 수표면적을 사용하여 q_s를 파악한다. 도시하수 처리를 목적으로 하는 지표흐름습지의 q_s는 일반적으로 1~100 m/yr의 값을 취한다. 처리를 목적으로 하지 않는 저류지를 조성할 경우에도 이를 반영하도록 한다.

4) H 및 τ_w 산정

저류지 수질이 빈영양상태가 유지되는 수리부하율(q_s)에 대하여 적정 저류지 수심(H) 및 체류시간(τ_w)을 그림 10.15를 활용하여 파악한다. 깊은 저류지 수심은 물고기의 서식처가 되고 토사를 저류할 수 있으며, 얕은 수심은 다양한 유관속 식물의 터전이 되므로 저류지 조성 목적에 맞는 적정 수심을 고려한다.

저류지의 제원은 1, 2, 3 및 4단계를 거쳐 효과적으로 파악할 수 있으며, 이를 기초로 저류지를 조성할 수 있다. 조성한 저류지의 영양상태는 예상하지 못한 외부 유입원이 발생하지 않는다면 빈영양 상태를 유지할 것이다.

다. COD 관리

저류지 수질은 영양염류에 의한 영양상태 관리와 함께 산소요구물질인 COD 관리가 필요하다. COD는 총인 및 총질소와 함께 호소의 수질항목으로 설정되어 있으며, Vollenweider 모델과 같이 유입 및 유출 유량이 일정한 호소에서 COD 물질수지방정식을 통하여 파악할 수 있다. 반응만을 고려한 물질수지방정식에서 정상상태의 COD 농도는 다음으로 주어진다.

$$c = \frac{W(t)/V}{Q/V + k} = \frac{L_c}{1/\tau_w + k} \tag{10.22}$$

여기서, L_c는 용적부하량 $[ML^{-3}T^{-1}]$이다. 반응속도상수(k) 0.1 /d에 대한 COD 모델(식 10.22)이 그림 10.17에 나타나 있으며, 동일한 용적 부하량(L_c)에 대하여 저류지 체류시간(τ_w)이 커지면 수질이 악화되는 것을 알 수 있다. 또한 호소등급 II에 해당하는 용적 부하량과 체류시간을 반응속도상수에 따라 파악할 수 있으며 이를 도시하면 그림 10.18과 같다.

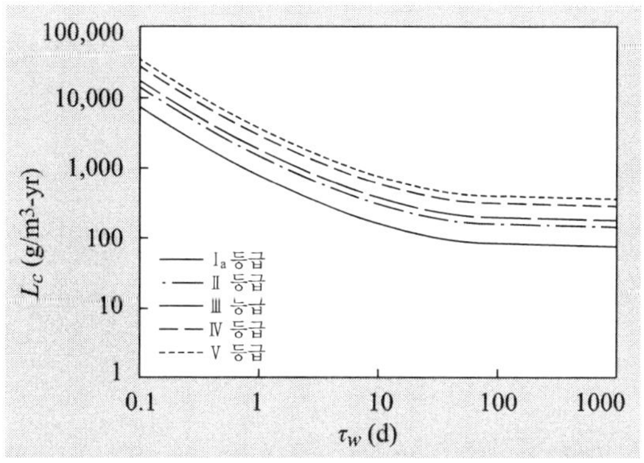

그림 10.17 COD 모델

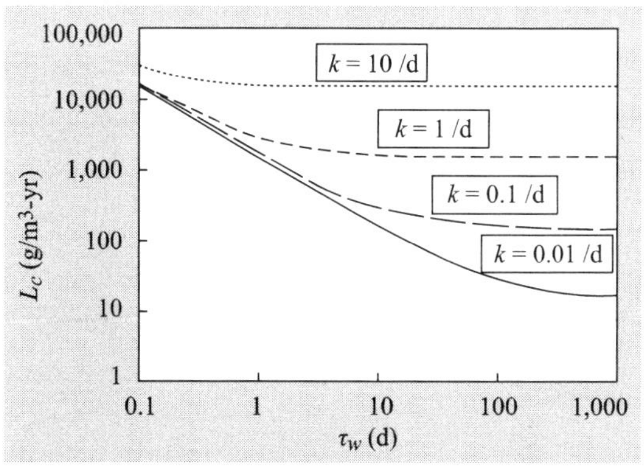

그림 10.18 호소 수질II 등급 COD 모델

라. COD 관리를 위한 저류지 규모 파악 가이드라인

1) L_c 파악

저류지 유입 유량 및 농도로 유입 부하량(W)을 파악하며, 저류지 체적(V)을 가정하여 L_c 을 파악한다. 저류지 체적은 영양염류 관리를 위하여 파악한 체적을 우선적으로 고려하도록 한다.

2) τ_w 산정

저류지는 유입 용적 부하량에 대하여 호소수질 II등급이 유지될 수 있도록 그림 10.18을 활용하여 τ_w 를 파악한다. COD 반응속도상수는 실측을 하거나 문헌의 자료를 활용한다. 빈 영양상태의 영양염류와 수질등급 II에 해당하는 COD 관리를 위하여 저류지 규모 및 체류시간을 파악하며, 저류지를 조성할 경우 이를 적용하여 수질관리가 효율적으로 이루어지도록 한다.

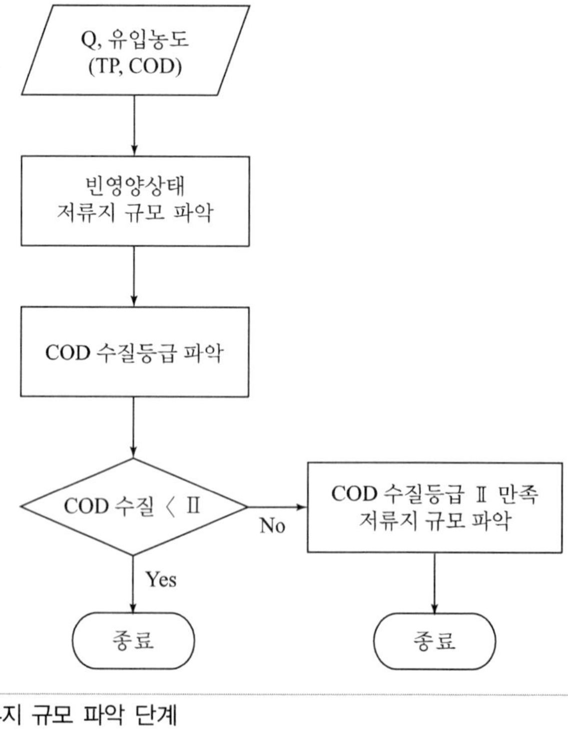

그림 10.19 저류지 규모 파악 단계

마. 저류지 규모 파악 단계

저류지 영양염류 및 COD 관리를 위한 저류지 규모는 그림 10.19와 같은 단계를 거쳐 파악할 수 있다. 먼저 저류지 유입 유량, 농도(TP, COD)를 파악하며 이를 기초로 빈영양상태 유지를 위한 저류지 규모를 파악한다. 이 규모에 대하여 저류지 COD 농도를 파악하며 수질등급 II를 유지하는지 판단한다. COD 수질등급 II를 만족하면 파악한 저류지 규모는 TP 및 COD 수질 모두를 만족하므로 저류지 조성에 그대로 적용하며, 만족하지 않으면 수질등급 II를 만족하는 새로운 저류지 규모를 산정하여 이를 적용하도록 한다.

바. CASE 적용

유입유량 $Q = 0.005\ m^3/s$, TP 침강속도 $v = 10\ m/yr$, COD 반응계수 $k = 0.1/d$로 가정한 TP 및 COD관리를 위한 천변 저류지 규모를 파악하였다.

1) case 1

천변 저류지 조성 예정지역(청미천 설성천 유역 우안)의 하천수가 저류지로 유입된다고 가정하여(TP = 0.04 mg/L, COD = 12.17 mg/L) 수심 $H = 50\ cm$에서 저류지 영양상태가 빈영양상태로 유지되기 위한 저류지 규모를 파악하였다(표 10.6). 이를 COD 관리에 적용하여 수질등급을 알아보았으며, 빈영양상태를 나타내는 저류지 규모에서 COD도 Ia 등급을 나타내는 것으로 파악되었다.

표 10.6 case 1 저류지 규모 및 수질등급

수질 항목	Q (m^3/s)	A_s (m^2)	H (cm)	V (m^3)	유입농도 (mg/L)	유출농도 (mg/L)	수질 등급	q_s (m/yr)	τ_w (d)	L_p ($g/m^2 \cdot yr$)	L_c ($g/m^3 \cdot yr$)
TP	0.005	47,304	50	23,652	0.04	0.01	Ia등급	3.33	54.8	0.13	-
COD	0.005	47,304	50	23,652	12.17	1.88	Ia등급	3.33	54.8	-	81.1

2) case 2

천변 저류지 수표면적 $A_s = 5{,}000\ m^3$ 및 수심 $H = 50\ cm$로 조성된다고 가정할 경우 TP 및 COD의 수질등급을 파악하여 보았다. 이 경우 TP는 부영양화 상태에서 Ⅲ등급을, COD는 IV등급 수질을 보이는 것으로 나타났다(표 10.7).

표 10.7 case 2 저류지 규모 및 수질등급

수질 항목	Q (m³/s)	A_s (m²)	H (cm)	V (m³)	유입농도 (mg/L)	유출농도 (mg/L)	수질 등급	q_s (m/yr)	τ_w (d)	L_p (g/m²·yr)	L_c (g/m³·yr)
TP	0.005	5,000	50	2,500	0.04	0.0304	III등급	31.54	5.8	1.261	-
COD	0.005	5,000	50	2,500	12.17	7.71	IV등급	31.54	5.8	-	767.6

3) case 3

case 1에서 제시한 규모로 저류지를 조성할 경우 저류지 수질은 양호하게 유지되나 저류지가 요구하는 수표면적은 매우 크다. 유입수의 농도를 반으로 줄이는 전처리 과정을 거칠 경우(TP = 0.02 mg/L, COD = 6.09 mg/L) 빈영양상태를 유지하는 수표면적과 이때의 COD 농도를 파악하여 보았다 (표 10.8). A_s = 16,000 m² 및 H = 50 cm로 조성하면 TP는 Ia등급, COD는 Ib등급을 나타내는 것으로 파악되었다.

표 10.8 case 3 저류지 규모 및 수질등급

수질 항목	Q (m³/s)	A_s (m²)	H (cm)	V (m³)	유입농도 (mg/L)	유출농도 (mg/L)	수질 등급	q_s (m/yr)	τ_w (d)	L_p (g/m²·yr)	L_c (g/m³·yr)
TP	0.005	16,000	50	8,000	0.02	0.0099	Ia등급	9.86	18.5	0.197	-
COD	0.005	16,000	50	8,000	6.09	2.13	Ib등급	9.86	18.5	-	119.9

case 1, 2 및 3에 해당하는 저류지 규모에 대한 영양상태 및 COD 수질등급을 그림 10.14 및 10.17에 도시하면 그림 10.20 및 10.21과 같다. case 2의 경우 저류지 수표면적이 너무 작아 TP 및 COD 모두 수질상태가 좋지 않음을 알 수 있으며, 유입수질의 높고 낮음에 따라 저류지가 요구하는 수표면적이 크게 달라짐을 알 수 있다.

저류지 TP 농도를 파악하는 Vollenweider 모델의 경우 수표면적이 일정하면서 수심이 증가하여 저류지 체적이 증가하면 체류시간은 증가하나 수심에 대한 체류시간의 비 즉, q_s는 일정하여 저류지에서 유하하는 TP 농도는 감소하지 않고 변하지 않음을 알 수 있다. 인의 침강속도 및 COD 반응속도상수 등을 실제에 가깝게 파악하면 실질적인 저류지 규모를 파악할 수 있으며 습지와 같은 식물성장이 저류지에 존재하면 물질수지방정식에 질량흐름양을 고려하여 저류지 규모를 파악할 수 있을 것이다.

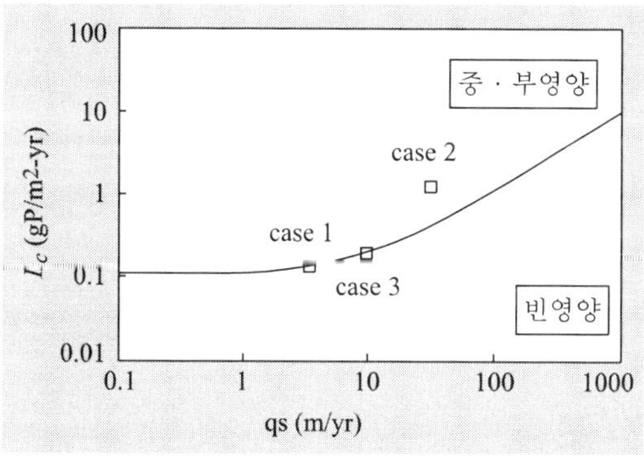

그림 10.20 case 1, 2 및 3의 영양상태

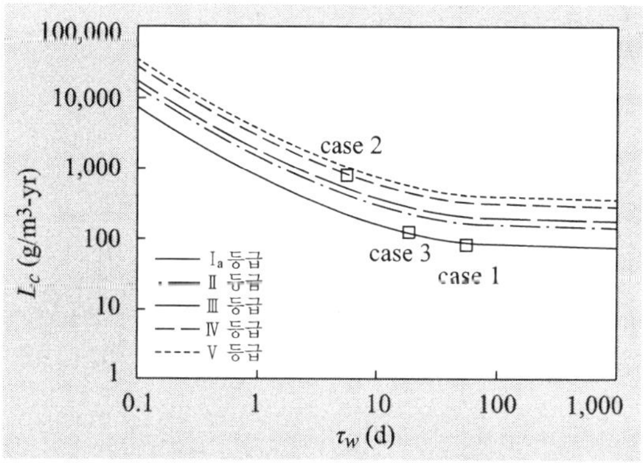

그림 10.21 case 1, 2 및 3의 COD 수질등급

사. PFR 모델에 의한 저류지 규모

저류지를 PFR로 가정하여 수질을 관리할 수 있으며, 하천과 같은 흐름에서의 이송확산과 호소에서의 난류확산이 존재할 경우 오염물질의 확산항을 고려하여 적용한다. 확산항을 고려하지 않은 저류지의 시간 및 공간에 대한 수질변화는 부정류흐름에서의 오염물 변화를 파악하는 식 (4.15)를 적용할 수 있다.

$$\frac{\partial c}{\partial t} + U\frac{\partial c}{\partial x} = -kc \tag{4.15}$$

여기서, x는 거리 [L] 및 U는 유속 [LT^{-1}] 이다. 유속은 5장에서 언급한 St. Venant 식으로 구할 수 있다. 1차원 적용이 저류지의 물리적인 특성과 거리가 있을 경우 수심 또는 수평 2차원으로 적용한다. 정상상태의 PFR 모델은 거리에 따른 오염물변화를 파악할 수 있다.

• **평시 PFR 저류지**

저류지를 PFR로 가정하여 얻어지는 물질수지방정식은 식 4.15와 같으며 정상상태에서 식 (4.16)으로 간략화 된다.

$$\frac{dc}{dx} + \frac{k}{U}c = 0 \tag{4.16}$$

식 (4.16)은 $x = 0$에서 $c = c_0$이면 식 (4.17)의 해석해가 주어진다.

$$c = c_0 e^{-\frac{k}{U}x} \tag{4.17}$$

식 (4.17)로부터 반응속도상수(k) 및 유속(U) 등이 파악되면 거리에 따른 농도변화를 파악할 수 있으며, k는 v/H로 나타난다. 그림 10.22는 v = 10 m/yr, x = 1.2 km일 때 U 및 H에 따른 농도비(c/c_0)를 나타낸 것으로 U 및 H가 작아지면 농도비가 작아지는 것을 알 수 있다.

PFR 저류지의 수리특성이 파악되면 식 (4.17)을 사용하여 거리에 따른 초기농도의 변화를 파악할 수 있다. PFR로 가정할 수 있는 저류지의 유출수 수질을 만족하는 수심 및 길이 등의 저류지 규모는 동일 식 (4.17)을 사용하여 효율적으로 파악할 수 있다.

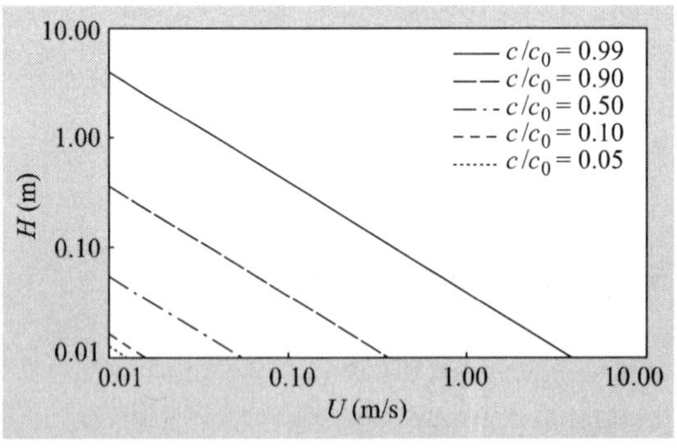

그림 10.22 PFR 저류지에서 U 및 H에 따른 농도변화

10.4 4대강 수질관리

10.4.1 개요

4대강 사업(4대강 살리기)은 2009년도에 시작하여 2013년도 초에 마무리가 된 범정부(환경부, 국토해양부 및 문화체육관광부 등) 적으로 추진한 사업자체에만 약 22.2조가 투입된 대규모 SOC 사업으로 사업 내용은 다음과 같다.

- 장래 물 부족(2016년 10억m^3)에 대비하여 풍부한 수자원 확보를 위한 하도 준설, 보(洑) 16개소(한강 : 3개, 낙동강 : 8개, 금강 : 3개, 영산강 : 2개) 설치, 중·소규모 다목적댐 3개소 설치 및 농업용 저수지 96개소 증고(총 13억m^3의 용수 증대)
- 홍수 피해 복구비용(매년 약 4조원)을 줄이고 이상기후로 200년 빈도 이상의 홍수에 대비한 홍수조절지 및 강변저류지 등 조성(홍수 조절용량 약 9.2억m^3 증대)
- 정체상태에 있는 수질오염도를 개선하여 2012년에는 수영할 수 있는 수준인 좋은 물(BOD 기준 3ppm) 달성 수준을 2008년 78%에서 83%~86%까지 향상하고 하천의 생태적 건강성 증진(2013년 달성 수준 80.7% : 전국 114개 중 92개 중권역이 좋은 물 해당)
- 수변공간을 지역주민과 함께하는 문화·여가 등의 복합공간으로 창조하고 녹색관광, 금수강촌 등 강을 중심으로 한 지역발전 유도

10.4.2 보 설치에 따른 수질변화

4대강 사업의 주 사업은 4대강 본류에 보를 설치하는 것이다. 흐름이 오염물 거동의 주요 기작인 하천 본류에 보를 건설하는 것은 하천의 흐름이 정체되어 호소의 특성을 일부 갖으며 수심이 깊어질 경우 성층화 현상이 발생하여 수체 동역학이 완전히 변하게 된다. 따라서 하천이 보의 건설로 종방향으로 확장한 호소의 한 형태로 조성되면 이 수체는 2장에서 언급한 연속교반탱크반응기(CSTR : 완전혼합시스템) 및 4장에서 언급한 플러그흐름반응기(PFR : 불완전혼합시스템) 사이에 존재하는 수리학적 특성을 나타내며 오염물 거동도 확산이 발생하지 않는 PFR 및 확산이 무한대 경우인 CSTR 사이의 응답으로 나타날 것이다. 하천의 성격이 강한 호소는 흐름이 주요 오염물거동 기작으로 PFR에 가까울 것이며 저류지 성격이 강한 호소는 완전혼합을 가정할 수 있어 CSTR에 가까울 것이다. 결론적으로 보 설치에 따른 하천 내 호소 수질은 PFR 및 CSTR을 적용하여 시스템을 해석하는 두 극단의 수질변화 범위 안에 존재할 것이다.

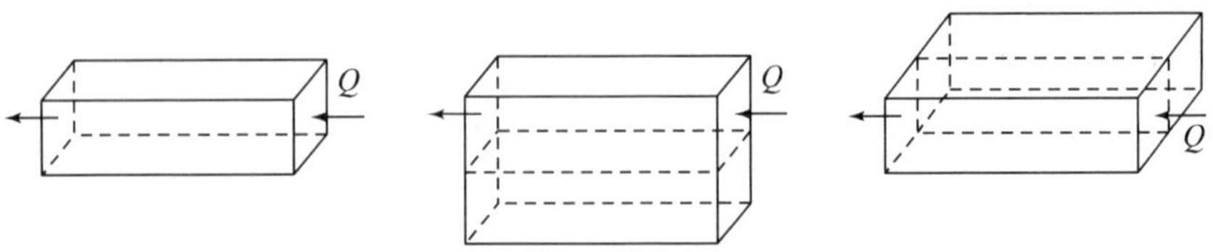

그림 10.23 수체 정형화(보 미설치, case 1 : 수심 증가 및 case 2 : 폭 확장)

보 설치로 만들어지는 수체를 CSTR 및 PFR로 해석하기 위하여 깊이로 증가한 경우(case 1)와 폭으로 확장한 경우(case 2)로 구분하여 정형화하며 간단한 해석을 위하여 그림 20.23과 같이 체적을 2배로 확장한 경우에 한한다. 실제로 하천 본류에 보가 설치되면 case 1 및 case 2와 같이 깊이 및 폭이 정확히 2배로 변하는 것이 아니라 그 이상의 깊이와 폭으로 변할 것이다. 그러나 깊이와 폭이 단순히 2배로 변하는 경우에 대한 수체의 응답을 파악하면 이것으로부터 실제 보설치 후 수질변화 경향을 유추할 수 있다.

가. BOD 및 DO 해석

보 설치로 생성되는 수체를 CSTR 및 PFR로 간단히 BOD 및 DO를 해석하기 위하여 다음을 가정한다.

- BOD
  1. 유기물은 용존 유기물질의 분해계수 및 침강 또는 침전으로 인한 손실계수 특성을 모두 나타내는 총손실계수(k_r)로 감소
  2. 점 및 비점오염원 유입 무시
  3. 온도변화 무시

- DO
  1. 용존산소와 공기 중 산소는 재포기 기작으로 교환
  2. 점 및 비점오염원 유입 무시
  3. 온도변화 무시

1) 보 미설치

그림 10.23의 수체 정형화 가운데 보 미설치 시스템 해석을 위한 CSTR 모델 및 PFR 모델은 물질수지방정식을 통하여 구할 수 있으며 시간에 대한 수질변화가 없는 정상상태의 해는 다음으로 얻어진다.

① CSTR 모델

유입과 유출이 있는 완전혼합시스템에서 분해 가능한 유기물(L)에 대한 물질수지방정식은 다음과 같다.

$$V\frac{dL}{dt} = W - QL - k_r VL \tag{10.23}$$

여기서, V는 체적 [L^3], W는 유입부하량 [MT^{-1}], Q는 유량 [L^3T^{-1}] 및 k_r은 유기물 총손실계수 [T^{-1}]이다. 식 (10.23)의 정상상태 해는 식 (10.24)와 같다.

$$L = \frac{1}{Q + k_r V} W \tag{10.24}$$

BOD 경우와 동일한 완전혼합시스템에서 용존산소(c : DO)에 대한 물질수지방정식은 식 (8.56)과 유사하게 식 (10.25)로 주어진다.

$$V\frac{dc}{dt} = k_a V(c_s - c) - k_r VL \tag{10.25}$$

여기서, k_a는 재포기 계수 [T^{-1}] 및 c_s는 포화용존산소농도 [ML^{-3}]이다. 용존산수결핍(D)을 식 (8.58)($D = c_s - c$)과 같이 나타내면 식 (10.25)의 정상상태 해는 식 (10.24)를 대입하여 다음과 같이 얻어진다.

$$D = \frac{1}{(Q + k_r V)k_a / k_r} W \tag{10.26}$$

② PFR 모델

흐름만 존재하는 불완전혼합시스템에서 분해 가능한 유기물(L)에 대한 물질수지방정식은 다음과 같다.

$$\frac{\partial L}{\partial t} = -U\frac{\partial L}{\partial x} - k_r L \tag{8.63}$$

여기서, U는 유속 [LT^{-1}]이다. 식 (8.63)의 정상상태 해는 $L = L_0$ @ $t = 0$의 조건에서 다음과 같다.

$$L = L_o e^{-\frac{k_r}{U}x} \tag{8.65}$$

BOD 경우와 동일한 불완전혼합시스템에서 용존산소(c)에 대한 물질수지방정식은 식 (8.64)와 유사하게 다음과 같다.

$$\frac{\partial c}{\partial t} = -U\frac{\partial c}{\partial x} - k_r L + k_a(c_s - c) \tag{10.27}$$

식 (10.27)의 정상상태 해는 용존산소결핍(D)을 사용하여 식 (8.67)과 유사하게 $D = D_0$ @ $t = 0$의 조건을 이용하여 다음과 같이 나타난다.

$$D = D_0 e^{-\frac{k_a}{U}x} + \frac{k_r L_0}{k_a - k_r}\left(e^{-\frac{k_r}{U}x} - e^{-\frac{k_a}{U}x}\right) \tag{10.28}$$

보 미설치 경우에 대한 CSTR 모델 및 PFR 모델을 정리하여 나타내면 표 10.9와 같다. 보 설치로 인한 수체특성의 변화로 CSTR 모델 및 PFR 모델의 변화를 살펴보면 다음과 같다.

표 10.9 BOD 및 DO 해석을 위한 CSTR 및 PFR 모델 (보 미설치)

수질항목	CSTR	PFR
BOD	$L = \frac{1}{Q + k_r V} W$	$L = L_0 e^{-\frac{k_r}{U}x}$
DO	$D = \frac{1}{(Q + k_r V)k_a / k_r} W$	$D = D_0 e^{-\frac{k_a}{U}x} + \frac{k_r L_0}{k_a - k_r}\left(e^{-\frac{k_r}{U}x} - e^{-\frac{k_a}{U}x}\right)$

2) CASE 1 (수심 증가)

그림 10.23에서와 같이 보 미설치 수체의 수리변수인 체적(V), 수표면적(A_s), 단면적(A_c), 수심(H), 유속(U) 및 체류시간(τ_w)은 유입유량의 변화가 없는 상태에서 수체의 수심이 2배 증가하면 A_s는 일정하고 각 변수는 $2V$, $2A_c$, $2H$, $0.5U$ 및 $2\tau_w$로 변한다.

① CSTR 모델

반응 매개변수인 k_r은 온도변화를 고려하지 않는 조건에서 수심의 증가와 관계없이 일정하며 k_a는 식 (8.45)와 같이 주어지고 수심이 2배로 증가하면 A_s는 일정하면서 V만 2배로 늘어나므로 보 미설치 시 k_a는 $0.5k_a$로 변한다.

$$k_a = K_l \frac{A_s}{V} \tag{8.45}$$

관련 변수와 보 미설치 및 수심이 2배로 증가한 경우의 BOD 및 DO 식을 나타내면 표 10.10과 같다. 표로부터 수심이 2배로 증가하는 CSTR 모델의 경우 BOD는 보 미설치 시보다 체적의 증가로 감소하며 DO는 재포기 계수의 감소로 감소함을 알 수 있다.

표 10.10 CSTR 모델에서 BOD 및 DO 변화(CASE 1)

구 분	보 미설치	CASE 1	비고
수리변수	$V,\ A_s,\ A_c,\ H,\ \tau_w$	$2V,\ A_s,\ 2A_c,\ 2H,\ 2\tau_w$	
반응변수	$k_a,\ k_r$	$0.5k_a,\ k_r$	
BOD	$L = \frac{1}{Q+k_r V} W$	$L = \frac{1}{Q+2k_r V} W$	↓
DO	$D = \frac{1}{(Q+k_r V)k_a/k_r} W$	$D = \frac{1}{(0.5Q+k_r V)k_a/k_r} W$	↓

② PFR 모델

반응 매개변수인 k_r은 CSTR 모델과 같이 온도변화를 고려하지 않는 조건에서 일정하며 k_a는 식 (8.47)로 주어지는 O'Connor-Dobbins 식을 사용하면 유속은 $0.5U$, 수심은 $2H$로 변하므로 보 미설치 시 k_a는 $0.25k_a$로 변한다.

$$k_a = 3.93 \frac{U^{0.5}}{H^{1.5}} \tag{8.47}$$

표 10.11 PFR 모델에서 BOD 및 DO 변화(CASE 1)

구 분	보 미설치	CASE 1	비고
수리	$V,\ A_s,\ A_c,\ H,\ U,\ \tau_w$	$2V,\ A_s,\ 2A_c,\ 2H,\ 0.5U,\ 2\tau_w$	
반응	$k_a,\ k_r$	$0.25k_a,\ k_r$	
BOD	$L = L_o e^{-\frac{k_r}{U}x}$	$L = L_o e^{-2\frac{k_r}{U}x}$	↓
DO	$D = D_0 e^{-\frac{k_a}{U}x} + \frac{k_r L_0}{k_a - k_r}(e^{-\frac{k_r}{U}x} - e^{-\frac{k_a}{U}x})$	$D = D_0 e^{-\frac{k_a}{2U}x} + \frac{k_r L_0}{0.25k_a - k_r}(e^{-2\frac{k_r}{U}x} - e^{-\frac{k_a}{2U}x})$	⇅

관련 변수와 보 미설치 및 수심이 2배로 증가한 경우의 BOD 및 DO 식을 나타내면 표 10.11과 같다. 표로부터 수심이 2배로 증가하는 PFR 모델의 경우 BOD는 보 미설치 시 보다 유속의 감소로 감소하며 DO는 유속 및 재포기 계수의 감소로 감소하거나 증가한다. PFR 모델 DO 식을 살펴보면 첫 번째 항 $D_0 e^{-k_a x/2U}$은 보 미설치 시 보다 증가하며 두 번째 항 $k_r L_0/(0.25k_a - k_r)(e^{-2k_r x/U} - e^{-k_a x/2U})$의 $k_r L_0/(0.25k_a - k_r)$은 보 미설치 시 보다 증가, $(e^{-2k_r x/U} - e^{-k_a x/2U})$은 감소하므로 항의 상대적인 크기에 따라 DO는 감소하거나 증가할 것이다.

3) CASE 2 (폭 확장)

그림 10.23에서와 같이 보 미설치 수체의 수리변수인 체적(V), 수표면적(A_s), 단면적(A_c), 수심(H), 유속(U) 및 체류시간(τ_w)은 유입유량의 변화가 없는 상태에서 수체의 폭이 2배 확장되면 H는 일정하고 각 변수는 $2V$, $2A_s$, $2A_c$, $0.5U$ 및 $2\tau_w$로 변한다.

① CSTR 모델

반응 매개변수인 k_r은 온도변화를 고려하지 않는 조건에서 폭의 확장과 관계없이 일정하며 식 (8.45)로 주어지는 k_a는 폭이 2배로 확장되면 A_s 및 V는 각각 2배 늘어나므로 보 미설치 시 k_a는 그대로 k_a가 된다.

관련 변수와 보 미설치 및 폭이 2배로 확장된 경우의 BOD 및 DO 식을 나타내면 표 10.12와 같다. 표로부터 폭이 2배로 확장되는 CSTR 모델의 경우 BOD는 보 미설치 시 보다 체적의 증가로 감소하며 DO는 체적의 증가로 증가함을 알 수 있다.

표 10.12 CSTR 모델에서 BOD 및 DO 변화(CASE 2)

구 분	보 미설치	CASE 2	비고
수리변수	$V,\ A_s,\ A_c,\ H,\ \tau_w$	$2V,\ 2A_s,\ 2A_c,\ 2H,\ 2\tau_w$	
반응변수	$k_a,\ k_r$	$k_a,\ k_r$	
BOD	$L = \frac{1}{Q + k_r V} W$	$L = \frac{1}{Q + 2k_r V} W$	↓
DO	$D = \frac{1}{(Q + k_r V)k_a/k_r} W$	$D = \frac{1}{(Q + 2k_r V)k_a/k_r} W$	↑

② PFR 모델

반응 매개변수인 k_r은 일정하며 k_a는 O'Connor-Dobbins 식에서 유속은 $0.5U$ 및 수심은 변화가 없으므로 보 미설치 시 k_a는 $0.7k_a$가 된다. 관련 변수와 보 미설치 및 폭이 2배로 확장된 경우의 BOD 및 DO 식을 나타내면 표 10.13과 같다.

표 10.13 PFR 모델에서 BOD 및 DO 변화(CASE 2)

구 분	보 미설치	CASE 2	비고
수리	$V,\ A_s,\ A_c,\ H,\ U,\ \tau_w$	$2V,\ 2A_s,\ 2A_c,\ H,\ 0.5U,\ 2\tau_w$	
반응	$k_a,\ k_r$	$0.7k_a,\ k_r$	
BOD	$L = L_o e^{-\frac{k_r}{U}x}$	$L = L_o e^{-2\frac{k_r}{U}x}$	↓
DO	$D = D_0 e^{-\frac{k_a}{U}x} + \frac{k_r L_0}{k_a - k_r}(e^{-\frac{k_r}{U}x} - e^{-\frac{k_a}{U}x})$	$D = D_0 e^{-\frac{1.4k_a}{U}x} + \frac{k_r L_0}{0.7k_a - k_r}(e^{-2\frac{k_r}{U}x} - e^{-\frac{1.4k_a}{U}x})$	⇅

표 10.13으로부터 폭이 2배로 확장되는 PFR 모델의 경우 BOD는 보 미설치 시 보다 유속의 김소로 감소하녀 DO는 유속 및 재포기 계수의 감소로 감소하거나 증가한다. PFR 모델의 DO 식을 살펴보면 첫 번째 항 $D_0e^{-1.4k_ax/U}$은 보 미설치 시 보다 감소하며 두 번째 항 $k_rL_0/(0.7k_a - k_r)(e^{-2k_rx/U} - e^{-1.4k_ax/U})$의 $k_rL_0/(0.7k_a - k_r)$은 보 미설치 시 보다 증가, $(e^{-2k_rx/U} - e^{-1.4k_ax/U})$의 1항 $e^{-2k_rx/U}$은 감소 2항 $-e^{-1.4k_ax/U}$은 증가하므로 case 1과 같이 항의 상대적인 크기에 따라 DO는 감소하거나 증가할 것이다.

나. TP 해석

보설치 전·후 수체의 영양상태를 파악하기 위하여 9장에서 언급한 Vollenweider 모델을 적용하며 BOD 및 DO와 같이 수심이 2배 증가한 경우(case 1)와 폭이 2배 확장된 경우(case 2)로 구분하여 영양상테 결과를 비교·분석한다.

1) 보 미설치

그림 10.23의 수체 정형화 가운데 보 미설치 수체 해석을 위한 Vollenweider 모델은 식 (9.4)와 같이 CSTR을 가정한 총인(TP)에 대한 물질수지방정식에서 구할 수 있다.

$$V\frac{dp}{dt} = W - Qp - k_s Vp \tag{9.4}$$

여기서, p는 총인농도 [ML^{-3}] 및 k_s는 총인의 소멸(유실)계수 [T^{-1}]이다. 식 (9.4)의 정상상태 해는 식 (9.8)과 유사하게 다음과 같이 주어지며

$$p = \frac{L_p}{H/\tau_w + 10} \tag{10.29}$$

여기서, L_p는 면적부하량(W/A_s) 이다. 식 (10.29)는 식 (9.17)과 같이 개선하여 나타내기도 한다.

$$p = \frac{L_p}{q_s(1+\sqrt{\tau_w})} \tag{10.30}$$

2) CASE 1 (수심 증가)

BOD 및 DO와 같이 보 미설치 수체의 변수인 V, A_s, A_c, H, τ_w 및 L_p은 유입유량의 변화가 없는 상태에서 수체의 수심이 2배 증가하면 A_s 및 L_p는 일정하고 나머지 변수는 $2V$, $2A_c$, $2H$ 및 $2\tau_w$로 변한다.

관련 변수와 보 미설치 및 수심이 2배로 증가한 경우의 TP 식을 나타내면 표 10.14와 같다. 이 표로부터 수심이 2배로 증가하는 Vollenweider 모델에서 식 (10.29)로 주어지는 TP는 L_p가 변화가 없으므로 보 미설치 시와 동일하며 식 (10.30)의 TP는 체류시간의 증가로 감소함을 알 수 있다.

표 10.14 Vollenweider 모델에서 TP 변화 (case 1)

구 분	보 미설치	CASE 1	비고
변수	V, A_s, A_c, H, τ_w, L_p	$2V$, A_s, $2A_c$, $2H$, $2\tau_w$, L_p	
TP	$p = \frac{1}{H/\tau_w + 10} L_p$	$p = \frac{1}{H/\tau_w + 10} L_p$	−
TP	$p = \frac{L_p}{q_s(1+\sqrt{\tau_w})}$	$p = \frac{L_p}{q_s(1+1.4\sqrt{\tau_w})}$	↓

3) CASE 2 (폭 확장)

보 미설치 수체의 변수인 V, A_s, A_c, H, τ_w 및 L_p은 유입유량의 변화가 없는 상태에서 수체의 폭이 2배 확장되면 H는 일정하고 각 변수는 $2V$, $2A_s$, $2A_c$, $2\tau_w$ 및 $0.5L_p$로 변한다.

관련 변수와 보 미설치 및 폭이 2배로 확장된 경우의 TP 식을 나타내면 표 10.15와 같다. 이 표로부터 폭이 2배로 증가하는 Vollenweider 모델에서 식 (10.29)로 주어지는 TP는 L_p의 감소로 감소하며 식 (10.30)의 TP는 case 1과 같이 체류시간의 증가로 감소함을 알 수 있다.

표 10.15 Vollenweider 모델에서 TP 변화 (case 2)

구 분	보 미설치	CASE 2	비고
변수	V, A_s, A_c, H, τ_w, L_p	$2V$, $2A_s$, $2A_c$, H, $2\tau_w$, $0.5L_p$	
TP	$p=\dfrac{1}{H/\tau_w+10}L_p$	$p=\dfrac{1}{H/\tau_w+2\cdot 10}L_p$	↓
TP	$p=\dfrac{L_p}{q_s(1+\sqrt{\tau_w})}$	$p=\dfrac{L_p}{q_s(1+1.4\sqrt{\tau_w})}$	↓

다. 조류(藻類) 해석

보 설치로 조성되는 수체에서 조류를 CSTR 및 PFR로 간단히 해석하기 위하여 다음을 가정한다.

- 조류는 외부 공급원 없이 자체 성장 및 사멸조건에 의해 증식하거나 감소
- 조류의 사멸율(k_d)은 호흡에 의한 손실, 배설에 의한 손실 및 포식 또는 사멸에 의한 손실을 모두 포함
- 조류 침강 또는 침전기작 반영
- 점 및 비점오염원 유입 무시

1) 보 미설치

① CSTR 모델

유입이 없고 유출만 있는 완전혼합시스템에서 조류(a)에 대한 물질수지방정식은 식 (9.44)와 유사하게 다음과 같이 주어진다.

$$\frac{da}{dt} = \left(k_g - k_d - \frac{Q}{V} - \frac{v_a}{H}\right) a \tag{10.31}$$

여기서, k_g는 성장률 [T^{-1}] 및 v_a는 조류 침강 또는 침전속도 [LT^{-1}]이다. 식 (10.31)의 해는 $a = a_0$ @ $t = 0$의 조건에서 다음과 같다.

$$a = a_o e^{-\left(\frac{1}{\tau_w} + \frac{v_a}{H} + k_d - k_g\right) t} \tag{10.32}$$

식 (10.32)로부터 조류는 k_g 및 $k_d + v_a/H + 1/\tau_w$의 상대적인 크기에 따라 증식하거나 감소함을 알 수 있다.

② PFR 모델

흐름만 존재하는 불완전혼합시스템에서 조류(a)에 대한 물질수지방정식은 다음으로 주어지며

$$\frac{\partial a}{\partial t} = -U\frac{\partial a}{\partial x} + \left(k_g - k_d - \frac{v_a}{H}\right) a \tag{10.33}$$

식 (10.33)의 정상상태 해는 $a = a_0$ @ $x = 0$의 조건에서 다음과 같다.

$$a = a_o e^{-\left(\frac{v_a}{H} + k_d - k_g\right)\frac{x}{U}} = a_o e^{-\left(\frac{v_a}{H} + k_d - k_g\right)\tau_w} \tag{10.34}$$

식 (10.34)에서 조류는 체류시간에 상관없이 k_g 및 $k_d + v_a/H$의 상대적인 크기에 따라 증식하거나 감소함을 알 수 있다.

보 미설치 경우에 대한 조류 CSTR 모델 및 PFR 모델을 정리하여 나타내면 표 10.16과 같다. 보 설치로 인한 수체특성의 변화로 CSTR 모델 및 PFR 모델의 변화를 살펴보자.

표 10.16 조류해석을 위한 CSTR 및 PFR 모델 (보 미설치)

수질항목	CSTR	PFR
조류	$a = a_o e^{-\left(\frac{1}{\tau_w} + \frac{v_a}{H} + k_d - k_g\right) t}$	$a = a_o e^{-\left(\frac{v_a}{H} + k_d - k_g\right)\tau_w}$

2) CASE 1 (수심 증가)

보 미설치 수체의 수리변수인 V, A_s, A_c, H, U 및 τ_w은 유입유량의 변화가 없는 상태에

서 수체의 수심이 2배 증가하면 A_s는 일정하고 각 변수는 $2V$, $2A_c$, $2H$, $0.5U$ 및 $2\tau_w$로 변한다.

① CSTR 모델

반응 매개변수인 v_a, k_d 및 k_g는 수리학적 조건의 변화에 따라 변하지 않는다. 관련 변수와 보 미설치 및 수심이 2배로 증가한 경우의 조류 식을 나타내면 표 10.17과 같다.

표 10.17 CSTR 모델에서 조류 변화(CASE 1)

구 분	보 미설치	CASE 1	비고
수리변수	V, A_s, A_c, H, τ_w	$2V$, A_s, $2A_c$, $2H$, $2\tau_w$	
반응변수	v_a, k_d, k_g	v_a, k_d, k_g	
조류	$a = a_o e^{-\left(\frac{1}{\tau_w}+\frac{v_a}{H}+k_d-k_g\right)t}$	$a = a_o e^{-\left(\frac{1}{2\tau_w}+\frac{v_a}{2H}+k_d-k_g\right)t}$	↑

표 10.17로부터 수심이 2배로 증가하는 CSTR 모델의 경우 조류는 보 미설치 시 보다 체류시간 및 수심의 증가로 증가함을 알 수 있다.

② PFR 모델

반응 매개변수인 v_a, k_d 및 k_g는 CSTR 경우와 같이 수리학적 조건의 변화에 따라 변하지 않으며 관련 변수와 보 미설치 및 수심이 2배로 증가한 경우의 조류 식을 나타내면 표 10.18과 같다.

표 10.18 PFR 모델에서 조류 변화(CASE 1)

구 분	보 미설치	CASE 1	비고
수리변수	V, A_s, A_c, H, U, τ_w	$2V$, A_s, $2A_c$, $2H$, $0.5U$, $2\tau_w$	
반응변수	v_a, k_d, k_g	v_a, k_d, k_g	
조류	$a = a_o e^{-\left(\frac{v_a}{H}+k_d-k_g\right)\tau_w}$	$a = a_o e^{-\left(\frac{v_a}{H}+2k_d-2k_g\right)\tau_w}$	↑

표 10.18로부터 수심이 2배로 증가하는 PFR 모델의 경우 조류는 보 미설치 시 보다 k_d에 곱해지는 상수가 2로 증가하여 감소하며, k_g와 관련된 항에서 부호는 반대이며 k_g에 곱해지는 상수가 2로 증가하여 증가한다. 따라서 조류는 매개변수 k_d 및 k_g의 상대적인 크기에

따라 감소 또는 증가하나 일반적으로 k_g가 k_d보다 크므로 증가하는 경향을 나타낼 것이다.

3) CASE 2 (폭 확장)

보 미설치 수체의 수리변수인 V, A_s, A_c, H, U 및 τ_w은 유입유량의 변화가 없는 상태에서 수체의 폭이 2배 확장되면 H는 일정하고 각 변수는 $2V$, $2A_s$, $2A_c$, $0.5U$ 및 $2\tau_w$로 변한다.

① CSTR 모델

반응 매개변수인 v_a, k_d 및 k_g는 변화가 없으며 관련 변수와 보 미설치 및 폭이 2배로 확장된 경우의 조류 식을 나타내면 표 10.19와 같다.

표 10.19 CSTR 모델에서 조류 변화(CASE 2)

구 분	보 미설치	CASE 2	비고
수리변수	$V,\ A_s,\ A_c,\ H,\ \tau_w$	$2V,\ 2A_s,\ 2A_c,\ H,\ 2\tau_w$	
반응변수	$v_a,\ k_d,\ k_g$	$v_a,\ k_d,\ k_g$	
조류	$a = a_o e^{-\left(\frac{1}{\tau_w}+\frac{v_a}{H}+k_d-k_g\right)t}$	$a = a_o e^{-\left(\frac{1}{2\tau_w}+\frac{v_a}{H}+k_d-k_g\right)t}$	↑

표 10.19로부터 폭이 2배로 확장되면 CSTR 모델의 경우 조류는 보 미설치 시 보다 체류시간의 증가로 증가함을 알 수 있다.

② PFR 모델

반응 매개변수인 v_a, k_d 및 k_g는 변화가 없으며 관련 변수와 보 미설치 및 폭이 2배로 확장된 경우의 조류 식을 나타내면 표 10.20과 같다.

표 10.20 PFR 모델에서 조류 변화(CASE 2)

구 분	보 미설치	CASE 2	비고
수리변수	$V,\ A_s,\ A_c,\ H,\ U,\ \tau_w$	$2V,\ 2A_s,\ 2A_c,\ H,\ 0.5U,\ 2\tau_w$	
반응변수	$v_a,\ k_d,\ k_g$	$v_a,\ k_d,\ k_g$	
조류	$a = a_o e^{-\left(\frac{v_a}{H}+k_d-k_g\right)\tau_w}$	$a = a_o e^{-\left(\frac{2v_a}{H}+2k_d-2k_g\right)\tau_w}$	⇅

표 10.20으로부터 폭이 2배로 확장되는 PFR 모델의 경우 조류는 보 미설치 시 보다 v_a/H 및 k_d에 곱해지는 상수가 2로 증가하여 감소하며, k_g와 관련된 항에서 부호는 반대이며 k_g에 곱해지는 상수가 2로 증가하여 조류는 증가한다. 따라서 조류는 CSTR 경우와 같이 $v_a/H+k_d$ 및 k_g의 상대적인 크기에 따라 감소하거나 증가할 것이다.

라. 조류(藻類) 반응속도상수 분석

4대강 보 설치에 따른 수체의 이화학적 특성변화로 조류의 반응속도상수는 변하며 이를 통한 조류의 증식 및 감소를 파악하기 위하여 다음을 가정한다.

- 인이 조류성장의 제한영양물질로 작용
- 인 농도는 하천의 매우 좋음 상태인 Ia 기준 20 mg/m^{3}을 유지
- 수심은 최소 5 m 이상 유지

4대강 보 설치에 따른 수체의 수질변화는 수체가 하천 종방형으로 확장된 형태이므로 완전혼합을 가정한 CSTR 모델보다는 종방향 흐름이 존재하는 PFR 모델로 실제에 가까게 파악할 수 있을 것이다. 물질수지방정식에서 구한 조류 PFR 모델은 식 (10.34)와 같으며 이를 다음과 같이 간단히 표현할 수 있다.

$$a = a_o e^{-\left(\frac{v_a}{H}+k_d-k_g\right)\frac{x}{U}} = a_o e^{k_n\frac{x}{U}} \tag{10.35}$$

여기서, $k_n = k_g - k_d - v_a/H$로 순반응속도상수 [T^{-1}]이며 k_n이 양수이면 조류가 증식하고 음수이면 감소함을 의미한다. 조류 성장률 k_g는 식 (9.47)과 같이 온도(T), 영양물질(N) 및 빛의 세기(I)에 영향을 받는다. 온도, 영양물질 및 빛의 세기를 모두 고려한 성장률은 식 (9.57)로 주어지며 인을 조류성장의 제한영양물질로 가정하고 식 (9.57)을 다시 기술하면 식 (10.36)과 같다.

$$k_g = k_{g,20} \times 1.066^{T-20} \times T\frac{p}{k_{sp}+p} \times \phi_L \tag{10.36}$$

식 (10.36)과 관련한 계수의 문헌 값은 표 10.21과 같다. p값은 하천의 매우 좋음 상태인 Ia 기준인 20 mg/m^{3}을 적용하여 ϕ_N 하한값 0.8을 얻을 수 있으며 p값이 더 높아지면 ϕ_N은 더 커질 것이다. $\phi_L \cdot \phi_N$의 하한값 0.25는 ϕ_N 하한값 0.8에 ϕ_L 평균값 0.3을 곱하여 산정하였다.

표 10.21 조류 성장률 계수 범위

계 수	범 위	평 균	문 헌
ϕ_L	0.1 ~ 0.5	0.3	Thomann & Mueller
ϕ_N	> 0.8		
$k_{sp}(mg/m^3)$	1 ~ 5		Thomann & Mueller, Chapra
$p(mg/m^3)$	> 20		
$\phi_L \cdot \phi_N$	> 0.25		

식 (10.35)에 나타난 각 반응속도상수의 문헌 값을 살펴보면 표 10.22와 같다. 식 (10.36)으로 주어지는 k_g 산정을 위하여 표 10.21에 언급한 계수를 적용하고 표 10.22로 주어진 반응속도상수를 순반응속도상수를 구성하는 각 항으로 나타내면 표 10.23과 같다.

표 10.23으로부터 순반응속도상수 k_n 을 파악할 수 있다. 표에 나타난 순반응속도상수항의 산술평균값을 살펴보면 k_n 은 양의 값을 나타내 조류가 증식할 가능성이 있음을 알 수 있다. 또한 k_d 및 v_a/H의 범위가 10배 이상 차이가 발생하여 기하평균을 사용하고 k_g는 산술평균을 그대로 사용하면 k_n 은 더욱 양의 값을 나타낼 것이다. 보의 수심이 더욱 깊어지고(H 증가) 조류 성장에 유리한 조건이 조성되면(T 증가, p 증가 및 ϕ_L 증가 등) k_n 은 항상 양의 값을 나타내 조류는 지수형태로 증식할 것이다.

표 10.22 조류 반응속도상수 범위

반응속도상수	범 위	문 헌
$k_{g,20}(/d)$	1.0 ~ 3.0	QUAL2E
	1.5 ~ 2.5	Thomann & Mueller
$k_d(/d)$	0.05 ~ 0.5	QUAL2E
	0.01 ~ 0.5 (0.1 ~ 0.2) *	Chapra
$v_a(m/d)$	0.15 ~ 1.83	QUAL2E
	0.1 ~ 2.0	Chapra

주) * : 대표값

4대강 사업의 보 설치에 따른 하천 내 호소 수질은 PFR 및 CSTR 모델을 적용하여 시스템을 해석하는 두 극단의 수질변화 범위 안에 존재할 것이며 그림 20.23에 나와 있듯이 깊이 및 폭을 2배로 증가한 경우에 대해 적용해 보면 그 이상의 수체 확장에 따른 시스템의 응답을 유추할 수 있다.

표 10.23 조류 순반응속도상수항 변화

순반응속도상수항	범 위	비 고	산술평균	기하평균
$k_g(/\mathrm{d})$	0.25 ~ 0.75		0.50	0.43
$k_d(/\mathrm{d})$	0.01 ~ 0.5		0.255	0.07
$v_a/H(/\mathrm{d})$	0.02 ~ 0.4	$H > 5$ m	0.21	0.09

결론적으로 보 건설로 인한 수질은 수질항목에 따라 부분적으로 악화되거나 개선됨을 알 수 있으며 한마디로 좋아진다, 나빠진다 결론 내리기가 쉽지 않음을 알 수 있다. 부분적인 진리는 다른 부분적인 진리와 충돌하며 이를 근간으로 전체적인 진리를 찾는 것은 쉬운 여정이 아님이 분명하다. 특히 조류의 경우 순반응속도상수가 평균적으로 양의 값을 나타내는 경향을 보이는 상태에서 자연적인 환경조건과 인위적인 수질관리 문제점이 중첩될 경우 조류는 지수형태로 증가하거나 감소하므로 세심한 수질관리가 필요함을 유념해야 할 것이다.

제10장 연습문제

10.1 그림 10.4에서 CSTR의 제원이 다음과 같으며($V_1 = V_2 = 100\ \text{m}^3$, $\tau_{w,1} = \tau_{w,2} = 5\ \text{d}$, $V_{1+2} = 200\ \text{m}^3$, $\tau_{w,1+2} = 10\ \text{d}$) 여기서, 첨자 1은 2 CSTR의 첫 번째 반응기, 2는 두 번째 반응기, 1+2는 단일 반응기를 의미한다. 유입 오염물농도(c_{in})가 그림 10.5와 같이 평균 10 mg/L, 진폭 10 mg/L, 하루를 주기로 사인 정현변동으로 유입하고 오염물 반응속도상수(k)가 1/d 일 경우 단일 CSTR 및 2 CSTR의 농도 변화를 파악하라. 단 하루를 주기로 시작 시점과 끝 시점의 단일 CSTR 및 2 CSTR을 구성하는 각 CSTR의 오염물 농도는 같아야 한다.

10.2 수처리를 위한 저류지 또는 습지의 깊이는 식 (10.18)로 파악가능하다. 식 (10.18)에서 $a = 1/n$ (n : 조도계수), b=1.67 및 c=0.5이면 이 식은 Manning 식이 됨을 보여라. 단, 윤변(P : perimeter)은 저류지 폭(W)이 넓어 W와 유사하다고 가정한다.

10.3 습지 자료가 시간에 대한 유입농도와 유출농도의 비(c/c_{in})로 다음과 같이 주어질 경우 RTD 함수를 구하고 오염물 체류시간을 구하라.

t (d)	0	0.714	1.429	2.286	4.857	5.286	5.786
c/c_{in}	0.024	0.210	0.410	0.795	0.373	0.169	0.024

10.4 저류지 빈영양상태 영향인자는 유입유량(Q), 유입오염농도(TP : 인이 제한영양물질) 및 저류지 수표면적(A_s)으로 3인자의 상호관계를 그림으로 도시하면 그림 10.16과 같다. 이 다이어그램을 구하라.

참고문헌

국립환경과학원. 제2단계 수계오염총량관리기술지침. 2008.9.

경기개발연구원. 경기도내 소하천 관리를 위한 기초연구(금석천을 중심으로). 1999.12.

경기개발연구원. 경기도 5개 신도시 하천관리 실태조사. 2003.12.

경기개발연구원. 화성호와 탄도호의 담수화 타당성 검토 연구. 2009.7.

경기개발연구원. 수질오염총량관리계획 수립시 장기유출 모형의 적용 방안. 2010.4.

김경섭. "이송-확산방정식의 Implicit Eulerian-Lagrangian 해." *대한환경공학회지*. 17(9). 1995.9.

김경섭. "와확산 및 혼합층 모델을 이용한 성층화 호수 해석." *한국수자원학회논문집*. 29. 1996.10.

김경섭. "Bootstrap 기법을 이용한 BOD 평균농도 및 신뢰구간 분석." *한국물환경학회지*. 26(2). 2010.3.

김경섭, 안태진. "오염총량관리를 위한 분석적 BOD모델(AMB) 개발." *한국수자원학회논문집*. 33(6). 2000.12.

김경섭, 안태진. "안성천 유역의 BOD농도 확률분포 특성." *한국물환경학회지*. 25(3). 2009.5.

김경섭, 안태진, 김민수. "습지의 수질관리를 위한 연속교반탱크반응기 모델의 적용." *한국수자원학회논문집*. 41(3). 2008.3.

김경섭, 윤동구, 이기영. "최소자승법에 의한 QUAL2E 모델 반응계수 보정." *한국수자원학회논문집*. 37(9). 2004.9.

김경섭, 황성규. "재포기 계수, 1차 생산율 및 호흡률을 이용한 하천의 용존산소 추정." *대한환경공학회지*. 31(6). 2009.6.

김경섭. *수질관리*. 국립한경대학교 출판부. 2001

김경섭. "우리나라 수질오염총량관리계획에 대하여." *한국수자원학회지*, 43(5). 2010.5.

문태훈, 박순애, 조용성, 김정인, 윤순진, 김성배, 황희연, 김익수. *지속가능한 사회이야기*. 법문사. 2008.

안성산업대학교 환경연구소. 경기도내 소하천 관리를 위한 정화기술 개발. 1998.12.

안태진, 김경섭, 최성렬, 전승훈. "강변저류지 조성기술 개발 연구." *대한토목학회지*, 57(12). 2009.12.

에코리버21. 강변저류지 조성 가이드라인. 기술보고서 No.12. 2011.12.

정성수, 김경섭. "안양천에서 QUAL2E와 QUAL2K 모델의 적용 및 평가." *대한환경공학회지*. 30(5). 2008.5.

최성현, 김종택. *수질오염공정시험기준 해설 및 정도관리*. 신광출판사. 2010.

평택시. 아산만 조력발전소 건립에 따른 환경·재해 연구. 2014.1.

한국환경정책·평가연구원. 낙동강 수질모델의 보정 및 검증 방법. 2003.11.

환경부. 2014 환경백서. 2014.

(社) 農村環境整備센터. 農村에 適用한 水質改善手法. 1995

岩佐義朗. 湖沼工學, 山海堂. 1990

Bedient, P. B. and Huber, W. C. *Hydrology and Floodplain Analysis*. 2nd Ed. Addison-Wesley Publishing Company Inc., 1992.

Brown, L. C. and Barnwell, T. O. Jr. The Enhanced Stream Water Quality Models QUAL2E and QUAL2E-UNCAS: Documentation and User Manual, U.S.EPA, Athens, GA, Report EPA/600/3-87/007. 1987.

Bowie, G. L., Mills, W. B., Porcella, D. B., Campbell, C. L., Oagenkopf, J. R., Rupp, G. L., Johnson,

K. M., Chan, P. W. H., Gherini, S. A., and Chamberlin, C. E. Rates, Constants, and Kinetic Formulations in Surface Water Quality Modeling, U.S.EPA, ORD, Athens, GA, ERL, EPA/600/3-85/040. 1985.

Chapra, S. C. *Surface Water-Quality Modeling*. Waveland Press Inc., Illinois. 2008.

Chapra, S. C. and Canale, R. P. *Numerical Methods for Engineers*. 6th Ed. McGraw-Hill, New York. 2010.

Clar, M. *Low Impact Development New and Continuing Application*. ASCE. 2007.

Department of Environmental Resources Maryland. Low-Impact Development Design Strategies An Integrated Design Approach. Department of Environmental Resources. 1999.

Edinger, J. E., Brady, D. K., and Geyer, J. C. Heat Exchange and Transport in the Environment. Report No. 14, EPRI Pub. No. EA-74-049-00－3, Electric Power Research Institute, Palo Alto, CA, 1974. 1999.

Fogler, H. S. *Elements of Chemical Reaction Engineering*. 3rd Ed. Prentice Hall, 1999.

Haith, D. A. *Environmental Systems Optimization*. John Wiley & Sons Inc., 1982.

IWA Specialist Group on Use of Macrophytes in Water Pollution Control. Constructed Wetlands for Pollution Control, Process, Performance, Design and Operation. IWA Publishing, 2000.

Kadlec, R. H. and Knight, R. L. *Treatment Wetlands*. Lewis Publishers, New York. 1996.

Kadlec, R. H. and Wallace, S. D. *Treatment Wetlands*. 2nd Ed. CRC Press, 2009.

Kim, K. S. and Chapra, S. C. "Temperature Model for Highly Transient Shallow Streams." *J. Hydr. Engr. ASCE* 123(1). 1997.1.

Kim, K. S. and Je, C. H. "Phytoplankton estimation using plant primary production rates in streams." *Environmental Geology*. 46(1). 2004.7.

Kim, K. S. and Je, C. H. "Development of a framework of automated water quality parameter optimization and its application." *Environmental Geology*. 49(3). 2006.1.

Kim, K. S., Kim, B., and Kim, J. H. "Robust Measures of Location in Water-Quality Data." *Water Engineering Research*. 3(3). 2002.7.

Levenspiel, O. *Chemical Reaction Engineering*. McGraw-Hill, New York. 1972.

Loehr, R. C. *Pollution Control for Agriculture*. Academic Press Inc., New York. 1977.

Masters, G. M. *Introduction to Environmental Engineering and Science*. Prentice Hall, New Jersey. 1991.

Metcalf and Eddy Inc. *Wastewater Engineering*. McGraw-Hill, New York. 1991.

Mitsch, W. J. and Jorgensen S. E. *Ecological Engineering and Ecosystem Restoration*. John Wiley & Sons, Inc. New Jersey. 2004.

Novotny, V. and Olem, H. Water Quality: *Prevention, Identification, and Management of Diffuse Pollution*. Van Nostrand Reinhold, New York. 1994.

Stumm, W. and Morgan, J. J. *Aquatic Chemistry*. Wiley-Interscience, New York. 1981.

Thomann, R. V. and Mueller, J. A. *Principles of Surface Water Quality Modeling and Control*. Harper & Row, New York. 1987.

Tchobanoglous, G. and Schroeder, E. D. *Principles of Surface Water Quality Modeling and Control*. Addison-Wesley Publishing Company Inc., 1987.

U.S.EPA. Subsurface Flow Constructed Wetlands for Wastewater Treatment. 832-R-93-008. 1993.

U.S.EPA. Free Water Surface Wetlands for Wastewater Treatment. 832-S-99-002. 1999. http://www.epa.gov/owow/wetlands/watersheds/cwetlands.html

찾아보기

편저: **김경섭**

· 한양대학교 토목공학과 학사

· KAIST 토목공학과 석사

· University of Colorado at Boulder 토목환경건축공학과 박사

· 현) 국립한경대학교 교수

수질관리 정가 19,000원

발 행 2020년 3월 10일 2판 1쇄

편 저 김경섭

발행인 정우용

발행처 도서출판 동화기술

경기도 파주시 광인사길 201(문발동, 파주출판도시)

Tel (031)955-4211~6 donghwapub@nate.com

Fax (031)955-4217 www.donghwapub.co.kr

(등록) 1977년 12월 19일/9-16호

ISBN 978-89-425-9250-0